맞춤형화장품 조제관리사

요점정리+핵심 모의고사 총정리

맞춤형화장품연구위원회 편저

光文閣
www.kwangmoonkag.co.kr

식품의약품안전처는 맞춤형화장품 판매업 제도에 관한 4년간 시범사업을 마치고 오는 3월 14일부터 본격적으로 맞춤형화장품 판매업 제도를 시행한다. 맞춤형화장품이란 개인의 피부 상태나 취향에 맞춰 맞춤형화장품 조제관리사가 화장품의 내용물 및 원료의 제한 사항과 안전 기준 등을 고려하여 만드는 제품을 의미하며, '나만을 위한 맞춤형화장품'이다.

맞춤형화장품 시장은 현재 부상하는 '초개인화 트렌드'와 연결되며, 초개인화는 개인의 상황과 필요에 맞게 기업이 개별적인 맞춤 혜택을 제공하는 것을 뜻한다. 개인의 피부 상태에 알맞은 원료를 배합해 만드는 맞춤형화장품 시장의 태동은 취향을 중시하는 개인화 트렌드와 맞물리면서 뷰티 시장은 맞춤형화장품이 소비자들의 욕구를 만족 시킬 수 있으며, 질 높은 서비스를 제공할 수 있다는 것에 관심을 가지고 기대하고 있다.

맞춤형화장품조제관리사 국가 자격시험은 화장품법 제3조 4항에 의거하여 맞춤형화장품의 혼합, 소분 업무에 종사하고자 하는 자를 양성하기 위해 실시하는 시험으로서 2020년 2월 22일에 제1회 시험이 실시된다.

맞춤형화장품조제관리사는 판매 매장에 필수로 배치되어야 하며, 개인의 취향과 라이프 스타일을 중시하는 젊은 소비자들을 위한 화장품 시장에 꼭 필요한 업무로 맞춤형화장품조제관리사의 역할은 점차 커지고, 이와 같은 직무를 하기 위해서는 자격을 취득해야 한다.

맞춤형화장품조제관리사의 자격시험에 대한 소관 부처는 식품의약품안전처이며, 시행 기관은 한국생산성본부이다. 시험 시간은 총 120분이며, 시험 문제는 100문항으로 화장품법의 이해 10문항, 화장품 제조 및 품질관리 25문항, 유통화장품 안전관리 25문항, 맞춤형화장품의 이해 40문항으로 선다형 80

문항·단답형 20문항으로 구성되어 있다. 합격자 기준은 전 과목의 총점이 1,000점으로 60% 이상을 득점하고, 각 과목 만점의 40%이상을 득점하여야 한다.

맞춤형화장품조제관리사 모의고사 핵심 문제집은 꼭 숙지하여야 내용에 대해 간략하게 핵심 요약내용을 제시하고, 맞춤형화장품 조제관리에 대한 국가자격증 시험을 준비할 수 있도록 5회의 모의고사 문제와 해설을 수록하였다.

문제집이 출간되기까지 문항 개발에 최선을 다해 주신 교수님들과 광문각 출판사 박정태 대표님과 임직원 여러분께 감사드리며, 맞춤형화장품 조제관리에 대한 국가자격증 시험에 응시하는 수험생 여러분의 합격을 진심으로 기원한다.

2020년 2월
편저자 올림

◎ **시험 소개**

맞춤형화장품조제관리사 자격시험은 화장품법 제3조 4항에 따라 맞춤형화장품의 혼합, 소분 업무에 종사하고자 하는 자를 양성하기 위해 실시하는 시험입니다.

◎ **시험 정보**

자격명: 맞춤형화장품조제관리사
관련 부처: 식품의약품안전처
시행 기관: 한국생산성본부

시험일	시험명	원서 접수	시험 장소	합격자 발표
2020.2.22(토)	2020년도 제1회 맞춤형화장품 조제관리사 자격시험	2020.1.13(월) 10:00~ 2020.1.29(수) 17:00	(서울, 대전) 원서 접수 시 수험자 직접 선택	2020.3.13

> 원서 제출 기간 중에는 24시간 제출 가능합니다. (단, 원서 제출 시작일은 10:00부터, 원서 제출 마감일은 17:00까지 제출 가능)

> 온라인 원서 접수만 가능(홈페이지 주소 http://license.kpc.or.kr/qplus/ccmm)

> 시험 장소는 원서 제출 인원에 따라 변경될 수 있습니다.(변경될 경우 개별 연락 예정)

◎ **응시 자격**

자격 제한 없음

◎ **응시 수수료**

응시 수수료: 100,000원

◎ **합격자 기준**

전 과목 총점(1,000점)의 60%(600점) 이상을 득점하고, 각 과목 만점의 40% 이상을 득점한 자

◎ 시험 영역

시험 영역		주요 내용	세부 내용
1	화장품법의 이해	1.1 화장품법	화장품법의 입법 취지 화장품의 정의 및 유형 화장품의 유형별 특성 화장품법에 따른 영업의 종류 화장품의 품질 요소(안전성, 안정성, 유효성) 화장품의 사후관리 기준
		1.2 개인정보 보호법	고객관리 프로그램 운용 개인정보보호법에 근거한 고객정보 입력 개인정보보호법에 근거한 고객정보 관리 개인정보보호법에 근거한 고객 상담
2	화장품 제조 및 품질관리	2.1 화장품 원료의 종류와 특성	화장품 원료의 종류 화장품에 사용된 성분의 특성 원료 및 제품의 성분 정보
		2.2 화장품의 기능과 품질	화장품의 효과 판매 가능한 맞춤형화장품 구성 내용물 및 원료의 품질 성적서 구비
		2.3 화장품 사용 제한 원료	화장품에 사용되는 사용 제한 원료의 종류 및 사용한도 착향제(향료) 성분 중 알레르기 유발 물질
		2.4 화장품 관리	화장품의 취급 방법 화장품의 보관 방법 화장품의 사용 방법 화장품의 사용상 주의사항
		2.5 위해 사례 판단 및 보고	위해 여부 판단 위해 사례 보고
3	유통 화장품 안전관리	3.1 작업장 위생관리	작업장의 위생 기준 작업장의 위생 상태 작업장의 위생 유지관리 활동 작업장 위생 유지를 위한 세제의 종류와 사용법 작업장 소독을 위한 소독제의 종류와 사용법
		3.2 작업자 위생관리	작업장 내 직원의 위생 기준 설정 작업장 내 직원의 위생 상태 판정 혼합 · 소분 시 위생관리 규정 작업자 위생 유지를 위한 세제의 종류와 사용법 작업자 소독을 위한 소독제의 종류와 사용법 작업자 위생 관리를 위한 복장 청결 상태 판단

3	유통 화장품 안전관리	3.3 설비 및 기구 관리	설비·기구의 위생 기준 설정 설비·기구의 위생 상태 판정 오염물질 제거 및 소독 방법 설비·기구의 구성 재질 구분 설비·기구의 폐기 기준
		3.4 내용물 및 원료	관리 내용물 및 원료의 입고 기준 유통화장품의 안전관리 기준 입고된 원료 및 내용물 관리 기준 보관 중인 원료 및 내용물 출고 기준 내용물 및 원료의 폐기 기준 내용물 및 원료의 사용기한 확인·판정 내용물 및 원료의 개봉 후 사용기한 확인·판정 내용물 및 원료의 변질 상태(변색, 변취 등) 확인 내용물 및 원료의 폐기 절차
		3.5 포장재의 관리	포장재의 입고 기준 입고된 포장재 관리 기준 보관 중인 포장재 출고 기준 포장재의 폐기 기준 포장재의 사용기한 확인·판정 포장재의 개봉 후 사용기한 확인·판정 포장재의 변질 상태 확인 포장재의 폐기 절차
4	맞춤형 화장품의 이해	4.1 맞춤형화장품 개요	맞춤형화장품 정의 맞춤형화장품 주요 규정 맞춤형화장품의 안전성 맞춤형화장품의 유효성 맞춤형화장품의 안정성
		4.2 피부 및 모발 생리 구조	피부의 생리 구조 모발의 생리 구조 피부 모발 상태 분석
		4.3 관능 평가 방법과 절차	관능 평가 방법과 절차
		4.4 제품 상담	맞춤형화장품의 효과 맞춤형화장품의 부작용의 종류와 현상 배합 금지사항 확인·배합 내용물 및 원료의 사용 제한 사항
		4.5 제품 안내	맞춤형화장품 표시 사항 맞춤형화장품 안전 기준의 주요사항 맞춤형화장품의 특징 맞춤형화장품의 사용법

4	맞춤형화장품의 이해	4.6 혼합 및 소분	원료 및 제형의 물리적 특성 화장품 배합 한도 및 금지 원료 원료 및 내용물의 유효성 원료 및 내용물의 규격(PH, 점도, 색상, 냄새 등) 혼합·소분에 필요한 도구·기기 리스트 선택 혼합·소분에 필요한 기구 사용 맞춤형화장품판매업 준수사항에 맞는 혼합·소분 활동
		4.7 충진 및 포장	제품에 맞는 충진 방법 제품에 적합한 포장 방법 용기 기재사항
		4.8 재고관리	원료 및 내용물의 재고 파악 적정 재고를 유지하기 위한 발주

◎ 시험 방법 및 문항 유형

시험 과목	문항 유형	과목별 총점	시험 방법
화장품법의 이해	선다형 7문항 단답형 3문항	100점	필기시험
화장품 제조 및 품질관리	선다형 20문항 단답형 5문항	250점	
유통화장품의 안전관리	선다형 25문항	250점	
맞춤형화장품의 이해	선다형 28문항 단답형 12문항	400점	

> 문항별 배점은 난이도별로 상이하며, 구체적인 문항 배점은 비공개입니다.

◎ 시험 시간

시험 과목	입실 완료	시험 시간
1 화장품법의 이해 2 화장품 제조 및 품질관리 3 유통화장품의 안전관리 4 맞춤형화장품의 이해	09:00까지	09:30~11:30 (120분)

CONTENTS

01 맞춤형화장품조제관리사 요점 정리   11

1과목 화장품법의 이해 ·· 12

2과목 화장품 제조 및 품질관리 ·· 31

3과목 유통 화장품 안전관리 ·· 50

4과목 맞춤형 화장품의 이해 ·· 78

02 맞춤형화장품조제관리사 핵심 모의고사   109

맞춤형화장품조제관리사 자격시험 출제 예시문항 ············· 111

제1회 실전 모의고사 ··· 119

제2회 실전 모의고사 ··· 144

제3회 실전 모의고사 ··· 168

제4회 실전 모의고사 ··· 192

제5회 실전 모의고사 ··· 219

03 모의고사 정답 및 해설   243

제1회 정답 및 해설 ·· 245

제2회 정답 및 해설 ·· 251

제3회 정답 및 해설 ·· 257

제4회 정답 및 해설 ·· 262

제5회 정답 및 해설 ·· 266

04 실전 대비 모의고사 답안지(OMR) 카드   271

맞춤형화장품조제관리사

요점 정리

1

1과목 화장품법의 이해

2과목 화장품 제조 및 품질관리

3과목 유통화장품 안전관리

4과목 맞춤형화장품의 이해

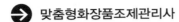

화장품법의 이해

1. 화장품법

1.1 화장품법의 취지

1) 화장품법의 목적

- 화장품의 제조 · 수입 · 판매 및 수출 등에 관한 사항을 규정함으로써 국민 보건 향상과 화장품 산업의 발전에 기여(화장품법 제1장 총칙 제1조)

2) 화장품법 도입 취지

- 화장품 특성에 부합된 적절한 관리와 화장품 산업의 경쟁력 배양을 위한 제도의 필요성
- 의약품과 동등하거나 유사한 규제가 화장품 산업의 발전을 저해하고 있다는 우려
- 외국 화장품과의 경쟁 시, 유리한 여건 확보를 위한 적절한 대응 요구 및 한계점

  (1999년 약사법에서 분리, 2000. 7. 1. 시행, 2013. 3. 23. 보건복지부에서 식품의약품안전처로 소관부처 변경)

3) 맞춤형화장품 제도 도입 취지

- 개인의 가치가 강조되는 사회 · 문화적인 환경 변화에 따른 개인 맞춤형 상품 소비 요구 충족
- 매장에서의 혼합 · 소분을 금지하고 있어 이를 허용하기 위한 별도의 제도 신설 필요

1.2 화장품의 정의 및 유형(제2조, 개정 2013. 3. 23. 2016. 5. 29. 2018. 3. 13. 2019. 1. 15)

1) 화장품의 정의

- 화장품

"화장품"이란 인체를 청결·미화하여 매력을 더하고 용모를 밝게 변화시키거나 피부·모발의 건강을 유지 또는 증진하기 위하여 인체에 바르고 문지르거나 뿌리는 등 이와 유사한 방법으로 사용되는 물품으로써 인체에 대한 작용이 경미한 것을 말한다(약사법 제2조 제4호의 의약품에 해당하는 물품은 제외).

- 기능성화장품

"기능성화장품"이란 화장품 중에서 다음 각 목의 어느 하나에 해당하는 것으로서 총리령으로 정하는 화장품을 말한다.

① 피부의 미백에 도움을 주는 제품

② 피부의 주름 개선에 도움을 주는 제품

③ 피부를 곱게 태워 주거나 자외선으로부터 피부를 보호하는 데에 도움을 주는 제품

④ 모발의 색상 변화·제거 또는 영양 공급에 도움을 주는 제품

⑤ 피부나 모발의 기능 약화로 인한 건조함, 갈라짐, 빠짐, 각질화 등을 방지하거나 개선하는 데에 도움을 주는 제품

- 천연화장품이란 동식물 및 그 유래 원료 등을 함유한 화장품으로서 식품의약품안전처장이 정하는 기준에 맞는 화장품을 말한다.

- 유기농화장품이란 유기농 원료, 동식물 및 그 유래 원료 등을 함유한 화장품으로서 식품의약품안전처장이 정하는 기준에 맞는 화장품을 말한다.

- 맞춤형화장품이란 다음 각 목의 화장품을 말한다.

① 제조 또는 수입된 화장품의 내용물에 다른 화장품의 내용물이나 식품의약품안전처장이 정하는 원료를 추가하여 혼합한 화장품

② 제조 또는 수입된 화장품의 내용물을 소분(小分)한 화장품

2) 용어의 정의

- 안전 용기·포장이란 만 5세 미만의 어린이가 개봉하기 어렵게 설계·고안된 용기나 포장을 말한다.

- 사용기한이란 화장품이 제조된 날부터 적절한 보관 상태에서 제품이 고유의 특성을 간직한 채 소비자가 안정적으로 사용할 수 있는 최소한의 기한을 말한다.

- 1차 포장이란 화장품 제조 시 내용물과 직접 접촉하는 포장 용기를 말한다.

- 2차 포장이란 1차 포장을 수용하는 1개 또는 그 이상의 포장과 보호재 및 표시의 목적으로 한 포장을 말한다.

- 표시란 화장품의 용기·포장에 기재하는 문자·숫자·도형 또는 그림 등을 말한다.

- 광고란 라디오 · 텔레비전 · 신문 · 잡지 · 음성 · 음향 · 영상 · 인터넷 · 인쇄물 · 간판, 그 밖의 방법에 의하여 화장품에 대한 정보를 나타내거나 알리는 행위를 말한다.

※ 화장품의 유형별 특성 (시행규칙 별표 3, 제19조 제3항 관련, 개정 2018. 4.11)

연번	유형	종류
1	영 · 유아(만 3세 이하의 어린이용) 제품류	① 영 · 유아용 샴푸, 린스 ② 영 · 유아용 로션 ③ 영 · 유아용 오일 ④ 영 · 유아용 인체 세정용 제품 ⑤ 영 · 유아용 목욕용 제품
2	목욕용 제품류	① 목욕용 오일 정제 캡슐 ② 목욕용 소금류 ③ 버블 배스 (bubble baths) ④ 그 밖의 목욕용 제품류
3	인체 세정용 제품류	① 폼클렌져(foam cleanser) ② 바디 클렌져(body cleanser) ③ 액체 비누(liquid soap) 및 화장비누(고체 형태의 세안용 비누) ④ 외음부 세정제 다만, 식품 접객업의 영업소에서 손을 닦는 용도 등으로 사용할 수 있도록 포장된 물티슈와 의료기관 등에서 시체(屍體)를 닦는 용도로 사용되는 물휴지는 제외
4	눈 화장용 제품류	① 아이브로 펜슬(eyebrow pencil) ② 아이 라이너(eye liner) ③ 아이섀도(eye shadow) ④ 마스카라(mascara) ⑤ 아이 메이크업 리무버(eye make-up remover) ⑥ 그 밖의 눈 화장용 제품류
5	방향용 제품류	① 향수 ② 분말향 ③ 향낭(香囊) ④ 콜롱(cologne) ⑤ 그 밖의 방향용 제품류
6	두발 염색용 제품류	① 헤어 틴트(hair tints) ② 헤어 컬러스프레이(hair color sprays) ③ 염모제 ④ 탈염 · 탈색용 제품 ⑤ 그 밖의 두발 염색용 제품류
7	색조 화장용 제품류	① 볼연지 ② 페이스 파우더(face powder), 페이스 케이크(face cake) ③ 리퀴드(liquid) · 크림 · 케이크 파운데이션(foundation) ④ 메이크업 베이스(make-up bases) ⑤ 메이크업 픽서티브(make-up fixative) ⑥ 립스틱, 립라이너(lip liner) ⑦ 립글로스(lip gloss), 립밤(lip balm) ⑧ 바디페인팅(body painting), 페이스페인팅(face painting), 분장용 제품 ⑨ 그 밖의 색조 화장용 제품류
8	두발용 제품류	① 헤어컨디셔너(hair conditioners) ② 헤어 토닉(hair tonics) ③ 헤어 그루밍 에이드(hair grooming aids) ④ 헤어 크림 · 로션 ⑤ 헤어 오일 ⑥ 포마드(pomade) ⑦ 헤어 스프레이 · 무스 · 왁스 · 젤 ⑧ 샴푸, 린스 ⑨ 퍼머넌트 웨이브(permanent wave) ⑩ 헤어 스트레이트너(hair strengthener) ⑪ 흑채 ⑫ 그 밖의 두발용 제품류
9	손발톱용 제품류	① 베이스코트(base coats), 언더코트(under coats) ② 네일폴리시(nail polish), 네일에나멜(nail enamel) ③ 탑코트(top coats) ④ 네일 크림 · 로션 · 에센스 ⑤ 네일폴리시 · 네일 에나멜 리무버 ⑥ 그 밖의 손발톱용 제품류
10	면도용 제품류	① 에프터셰이브 로션(aftershave lotion) ② 남성용 탤컴(talcum) ③ 프리셰이브 로션(pre-shave lotion) ④ 셰이빙 크림(shaving cream) ⑤ 셰이빙 폼(shaving foam) ⑥ 그 밖의 면도용 제품류
11	기초화장용 제품류	① 수렴 · 유연 · 영양 화장수(face lotions) ② 마사지 크림 ③ 에센스, 오일, 파우더 ⑤ 바디 제품 ⑥ 팩, 마스크 ⑦ 눈 주위 제품 ⑧ 로션, 크림 ⑨ 손 · 발의 피부연화 제품 ⑩ 클렌징 워터, 클렌징 오일, 클렌징 로션, 클렌징 크림 등 메이크업 리무버 ⑪ 그 밖의 기초화장용 제품류
12	체취 방지용 제품류	① 데오도런트 ② 그 밖의 체취 방지용 제품류
13	체모 제거용 제품류	① 제모제(제모왁스 포함) ② 그 밖의 체모 제거용 제품류

1.3 화장품 법에 따른 영업의 종류

[표 1-1] 영업의 종류(화장품법 제 2조의2)

화장품제조업	화장품책임판매업	맞춤형화장품판매업
1. 화장품을 직접 제조하려는 경우 2. 제조를 위탁받아 화장품을 제조하려는 경우 3. 화장품의 포장(1차 포장에 한함)을 하려는 경우	1. 직접 제조한 화장품을 유통 판매하려는 경우 2. 위탁하여 제조한 화장품을 유통·판매하려는 경우 3. 수입한 화장품을 유통·판매하려는 경우 4. 수입 대행형 거래(전자상거래만 해당한다)를 목적으로 화장품을 알선·수여하려는 경우	1. 제조 또는 수입된 화장품의 내용물에 다른 화장품의 내용물이나 식품의약품안전처장이 정하는 원료를 추가하여 혼합한 화장품을 유통·판매하려는 경우 2. 제조 또는 수입된 화장품의 내용물을 소분(小分)한 화장품을 유통·판매하려는 경우

1) 영업의 등록 및 신고(제3조, 제3조의2)

- 영업의 등록: 화장품제조업, 화장품책임 판매업
  - 총리령에 따라 식품의약품안전처장에 등록
- 영업의 신고: 맞춤형화장품판매업
  - 총리령에 따라 식품의약품안전처장에 신고

① 화장품제조업

- 등록 시 필요사항
  - 등록 신청서, 시설 명세서, 등기사항 증명서(법인인 경우), 건강진단서(마약류 중독자 및 정신질환자가 아님을 증명하거나 제조업자 적합 입증 진단)

- 변경 시 필요사항
  - 변경등록 신청서, 제조업자(법인대표자) 변경, 상호(법인 명칭) 변경, 소재지 변경
  - 유형 변경은 30일 이내 신청, 행정구역 개편에 따른 소재지 변경은 90일 이내(신고제에서 등록제로 전환. 개정 2016. 2. 3)

- 등록 결격 사항
  - 정신질환자(건강증진 및 정신질환자 복지 서비스 지원에 관한 법률 제3조 제1호)
    다만, 전문의가 화장품제조업자(화장품제조업을 등록한 자를 말함)로서 적합하다고 인정하는 사람은 제외
  - 피성년후견인 또는 파산선고를 받고 복권되지 않은 자

- 마약류의 중독자(마약류 관리에 관한 법률 제2조 제1호)
- 화장품법 또는 보건 범죄 단속에 관한 특별조치법을 위반해 금고 이상의 형을 선고받고 그 집행이 끝나지 않거나 그 집행을 받지 않기로 확정되지 않은 자
- 등록이 취소되거나 영업소가 폐쇄(위 1.부터 3.까지의 어느 하나에 해당하여 등록이 취소되거나 영업소가 폐쇄된 경우는 제외)된 날부터 1년이 지나지 않은 자

※ 등록의 취소 · 영업소 폐쇄 · 제조 수입 판매 금지/정지 사항

- 화장품제조업 또는 화장품책임판매업의 변경사항 등록을 안 한 경우
- 시설을 갖추지 않은 경우
- 맞춤형화장품판매업의 변경신고를 하지 않은 경우
- 국민 보건에 위해를 끼쳤거나 끼칠 우려가 있는 화장품을 제조 · 수입한 경우
- 심사를 받지 않았거나 보고서를 제출하지 않은 기능성화장품을 판매한 경우
- 제품별 안전성자료를 작성 또는 보관하지 않은 경우
- 영업자의 준수사항을 이행하지 않은 경우
- 회수 대상 화장품을 회수하지 않았거나 회수하는데 필요한 조치를 하지 않은 경우
- 회수 계획을 보고하지 않았거나 거짓으로 보고한 경우
- 화장품의 안전 용기 포장에 관한 기준을 위반한 경우
- 제10조부터 제12조까지의 규정을 위반하여 화장품의 용기 또는 포장 및 첨부 문서에 기재 · 표시한 경우
- 제13조를 위반하여 화장품을 표시 · 광고 하거나 제14조 제4항에 따른 중지 명령을 위반하여 화장품 표시 · 광고 행위를 한 경우
- 제15조를 위반하여 판매하거나 판매의 목적으로 제조 · 수입 · 보관 또는 진열한 경우
- 제18조 제1항, 제2항에 따른 검사 · 수거 등을 거부하거나 방해한 경우
- 제19조, 제20조, 제22조, 제23조 제1항, 제2항 또는 제23조의2에 따른 시정 명령 · 검사 명령 · 개수 명령 · 회수 명령 · 폐기 명령 또는 공표 명령 등을 이행하지 않은 경우
- 제23조 제3항에 따른 회수 계획을 보고하지 않았거나 거짓으로 보고한 경우-업무정지 기간 중에 업무를 한 경우 다만, 제3호 또는 제14호(광고 업무에 한정하여 정지를 명한 경우는 제외)에 해당하는 경우에는 등록을 취소하거나 영업소를 폐쇄하여야 한다. 〈개정 2013. 3. 23., 2015. 1. 28., 2016. 5. 29., 2018. 3. 13.,2018. 12. 11., 2019. 1. 15.〉

- 영업자의 지위 승계
  - 영업자가 사망한 경우, 영업을 양도한 경우, 법인 영업자가 합병한 경우
    상속인, 영업을 양수한 자 또는 합병 후 존속하는 법인이나 합병에 따라 설립되는 법인이 그 영업자의 의무 및 지위를 승계한다. 〈개정 2018. 3. 13.〉 [시행일: 2020. 3. 14.]
- 행정 제재 처분 효과의 승계
  - 지위 승계 후 종전 영업자의 행정 제재 처분의 효과는 처분 기간이 끝난 날부터 1년간 승계한 자에게 승계(제26조의 개정 규정 중 맞춤형화장품, 맞춤형화장품판매업자 및 맞춤형화장품조제관리사와 관련된 부분 제26조의2. 제24조, 본조 신설2018. 12. 11.)

- 행정 제재 처분의 절차가 진행 중일 때에는 해당 영업자의 지위를 승계한 자에 대하여 그 절차를 계속 진행(다만, 영업자의 지위를 승계한 자가 지위를 승계할 때에 그 처분 또는 위반사실을 알지 못하였음을 증명하는 경우에는 그렇지 않다)

폐업 등의 신고 (법 제6조)

- 폐업 또는 휴업하려는 경우, 휴업 후 그 업을 재개하려는 경우 (다만, 휴업기간이 1개월 미만이거나 그 기간 동안 휴업하였다가 그 업을 재개하는 경우에는 제외)
- 식품의약품안전처장은 폐업신고 또는 휴업신고를 받은 날부터 7일 이내에 신고 수리 여부를 신고인에게 통지 〈신설 2018. 12. 11.〉
  식품의약품안전처장이 제 항에서 정한 기간 내에 신고 수리 여부 또는 민원 처리 관련 법령에 따른 처리기간의 연장을 신고인에게 통지하지 않으면, 그 기간(민원 처리 관련 법령에 따라 처리 기간이 연장 또는 재연장된 경우 해당 처리기간)이 끝난 날의 다음 날에 신고를 수리한 것으로 본다.〈신설 2018. 12. 11.〉 [시행일: 2020. 3. 14.]

등록의 취소(화장품제조업자 또는 화장품책임판매업자)〈신설 2018. 3. 13.〉

- 「부가가치세법」 제8조에 따라 관할 세무서장에게 폐업신고를 한 경우
- 관할 세무서장이 사업자등록을 말소한 경우
  등록을 취소하기 위하여 필요하면 관할 세무서장에게 화장품제조업자 또는 화장품책임판매업자의 폐업 여부에 대한 정보 제공을 요청할 수 있다. 이 경우 요청을 받은 관할 세무서장은 「전자정부법」 제39조에 따라 화장품제조업자 또는 화장품책임판매업자의 폐업 여부에 대한 정보 제공 〈신설 2018. 3. 13.〉

② 화장품책임판매업

- 등록 시 필요사항(화장품법 제3조 및 시행규칙 제4조)
  - 등록 신청서(책임판매업소 소재지 관할 지방청)
  - 화장품의 품질관리 및 책임판매 후 안전관리에 적합한 기준에 관한 규정(수입 대행형 거래 전자상거래 제외)
  - 책임판매관리자의 자격을 확인할 수 있는 서류(수입 대행자 제외)
  - 등기사항 증명서(법인인 경우만 해당)

- 등록사항 변경(화장품법 제3조 제1항 및 화장품법 시행규칙 제5조 제1항 제2)
  - 변경등록 신청서
  - 화장품책임판매업자(법인 대표자), 상호 변경(법인 명칭), 소재지
  - 책임판매 유형 변경
    유형 변경은 30일 이내 신청, 행정구역 개편에 따른 소재지 변경은 90일 이내

- 책임판매업 등록 결격사항
  - 피성년후견인 또는 파산선고를 받고 복권되지 않은 자

- 화장품법 또는 보건 범죄 단속에 관한 특별조치법을 위반해 금고 이상의 형을 선고받고 그 집행이 끝나지 않았거나 그 집행을 받지 않기로 확정되지 않은 자
- 등록이 취소되거나 영업소가 폐쇄(위의 사항에 해당되어 등록이 취소되거나 영업소가 폐쇄된 경우는 제외)된 날부터 1년이 지나지 않은 자

③ 맞춤형화장품판매업

- 신고 시 필요사항(법 제3조의2)
  - 맞춤형화장품판매업 신고서(소재지 관할 지방청)
  - 맞춤형화장품조제관리사 자격증(2명 이상의 맞춤형화장품조제관리사를 두는 경우, 대표 1명의 자격증 만 제출)
  - 책임판매업자와 체결한 계약서 사본(책임판매업자와 맞춤형화장품판매업자가 동일한 경우, 계약서제 출 생략, 수입 대행형 거래 및 병행 수입하는 유통·판매하는 책임판매업자 제외)
  - 소비자 피해 보상을 위한 보험계약서 사본(다만, 책임판매업자와 맞춤형화장품판매업자가 동일하고 책임판매업자가 보험에 가입되어 있는 경우, 책임판매업자의 보험계약서 사본 제출)

- 신고사항 변경 시 필요 서류
  - 변경 신고서(맞춤형화장품판매업 소재지 관할 지방청)
  - 맞춤형화장품판매업자(법인 대표자), 상호 변경(법인 명칭), 소재지
  - 책임판매 유형 변경

  (유형 변경은 30일 이내 신청, 행정구역 개편에 따른 소재지 변경은 90일 이내 사본 제출)

- 맞춤형화장품판매업 변경 신고(시행규칙 제5조의2)
  - 소재지 변경의 경우 새로운 소재지를 관할하는 지방청장에게 제출

맞춤형화장품판매업자가 변경되었을 때(법인 대표자) 필요사항

㉮ 양도·양수의 경우, 이를 증명하는 서류
㉯ 상속의 경우, 「가족관계의 등록 등에 관한 법률」 제15조 제1항 제1호의 가족관계 증명서
- 맞춤형화장품조제관리사의 변경 시 필요사항: 화장품의 품질관리 및 책임판매 후 안전관리에 적합한 기준 에 관한 규정

맞춤형화장품 사용 계약을 체결한 책임판매업자의 변경 시 필요사항

㉮ 책임판매업자와 체결한 계약서 사본
  (책임판매업자와 맞춤형화장품판매업자가 동일한 경우 계약서 제출 생략, 수입 대행형 거래 및 병행 수입하는 유통·판매하는 책임판 매업자 제외)
㉯ 소비자 피해 보상을 위한 보험계약서 사본
  (책임판매업자와 맞춤형화장품판매업자가 동일하고 책임판매업자가 보험에 가입되어있는 경우, 책임판매업자의 보험계약서 사본 제출)

2) 의무 및 준수 사항

- 화장품제조업 시설기준(법 3조 제2항)
  - 제조 작업을 위한 시설을 갖춘 작업소
    (쥐·해충 및 먼지 등을 막을 수 있는 시설, 작업대 등 제조에 필요한 시설 및 기구, 가루가 날리는 작업실은 가루를 제거하는 시설)
  - 원료·자재 및 제품을 보관하는 보관소
  - 원료·자재 및 제품의 품질검사를 위하여 필요한 시험실
  - 품질검사에 필요한 시설 및 기구

- 맞춤형화장품판매업 준수 사항(법 5조 제3항, 화장품법 시행규칙 제12조)
  - 맞춤형화장품판매업소마다 반드시 맞춤형화장품조제관리사 필요
  - 맞춤형화장품 판매 내역 명시(식별번호, 판매일자·판매량, 사용기한 또는 개봉 후 사용기간)
  - 보건 위생상 위해가 없도록 맞춤형화장품 혼합·소분에 필요한 장소, 시설 및 기구 등을 점검하여 작업에 지장이 없도록 관리·유지
  - 안전관리기준에 맞추어 혼합·소분 시 오염 방지(화장품법 시행규칙 별표 2)

- 영업자의 화장품 판매·진열 금지사항
  - 등록을 하지 않은 자가 제조한 화장품 또는 제조·수입하여 유통·판매한 화장품
  - 제3조의2 제1항에 따른 신고를 하지 않은 자가 판매한 맞춤형화장품
  - 제3조의2 제2항에 따른 맞춤형화장품조제관리사를 두지 않고 판매한 맞춤형화장품
  - 제10조부터 제12조까지에 위반되는(화장품의 기재·표시) 화장품 또는 의약품으로 잘못 인식할 우려가 있게 기재·표시된 화장품
  - 판매의 목적이 아닌 제품의 홍보·판매 촉진 등을 위하여 미리 소비자가 시험·사용하도록 제조 또는 수입된 화장품(소비자에게 판매하는 화장품에 한함)
  - 화장품의 포장 및 기재·표시 사항을 훼손(맞춤형화장품 판매를 위하여 필요한 경우 제외) 또는 위조·변조한 것

- 맞춤형화장품조제관리사 교육(법 제5조 영업의 의무)
  - 매년 교육 이수 필수(화장품의 안전성 확보 및 품질관리에 관한 내용)
  - 식품의약품안전처 지정 화장품 교육기관에서 실시(대한화장품협회, 한국의약품수출입협회, 대한화장품 산업연구원, 한국보건산업진흥원)
  - 교육 미이수 시, 과태료 50만 원

- 맞춤형화장품조제관리사 자격증 재발급

- 자격증 재발급 신청서
- 훼손되어 못 쓰게 된 경우, 기존 발급받은 자격증
- 분실한 경우, 사유서
- 성명 등 자격증 기재사항 변경된 경우, 자격증 및 기본 증명서(가족관계 등록부)

3) 벌칙 및 행정 처분

- 위반사항에 대한 벌칙
  - 3년 이하의 징역 또는 3천만 원 이하의 벌금
    ① 맞춤형화장품판매업으로 신고하지 않거나 변경신고를 하지 않은 경우
    ② 맞춤형화장품조제관리사를 선임하지 않은 경우
    ③ 기능성화장품 심사 규정을 위반한 경우
  - 1년 이하의 징역 또는 1천만 원 이하의 벌금
    ① 영유아 또는 어린이 사용 표시 광고 화장품의 경우 안전성 자료를 작성·보관하지 않은 경우
    ② 어린이 안전 용기 포장 규정을 위반한 경우
    ③ 부당한 표시 광고 행위 등의 금지 규정을 위반한 경우
    ④ 기재사항 및 기재 표시 주의사항 위반 화장품의 판매, 판매 목적으로보관 또는 진열한 경우
    ⑤ 의약품 오인 우려 기재 표시 화장품의 판매, 판매 목적으로 보관 또는 진열한 경우
    ⑥ 표시 광고 중지 명령을 위반한 경우
  - 200만 원 이하 벌금
    ① 영업자 준수사항을 위반한 경우
    ② 화장품 기재사항을 위반한 경우
    ③ 보고 및 검사, 시정 명령, 검사 명령, 개수 명령, 회수 폐기 명령 위반 또는 관계 공무원의 검사·수거 또는 처분을 거부·방해하거나 기피한 경우
  - 과태료 100만 원 부과기준(제16조 관련)
    ① 기능성화장품 안전성 및 유효성에 대한 변경 심사를 받지 않은 경우
    ② 동물실험을 실시한 화장품 또는 동 원료를 사용하여 제조 또는 수입한 화장품을 유통·판매한 경우
    ③ 보고와 검사를 위한 공무원 출입 관련 규정 명령을 위반하여 보고를 하지 않은 경우
  - 과태료 50만 원 부과기준(제16조 관련)
    ① 화장품의 생산 실적 또는 수입 실적 또는 화장품 원료의 목록 등을 보고하지 않은 경우
    ② 책임판매관리자 및 맞춤형화장품조제관리사의 매년 교육 이수 명령을 위반한 경우

③ 영업자가 폐업 등의 신고를 하지 않은 경우

④ 화장품의 판매 가격을 표시하지 않은 경우

- 위반사항에 대한 행정 처분(법 제24조 제1항 제2호의2)

[표 1-2] 위반사항에 대한 행정 처분(시행규칙 별표 7 참조)

위반사항	1차 위반	2차 위반	3차 위반	4차 위반
맞춤형화장품판매업자(법인의 경우 대표자)의 변경 또는 그 상호(법인인 경우 법인의 명칭)	시정 명령	판매업무정지 5일	판매업무정지 15일	판매업무정지 1개월
맞춤형화장품판매업소의 소재지 변경	판매업무정지 1개월	판매업무정지 3개월	판매업무정지 6개월	영업소 폐쇄
맞춤형화장품 사용 계약을 체결한 책임판매업자의 변경	경고	판매업무정지 15일	판매업무정지 1개월	판매업무정지 3개월
맞춤형화장품조제관리사의 변경	시정 명령	판매업무정지 7일	판매업무정지 5일	판매업무정지 1개월

- 벌칙 및 행정 처분 관련 규정
  - 벌칙 중 징역형과 벌금형은 이를 함께 부과할 수 있음(법 제36조, 법 제37조)
  - 벌칙 중 벌금형(과태료는 제외)에 대하여는 양벌규정으로서 행위자를 벌하는 외에도 그 법인 또는 개인에게도 해당 조문의 벌금형을 부과함(법 제39조)
  - 영업자에게 업무정지 행정처분을 하는 경우, 그 업무정지처분에 갈음하여 10억원 이하의 과징금을 부과할 수 있음 (법 제28조)
  - 행정제재처분의 효과는 그 처분 기간이 끝난 날부터 1년간 해당 영업자의 지위를 승계한 자에게 승계 (법 제26조의 2)

1.4 화장품 품질 요소

1) 화장품의 안전성

- 화장품은 불특정 다수의 사람들에게 장기간 사용
- 의약품과는 달리 절대적인 안전성 확보, 즉 피부 부작용이 없어야 함.
- 화장품법 제8조 화장품 안전기준과 관련 화장품 제조 등에 사용할 수 없는 원료와 사용상의 제한이 필요한 원료의 사용기준을 지정하여 고시
- 식품의약품안전처 고시 화장품 안전기준 규정 제1조 맞춤형화장품에 사용할 수 있는 원료 지정
- 사용할 수 없는 원료 및 제한이 필요한 원료의 사용기준과 유통화장품 안전관리 기준(법 제8조)

안전성 평가 항목		
·급성 독성시험	·피부 1차 자극성 시험	·연속 피부 자극성 시험
·감작성 시험	·광독성 시험	·광감작성 시험
·안 자극성 시험	·변이원성 시험	·인체 패치테스트

2) 화장품의 안정성

- 제품의 제조 직후 품질이나 성상을 언제까지 유지하는 것이 가능할 것인지에 관한 기본적인 개념
- 제품 자체의 형상 변화, 변질 및 기능의 저하에 있어서 수명을 예측하기 위한 시험과 검사 포함
  화학적 변화: 변색, 퇴색, 변취, 오염, 결정 석출 등
  물리적 변화: 분리, 침전, 응집, 발분, 발한, 겔화, 휘발, 고화, 연화, 균열 등

안정성 평가 항목		
·온도 안정성 시험	·광 안정성 시험	·기능성 확인 시험
·에어로졸 제품의 안정성 시험	·특수·가혹 보존 시험	·산패에 대한 안정성 시험
·미생물 오염에 대한 안정성 시험		

3) 화장품의 기능성(유효성)

- 기초 제품에서부터 색조, 두발용, 방향까지 유형의 특성을 고려한 평가법
- 보습, 자외선 방어, 미백, 세정, 색채 효과 등을 부여
- 생물학적 평가법, 물리화학적 평가법, 생리심리학적 평가법

4) 화장품의 사용성

- 화장품 사용 시 오감으로 느끼는 모든 인상을 일컬음.
- 사용감, 사용의 편리성 및 기호성
- 관능 평가법과 객관적으로 증명하는 물리화학적 측정법 등이 이용

사용성 평가 항목		
·사용감: 퍼짐성, 부착성, 피복성, 지속성	·냄새: 형상, 성질, 강도, 보유성	·색: 색조, 채도, 명도

1.5 화장품의 사후관리 기준

- 품질관리 기준 (화장품법 시행규칙 제13조, 화장품법 제17조, 화장품법 제5조, 시행규칙 별표 1)

품질관리 업무의 절차에 관한 문서 및 기록	
• 적정한 제조관리 및 품질관리 확보에 관한 절차	• 회수 처리 절차
• 품질 등에 관한 정보 및 품질 불량 등의 처리 절차	• 교육 · 훈련에 관한 절차
• 문서 및 기록의 관리 절차	• 시장 출하에 관한 기록 절차
• 그 밖의 품질관리 업무에 필요한 절차	

"품질관리"란 화장품의 책임판매 시 필요한 제품의 품질을 확보하기 위해서 실시하는 것으로서, 화장품제조업자 및 제조에 관계된 업무(시험 · 검사 등의 업무를 포함한다)에 대한 관리 · 감독 및 화장품의 시장 출하에 관한 관리, 그 밖에 제품의 품질의 관리에 필요한 업무를 말한다.

* 원본은 책임판매관리자가 업무를 수행하는 장소에 보관하며 그 외의 장소에는 원본과 대조를 마친 사본을 보관한다.

- 책임판매관리자의 품질관리 업무(시행규칙 제7조)
  - 품질관리 업무를 총괄할 것
  - 품질관리 업무가 적정하고 원활하게 수행되는 것을 확인할 것
  - 품질관리 업무가 수행을 위하여 필요하다고 인정할 때에는 책임판매업자에게 문서로 보고할 것
  - 품질관리 업무 시 필요에 따라 제조업자 등 그 밖의 관리자에게 문서로 연락하거나 지시할 것
  - 품질관리에 관한 기록 및 제조업자의 관리에 관한 기록을 작성하고 이를 해당 제품의 제조일(수입의 경우 수입일)부터 3년간 보관할 것

- 책임판매관리자의 회수 처리
  - 회수한 화장품은 구분하여 일정 기간 보관한 후 폐기 등 적정한 방법으로 처리 할 것
  - 회수 내용을 적은 기록을 작성하고 화장품책임판매업자에게 문서로 보고 할 것

- 회수 대상 화장품(화장품법 제15조)
  - 안전 용기 · 포장 기준에 위반되는 화장품
  - 전부 또는 일부가 변패(變敗)된 화장품이거나 병원미생물에 오염된 화장품
  - 이물이 혼입되었거나 부착된 화장품 중 보건위생상 위해를 발생할 우려가 있는 화장품
  - 화장품에 사용할 수 없는 원료를 사용한 화장품
  - 유통화장품 안전관리기준에 적합하지 않은 화장품
  - 사용기한 또는 개봉 후 사용 기간(병행 표기된 제조 연월일을 포함)을 위조 · 변조한 화장품
  - 그 밖에 화장품제조업자 또는 화장품책임판매업자 스스로 국민보건에 위해를 끼칠 우려가

있어 회수가 필요하다고 판단한 화장품

· 영업의 등록을 하지 않은 자가 제조한 화장품 또는 제조 · 수입하여 유통 · 판매한 화장품

책임판매관리자의 교육 관련 업무

· 품질관리 업무에 종사하는 사람들에게 품질관리 업무에 관한 교육 · 훈련을 정기적으로 실시 그 기록을 작성, 보관할 것
· 책임판매관리자 외의 사람이 교육 · 훈련 업무를 실시하는 경우에는 교육 · 훈련 실시 상황을 책임판매업자에게 문서로 보고할 것

책임판매업자의 문서 · 기록 관련 업무

· 문서를 작성하거나 개정하였을 때에는 품질관리 업무 절차서에 따라 해당 문서의 승인, 배포, 보관 등을 할 것
· 품질관리 업무 절차서를 작성하거나 개정하였을 때에는 해당 품질관리 업무 절차서에 그 날짜를 적고 개정 내용을 보관할 것
· 책임판매관리자가 업무를 수행하는 장소에 품질관리 업무 절차서 원본을 보관하고 그 외의 장소에 원본과 대조를 마친 사본을 보관할 것

맞춤형화장품 사용 후 문제 발생에 대비한 사전관리

· 문제 발생 시 추적 · 보고서가 용이하도록 판매자는 개인정보 수집 동의하에 고객카드 등을 만들어 아래와 같은 관련 정보 기록 · 관리
· 판매 고객 정보(성명, 진단 내용 등)   · 제품 상세 혼합 정보   · 기타 관련 정보

- 책임판매 후 안전관리기준(화장품법 제5조, 화장품법 시행규칙 별표 2)
  · "안전 확보 업무"란 화장품 책임판매 후 안전관리 업무 중 정보 수집, 검토 및 그 결과에 따른 필요 조치에 관한 업무를 말한다.
  · "안전관리 정보"는 화장품의 품질, 안전성 · 유효성, 그 밖의 적정 사용을 위한 정보를 말한다.

- 책임판매관리자의 안전 확보 조치 실시
  · 안전 확보 조치 계획을 적정하게 평가하여 안전 확보 조치를 결정하고 이를 기록 · 보관할 것
  · 안전 확보 조치를 수행할 경우 문서로 지시하고 이를 보관할 것
  · 안전 확보 조치를 실시하고 그 결과를 책임판매업자에게 문서로 보고한 후 보관할 것

- 책임판매관리자의 업무
  · 안전 확보 업무를 총괄할 것
  · 안전 확보 업무가 적정하고 원활하게 수행되는 것을 확인하여 기록 · 보관할 것
  · 안전 확보 업무의 수행을 위하여 필요하다고 인정할 때에는 책임판매업자에게 문서로 보고한 후 보관할 것

- 제품 사용 후 문제 발생 시 판매자의 역할
  - 식품의약품안전처가 제품 안전성을 평가할 수 있도록 정보(원료·혼합 등)를 제공한다.
  - 맞춤형화장품판매업자는 국민 보건에 위해를 끼치거나 끼칠 우려가 있는 화장품이 유통 중인 사실을 알게 된 경우 지체 없이 맞춤형화장품의 내용물 등의 계약을 체결한 책임판매업자에게 보고한다.
  - 소비자 정보를 활용하여 회수 대상 제품을 구입한 소비자에게 회수 사실을 알리고 반품 조치를 취하는 등 적극적으로 회수 활동을 수행한다.

- 책임판매업자의 수입 화장품 관련 기록 사항
  - 제품명 또는 국내에서 판매하려는 명칭
  - 원료 성분의 규격 및 함량
  - 제조국, 제조 회사명 및 제조회사의 소재지
  - 기능성화장품 심사결과 통지서 사본
  - 제조 및 판매 증명서(다만, 통합 공고상의 수출입 요건 확인 기관에서 제조 및 판매 증명서를 갖춘 화장품 책임판매업자가 수입한 화장품과 같다는 것을 확인받고 보건환경연구원, 화장품 시험검사기관 또는 조직된 사단법인인 한국의약품수출입협회로부터 화장품책임판매업자가 정한 품질관리 기준에 따른 검사를 받아 그 시험 성적서를 갖추어 둔 경우에는 이를 생략할 수 있음)
  - 한글로 작성된 제품 설명서 견본
  - 최초 수입 연월일(통관 연월일을 말함)
  - 제조번호별 수입 연월일 및 수입량
  - 제조번호별 품질검사 연월일 및 결과
  - 판매처, 판매 연월일 및 판매량

- 책임판매업자의 품질검사 예외 사항
  - 보건환경연구원(보건환경연구원법 제2조)
  - 원료·자재 및 제품의 품질검사를 위하여 필요한 시험실을 갖춘 제조업자
  - 화장품 시험·검사기관
  - 조직된 사단법인인 한국의약품수출입협회(약사법 제67조)

0.5% 이상 함유 시 안정성 시험 자료 사용 기한 만료 이후 1년 보존 사항	
• 레티놀(비타민 A) 및 그 유도체	• 비타민 E(토코페롤)
• 과산화 화합물	• 효소
• 아스코빅애씨드(비타민 C) 및 그 유도체	

– 맞춤형화장품에 사용할 수 없는 원료

　· 화장품에 사용할 수 없는 원료(화장품 안전기준 규정 별표 1) 리스트에 포함된 경우

　· 화장품에 사용상의 제한이 필요한 원료(화장품 안전기준 규정 별표 2) 리스트에 포함된 경우

　· 식품의약품안전처장이 고시한 기능성화장품의 효능·효과를 나타내는 원료 리스트에 포함된 경우

　　(다만, 맞춤형화장품판매업자에게 원료를 공급하는 화장품책임판매업자가 화장품법 제4조에 따라 해당 원료를 포함하여 기능성화장품에 대한 심사를 받거나 보고서를 제출한 경우는 제외한다)

※ 화장품책임판매업자 및 맞춤형화장품판매업자의 제품 1차, 2차 포장 기재·표시 사항

· 화장품의 명칭
· 영업자의 상호 및 주소 (화장품책임판매업자 및 맞춤형화장품판매업자 구분하여 표시, 동일한 경우는 제외)
· 해당 화장품 제조에 사용된 모든 성분(인체에 무해한 소량 함유 성분 등 총리령으로 정하는 성분은 제외)
· 내용물의 용량 또는 중량
· 제조번호
· 사용기한 또는 개봉 후 사용기간
· 가격
· 기능성화장품의 경우 "기능성화장품"이라는 글자 또는 기능성화장품을 나타내는 도안으로서 식품의약품안전처장이 정하는 도안
· 사용할 때의 주의사항
· 그 밖에 총리령으로 정하는 사항

화장품의 1차 포장에 반드시 표시할 사항			
· 화장품의 명칭	· 영업자의 상호	· 제조번호	· 사용기한 또는 개봉 후 사용기간

– 부당한 표시·광고 행위 금지 사항(법 13조)

　· 의약품으로 잘못 인식할 우려가 있는 표시 또는 광고

　　기능성화장품이 아닌 화장품을 기능성화장품으로 잘못 인식할 우려가 있거나 기능성화장품의 안전성·유효성에 관한 심사 결과와 다른 내용의 표시 또는 광고

　· 천연화장품 또는 유기농화장품이 아닌 화장품을 천연화장품 또는 유기농화장품으로 잘못 인식할 우려가 있는 표시 또는 광고

　· 그 밖에 사실과 다르게 소비자를 속이거나 소비자가 잘못 인식하도록 할 우려가 있는 표시 또는 광고

2. 개인정보보호법

2.1 고객관리 프로그램 운용

- 고객관리 전용 프로그램을 PC에 설치하거나, 웹 서비스에 활용
- 개인(고객)정보를 바탕으로 예약, 매출, 재고, 상담 등의 고객관리 적용

2.2 개인정보보호법에 근거한 고객정보 입력

1) 개인정보보호법(개인정보보호법 제2조 정의)

- 개인정보보호법의 목적(제1조)은 개인정보의 처리 및 보호에 관한 사항을 정함으로써 개인의 자유와 권리를 보호하고 나아가 개인의 존엄과 가치를 구현함을 목적으로 한다.
- 용어의 정의
  ① "개인정보"란 살아 있는 개인에 관한 정보로서 성명, 주민등록번호 및 영상 등을 통하여 개인을 알아볼 수 있는 정보(해당 정보만으로는 특정 개인을 알아볼 수 없더라도 다른 정보와 쉽게 결합하여 알아볼 수 있는 것을 포함한다)를 말한다.
  ② 개인정보를 처리함에 있어서 "처리"의 개념은 개인정보를 수집, 생성, 연계, 연동, 기록, 저장, 보유, 가공, 편집, 검색, 출력, 정정(訂正), 복구, 이용, 제공, 공개, 파기(破棄), 그 밖에 이와 유사한 행위이다.
  ③ "정보 주체"는 처리되는 정보에 의하여 알아볼 수 있는 사람으로서 그 정보의 주체가 되는 사람이다.
  ④ 개인정보를 쉽게 검색할 수 있도록 일정한 규칙에 따라 체계적으로 배열하거나 구성한 개인정보의 집합물(集合物)을 "개인정보 파일"이라 한다.
  ⑤ "개인정보 처리자"는 업무를 목적으로 개인정보 파일을 운용하기 위하여 스스로 또는 다른 사람을 통하여 개인정보를 처리하는 공공기관, 법인, 단체 및 개인이다.

2) 민감 정보의 정의 및 범위

- 민감정보란 사상·신념, 노동조합·정당의 가입·탈퇴, 정치적 견해, 건강, 성생활 등에 관한 정보, 그 유전자 검사 등의 결과로 얻어진 유전 정보, 범죄 경력 자료에 해당하는 정보를 말한다(개인정보보호법 제23조, 개인정보보호법 시행령 제18조).

3) 고유 식별 정보의 범위(개인정보보호법 시행령 제19조)

- 주민등록번호(주민등록법 제7조 제1항)
- 여권번호(여권법 제7조 제1항 제1호)
- 운전면허의 면허번호(도로교통법 제80조)
- 외국인 등록번호(출국관리법 제31조 제4항)

4) 개인정보보호법에 근거한 고객정보 처리

- 개인정보 처리자는 개인정보의 처리 목적을 명확히 함.
- 목적에 필요한 범위에서 최소한의 개인정보만을 적법하고 정당하게 수집
- 목적에 필요한 범위에서 적합하게 개인정보를 처리해야 하며, 그 목적 용도로만 사용
- 목적에 필요한 범위에서 개인정보의 정확성, 완전성 및 최신성이 보장되도록 함.
- 해당 법과 관계 법령에서 규정하고 있는 책임과 의무를 준수하고 실천함으로써 정보 주체의 신뢰를 얻기 위하여 노력 (개인정보보호법 제3조 개인정보보호의 원칙)

2.3 개인정보보호법에 근거한 고객정보 관리

1) 민감 정보 관련 규정

- 개인정보 처리자는 민감 정보를 처리하여서는 아니 된다. 다만, 법률에 특별한 규정이 있거나 법령상 의무를 준수하기 위하여 불가피한 경우 또는 다른 법률에 특별한 규정이 있는 경우임을 알리고 다른 개인정보의 처리에 대한 동의와 별도로 동의를 받은 경우, 법령에서 민감 정보의 처리를 요구하거나 허용하는 경우에는 그러하지 아니하다(개인정보보호법 제23조).
- 민감 정보 중 유전자 검사 등의 결과로 얻어진 유전 정보와 범죄 경력 자료에 해당하는 정보는 다음에 해당하는 경우 민감정보에서 제외한다(개인정보보호법 시행령 제18조).
  ① 개인정보를 목적 외의 용도로 이용하거나 이를 제3자에게 제공하지 아니하면 다른 법률에서 정하는 소관 업무를 수행할 수 없는 경우로서 보호위원회의 심의·의결을 거친 경우
  ② 조약, 그 밖의 국제 협정의 이행을 위하여 외국 정부 또는 국제기구에 제공하기 위하여 필요한 경우
  ③ 범죄의 수사와 공소의 제기 및 유지를 위하여 필요한 경우
  ④ 법원의 재판 업무 수행을 위하여 필요한 경우
  ⑤ 형(刑) 및 감호, 보호처분의 집행을 위하여 필요한 경우

2) 고유 식별 정보의 처리 제한(법 제24조)

- 개인정보 처리자는 다음 각호의 경우를 제외하고는 법령에 따라 개인을 고유하게 구별하기 위하여 부여된 식별정보로서 대통령령으로 정하는 정보(이하 "고유 식별 정보"라 한다)를 처리할 수 없다.
  - 정보 주체에게 제15조 제2항 각 호 또는 제17조 제2항 각호의 사항을 알리고 다른 개인정보의 처리에 대한 동의와 별도로 동의를 받는 경우
  - 법령에서 구체적으로 고유 식별 정보의 처리를 요구하거나 허용하는 경우 부서의 명칭과 전화번호 등 연락처

3) 개인정보 처리 방침(법 제32조)

- 개인정보의 처리 목적
- 개인정보의 처리 및 보유 기간
- 개인정보의 제3자 제공에 관한 사항(해당되는 경우에만 정한다)
- 개인정보 처리의 위탁에 관한 사항(해당되는 경우에만 정한다)
- 정보 주체와 법정대리인의 권리ㆍ의무 및 그 행사 방법에 관한 사항
- 제31조에 따른 개인정보 보호 책임자의 성명 또는 개인정보 보호 업무 및 관련 고충사항을 처리하는 부서의 명칭과 전화번호 등 연락처
- 인터넷 접속 정보 파일 등 개인정보를 자동으로 수집하는 장치의 설치ㆍ운영 및 그 거부에 관한 사항(해당하는 경우에만 정한다)
- 그 밖에 개인정보의 처리에 관하여 대통령령으로 정한 사항

4) 동의 및 정보 제공 사항(고객에게 동의를 구하거나 알려야 하는 내용)

- 개인정보의 수집ㆍ이용 목적
- 수집하려는 개인정보의 항목
- 개인정보의 보유 및 이용 기간
- 동의를 거부할 권리가 있다는 사실 및 동의 거부에 따른 불이익이 있는 경우에는 그 불이익의 내용

2.4 개인정보보호법에 근거한 고객 상담

- 상담 과정에서 개인정보 보호와 관련하여 고객에게 미리 알려주거나 제시
- 확인사항

① 고객 정보 수집 시 동의를 받는다.

회원 가입서 등에 개인정보를 받을 때에는 수집 항목, 보유 기간, 수집 목적, 동의 거부가 가능함을 알려주고 동의를 받는다.

② 고유 식별 번호(주민등록, 운전면허, 외국인 등록, 여권번호) 수집 시 별도의 동의를 받아야 한다.

주민등록번호를 수집하는 경우 법령 근거가 있어야 수집이 가능하며 그 외 고유 식별 정보(운전면허, 외국인 등록, 여권번호) 수집 시 기존 양식에서 고유 식별 번호 수집에 대한 별도의 동의를 받는다.

③ 필수 정보만 수집하고 보유기간 만료 시 즉시 파기한다.

화장품 제조 및 품질관리

1. 화장품 원료의 종류와 특성

1.1 화장품 원료의 종류

- 천연 및 합성의 유성·수성원료, 계면활성제, 색재, 유효 성분, 보존제 등 〈표 2-1 참조〉

[표 2-1] 화장품 원료의 종류

원료			종류	
수성원료		정제수, 에탄올, 폴리올(글리세린, 부틸렌글라이콜, 프로필렌글라이콜 등)		
유성 원료	액상 유성 성분	식물성 오일	동백유, 카놀라유, 올리브유	자연계
		동물성 오일	난황 오일, 밍크 오일	자연계
		광물성 오일	바세린, 유동파라핀	자연계
		실리콘	다이메티콘, 사이크로메티콘	합성계
		에스터류	이소프로필미리스테이트	합성계
		탄화수소류	석유계, 스쿠알란	합성계
	고형 유성 성분	왁스	칸델리라, 카나우바, 비즈왁스, 호호바오일, 시어버터	자연계
		고급지방산	스테아르산, 라우르산	합성계
		고급알코올	세틸알코올, 스테아랄알코올, 세테아릴알코올	합성계
계면활성제		이온성(양이온, 음이온, 양쪽성), 비이온성, 천연		
고분자 화합물		폴리비닐알코올, 잔탄검, 카보머, 소듐카복시메틸셀룰로오스		
비타민		아스코빈산인산 에스터, 레티놀, 토코페릴아세테이트		
색소	염료		황색5호, 적색505호	
	레이크		적색201호, 적색204호	
	안료	유기 안료	법정타르 색소류, 천연 색소류	
		무기 안료	체질 안료, 착색 안료, 백색 안료	
		진주 광택 안료	비스머스옥시클로라이드	
		고분자 안료	폴리에틸렌 파우더, 나일론 파우더	
	천연 색소		커큐민, 베타-카로틴, 카르사민	
향료	식물성		라벤더, 재스민, 로즈메리	
	동물성		시베트, 무스크, 카스토리움	
	합성		멘톨, 벤질아세테이트	
기능성 원료		유용성 감초 추출물, 알부틴, 레티놀, 아데노신, 자외선 차단제		

- 화장품 원료의 구비 조건
  - 안전성이 높을 것
  - 경시 안정성이 우수할 것(시간 경과에 따른 변화 없음)
  - 사용 목적에 알맞은 기능, 유용성을 지닐 것
  - 법규에 적합할 것(화장품 기준 등)
  - 환경에 문제가 되지 않는 성분일 것
  - 안정적인 원료 공급이 가능할 것
  - 가격이 적정할 것

1.2 화장품에 사용된 성분의 특성

1) 수성 원료

- 정제수
  - 무색, 투명한 액으로 pH 5.7~8.6
  - 세균에 오염된 물과 금속이온이 함유된 물은 피부의 모공을 막거나 모발에 끈끈하게 부착될 수 있음.
  - 멸균 처리, 일정한 pH 유지, 미생물 주의
  - 이온교환 수지를 이용하여 정제한 이온교환수 사용(역삼투압: RO방식)
- 에탄올
  - 화장품에 사용되는 에탄올은 술을 만드는데 사용할 수 없도록 특수한 변성제(폴리필렌글리콜, 부탄올)를 첨가한 변성에탄올임(SD-에탄올 40)
  - 유기용매나 물에 녹지 않는 비극성 물질(향료, 색소 등)을 녹임
  - 에탄올:물=70:30 일 때 살균 효과가 가장 우수
- 폴리올(Polyol)
  - 글리세린, 프로필렌글라이콜, 부틸렌글라이콜등
  - 보습제 및 동결방지, 방부성질

2) 유성 원료

- 유지((Oils and Fats), 왁스류, 고급지방산((Fatty acid), 탄화수소, 고급알코올, 에스테르 오일, 실리콘 오일

- 기초화장품의 피부 거칠어짐 개선, 유연화, 클렌징, 점도 조절, 유화의 안정제 역할
- 색조화장품의 점도, 고형화, 사용감과 윤기 부여, 안료의 부착력을 높이거나 바인더 기능
- 모발화장품의 모발 윤기 높임, 부드러운 사용감 향상
- 바디화장품의 피부연화, 세정 및 피부 거칠어짐 개선

① 유지((Oils and Fats)

- 고급지방산과 글리세린의 에스테르로서 글리세리드라고 함.
- 식물이나 동물에서 얻어지며 상온에서 액상이 오일(Oil), 상온에서 고체로 지방(Fat)
- 합성 오일은 주로 고급지방산과 저급알코올 간의 에스테르결합으로 얻어지며 합성 에스테르 오일이라고도 함(실리콘 오일, 미리스트산, 이소프로필 등).
- 화장품 성분 중 정제수 다음으로 많이 쓰이며, 피부 표면에 유막을 형성하여 수분 증발 억제(피부 유연제, 에몰리언트제)

② 왁스류

- 고급지방산과 고급알코올의 에스테르가 주성분으로 동식물에서 얻어짐.
- 유지류의 지방산보다 탄소수가 20~30가량 많아 반고형이나 고체인 것이 많음.
- 점도 조절 혹은 유화 안정, 액상유분의 고형화, 윤기 부여, 사용감 향상 등의 역할

③ 탄화수소계

- 석유계 광물성 오일로 바셀린, 유동 파라핀, 고형 파라핀, 세레신, 고형 파라핀
- 스쿠알렌에 수소 첨가한 스쿠알란, 합성 오일로 알파-올레핀올리고머, 폴리부텐
- 분자량이 가벼워 유화가 용이하며 피부에 소수성의 피막을 형성하여 수분 증발 방지

④ 고급지방산

- 탄소수가 12개 이상인 지방산으로 대표적으로 스테아르산. 크림 제형에 주로 쓰임
- 라우르산, 미리스트산은 비누나 세안제의 원료로 사용

⑤ 고급알코올

- 탄소수가 6개 이상의 1가 알코올
- 세틸알코올은 양이온성 계면활성제와 겔을 형성하여 린스(컨디셔너)에 사용
- 스테아릴알코올은 크림, 로션 등의 유화 안정제로 사용

⑥ 에스테르 오일

- 지방산과 알코올의 에스테르는 산화 및 가수분해 안정성이 높고 녹는점이 낮아 넓은 온도 범위에서 저점도로 액상 유지, 산뜻한 사용감 및 물과 잘 결합하여 피부 유연화 효과
- 에틸헥실미리스테이트, 올레일미리스테이트, 미리스트산이소프로필

⑦ 실리콘 오일
- 끈적임 없이 가볍고 산뜻한 사용감, 피부나 모발에 부드러운 발림성
- 다이메틸폴리실록산, 사이클로메티콘, 다이메티콘 등

3) 계면활성제

- 물과 친화성을 갖는 친수기(Hydrophilic group)와 오일과 친화성을 갖는 친유기(Lipophilic group, 소수기)를 동시에 갖는 물질로, 계면에 흡착하여 계면장력 등 계면의 성질 변화
- 화장품에서 크림이나 로션처럼 물과 기름을 혼합하기 위한 유화제, 향료를 물에 용해되지 않는 물질을 용해시키기 위하여 사용되는 가용화제, 안료를 안정적으로 분산시키기 위하여 사용되는 분산제, 거품을 생성하여 세정을 목적으로 하는 세정제 등
- 계면활성제가 물에 용해되었을 때 해리되는 이온 성질에 따라 양이온, 음이온, 양쪽성이온, 비이온 계면활성제로 분류

[표 2-2] 계면활성제의 종류 및 특징

종 류	특 징	사 용
양이온 계면활성제	살균제로 이용되며, 알킬기의 분자량이 큰 경우 모발과 섬유에 흡착성이 커서 헤어린스 등의 유연제 및 대전 방지제로 주로 활용된다.	헤어린스 등의 유연제 및 대전 방지제, 샴푸, 헤어토닉
음이온 계면활성제	세정력과 거품 형성 작용이 우수하여 화장품에서 주로 클렌징 제품에 활용된다.	바디클렌징, 클렌징크림, 샴푸, 치약 등
양쪽성이온 계면활성제	한 분자 내에 양이온과 음이온을 동시에 가진다. 알칼리에서는 음이온, 산성에서는 양이온의 효과를 지니며, 다른 이온성 계면활성제에 비하여 피부 안전성이 좋고 세정력, 살균력, 유연 효과를 지닌다.	저자극 샴푸, 어린이용 샴푸 등
비이온 계면활성제	이온성 계면활성제보다 피부 자극이 적어 피부 안전성이 높고, 유화력, 습윤력, 가용화력, 분산력 등이 우수하여 대부분의 화장품에서 사용된다.	대부분의 화장품
천연 계면활성제	천연 물질로 가장 널리 이용되고 있는 것은 리포솜 제조에 사용되는 레시틴이다. 이 밖에 미생물을 이용한 계면활성제와 직접 천연물에서 추출한 콜레스테롤, 사포닌 등도 일부 화장품에 응용된다.	

4) 보습제

- 각질층의 수분량 유지 목적으로 사용, 폴리올(글리세린), 하이알루로닉애씨드, 세라마이드 유도체 등
- 피부 모발의 건조 방지 및 화장품 자체의 수분 보유로 유화 제품의 안정화

- 사용감 향상과 유연성 부여, 정균 효과(1.3-부틸렌글리콜 등)
- 모이스춰라이저(Moisturizer, 피부 수분 공급), **휴맥턴트**(Humectant, 수분을 끌어당겨 보존, 에몰리언트(Emollient, 피부 표면에 유막 형성하여 수분 증발 차단, 유성 성분)
- 천연 보습인자(NMF; Natural Moisturizing Factor), 각질층 존재하는 인체 구성 물질로 강력한 보습(아미노산, 우레아 등)

5) 고분자 화합물

- 수용성은 주로 점증제, 겔화, 유화 안정화, 거품 안정화 피막 형성, 보습, 사용감 향상
- 비수용성은 피막 형성, 제형 유지, 사용감 향상

6) 비타민

- 비타민 A(레티놀), 비타민 A 팔미테이트, 피부세포의 신진대사 촉진과 피부 저항력의 강화, 피지분비의 억제 효과, 불안정함. 콜라겐합성으로 주름 제품에 사용
- 비타민 C, 강력한 항산화작용과 콜라겐 생합성 촉진, 미백 제품 등에 사용, 쉽게 산화되는 단점으로 비교적 안정된 수용성비타민 C 유도체 합성
- 비타민 E, 강한 항산화 효과로 지질 물질의 과산화 생성 예방, 토코페릴아세테이트는 유도체 형태로 사용, 피부 유연 및 세포의 성장 촉진, 항산화작용 등

7) 색재

- 메이크업화장품에 배합되어 피부를 피복하거나 색채 부여, 커버력을 주기도 하고 자외선을 차단하기도 함. 주로 메이크업 화장품에 사용되고 있음. '화장품의 색소 종류와 기준 및 시험 방법'(식약처 고시 제2014-105호. 2014년 3월 21일 개정)
- 유기 합성 색소, 천연 색소, 무기 안료, 진주 광택 안료, 고분자 분체, 기능성 안료로 분류
- 유기 합성 색소는 타르 색소라고도 하며 종류로는 염료, 레이크, 유기 안료 등
- 염료(Dyes)는 물이나 기름, 알코올 등에 용해, 색조보다 화장수나 샴푸 등의 색을 부여
- 안료(Pigment)는 물이나 오일 등에 녹지 않는 불용성 색소로 무기 안료(Inorganic Pigment)와 유기물로 된 유기 안료(Organic Pigment)로 구분
- 레이크(Lake)는 수용성 염료에 알루미늄, 마그네슘, 칼슘염을 가해 물과 오일에 녹지 않음.

[그림 2-1] 색재의 종류

8) 보존제

- 유해한 미생물의 증식을 억제하는 등 화장품의 오염을 방지하기 위해 사용되는 성분으로 페녹시에탄올, 안식향산(파라벤류), 4급 암모늄 등
- 최근 보존제로는 헥산다이올이 가장 많이 사용

9) 금속이온봉쇄제

- 미량의 금속이온으로 인한 유지류 산화 촉진, 제품의 변취, 침전 등 안정성 결여의 방지, EDTA

10) 산화방지제

- 화장품 안의 원료들의 산패 등의 산화 반응을 억제하여 피부 자극 물질인 과산화 물질 발생 방지, 비타민 E(토코페롤), BHA(부틸하이드록시아니솔), BHT(디부틸하이드록시톨루엔)

11) 향료

- 향기를 부여하여 좋은 이미지를 주거나, 원료의 냄새를 마스킹하기 위하여 사용, 생리, 심리 효과

[표 2-3] 화장품 원료의 분류

기제 원료	품질 유지 원료	화장품용 약제
[화장품의 본체를 만드는 원료] 1. 수성 원료(이온교환수, 보습제, 알코올 등) 2. 유성 원료(유지, 왁스, 탄화수소계, 에스터계 오일 등) 3. 계면활성제 4. 색재, 분체 5. 고분자 화합물(증점제, 피막 형성제) 6. 향료 7. 용제(알코올 이외) 8. 분사제(LPG가스 등)	[안정적으로 유지] 1. 산화방지제 2. 보존제 3. 금속이온봉쇄제	[효능·효과] 1. 기능성화장품 주성분 2. 비타민, 아미노산, 펩타이드, 식물추출물 등 3. 피부 유연화제, 제한제

1.3 원료 및 제품의 성분 정보

- 성분은 원료를 구성하는 기본단위이며, 원료는 화장품을 제조할 때 측량하여 배합되는 물질

1) 전성분 표시

- 화장품 제조에 사용된 모든 성분을 함량 순으로 기재하되, 1% 이하로 사용된 성분, 착향제 또는 착색제는 순서에 관계없이 기재·표시
- 혼합 원료는 혼합된 개별 성분의 명칭 기재·표시
- 착향제는 "향료"로 표시할 수 있음. 다만, 착향제의 구성 성분 중 식품의약품안전처에서 고시한 알레르기 유발 성분이 있는 경우 향료로 표시할 수 없고, 해당 성분의 명칭을 기재·표시하여야 함(2018.12.31. 개정 2020.1.1. 시행).
- 산성도(pH) 조절 목적으로 사용되는 성분은 그 성분 표시 대신 중화 반응에 따른 최종 생성물로 기재·표시 가능
- 글자의 크기는 5포인트 이상
- 색조화장용, 눈 화장용, 두발 염색용 제품류 또는 손발톱용 제품류에서 호수별로 착색제가 다르게 사용된 경우 + 또는 +/−의 표시 다음에 사용된 모든 착색제 성분을 함께 기재·표시
- 성분을 기재·표시할 경우 제조업자 또는 책임판매업자의 정당한 이익을 현저히 침해할 우려가 있을 경우, 제조업자 또는 책임판매업자는 식약처장에게 근거 자료를 제출하고, 식약처장이 정당한 이익을 침해할 우려가 있다고 인정하는 경우에는 기타 성분으로 기재·표시 가능

2) 원료 및 제품의 성분 정보

- 대한화장품협회(https://kcia.or.kr/home/main/)의 성분 사전(http://kcia.or.kr/cid/main/)
- 식품의약품안전처 의약품통합정보시스템(https://nedrug.mfds.go.kr/index)
- 한국의약품수출입협회(http://www.kpta.or.kr/edu/)의 사용제한 원료

2. 화장품의 기능과 품질

2.1 화장품의 효과

1) 원료와 화장품의 효과

- 계면활성제: 피부 두피 모발 청결 유지
- 유성원료: 피부 모발의 거칠어짐 개선, 부드러운 사용감 향상
- 자외선 차단제: 자외선으로부터 피부 보호
- 고분자화합물, 스타일링제, 펌제: 모발을 아름답게 스타일링 함
- 착색제(염모제): 색 부여로 아름답고 매력 있게 함
- 향료: 심리 효과, 마스킹 효과
- 주름개선제, 항산화제: 안티에이징 효과
- 피부유연제, 보습제, 유성원료: 피부의 거칠어짐 개선
- 수렴제, 제한제: 피부, 모발의 기능을 도움

2) 기능성화장품의 범위 및 효과

- 피부에 멜라닌 색소가 침착하는 것을 방지하여 기미·주근깨 등의 생성을 억제함으로써 피부의 미백에 도움을 주는 기능을 가진 화장품
- 피부에 침착된 멜라닌 색소의 색을 엷게 하여 피부의 미백에 도움을 주는 기능을 가진 화장품
- 피부에 탄력을 주어 피부의 주름을 개선하는 기능을 가진 화장품
- 강한 햇볕을 방지하여 피부를 곱게 태워 주는 기능을 가진 화장품
- 자외선을 차단 또는 산란시켜 자외선으로부터 피부를 보호하는 기능을 가진 화장품
- 모발의 색상을 변화(탈염, 탈색)시키는 기능을 가진 화장품, 다만, 일시적으로 모발이 색상을 변화시키는 제품은 제외
- 체모를 제거하는 기능을 가진 화장품. 다만, 물리적으로 체모를 제거하는 제품은 제외

- 탈모 증상의 완화에 도움을 주는 화장품. 다만, 코팅 등 물리적으로 모발은 굵게 보이게 하는 제품은 제외
- 여드름성 피부를 완화하는 데 도움을 주는 화장품. 다만, 인체 세정용 제품류로 한정함.
- 손상된 피부 장벽을 회복함으로써 가려움 개선에 도움을 주는 화장품
- 튼 살로 인한 붉은 선을 엷게 하는데 도움을 주는 화장품

2.2 판매 가능한 맞춤형화장품 구성

1) 맞춤형화장품 내용물의 범위

- 벌크제품(충전 이전의 제조 단계까지 끝낸 화장품)
- 반제품(원료 혼합 등의 제조 공정 단계를 거친 것으로 벌크제품이 되기 위하여 추가 제조 공정이 필요한 화장품)

2) 맞춤형화장품 사용 가능한 원료(다음의 원료를 제외한 원료는 사용할 수 있다)

- 화장품에 사용할 수 없는 원료(별표 1)
- 화장품에 사용상의 제한이 필요한 원료(별표 2)
- 식약처장이 고시한 기능성화장품의 효능·효과를 나타내는 원료 (단, 예외적으로 맞춤형화장품을 기능성화장품으로 인정받아 판매하려는 경우는 사용이 허용된다. 맞춤형화장품을 기능성화장품으로 인정받아 판매하려는 경우 맞춤형화장품판매업자에게 원료를 공급하는 화장품책임판매업자가 「화장품법」 제4조에 따라 해당 원료를 포함하여 기능성화장품에 대한 심사를 받거나 보고서를 제출한 경우, 대학·연구소 등이 품목별 안전성 및 유효성에 관하여 식약처장의 심사를 받은 경우는 제외한다)

1) 피부의 미백 개선에 도움을 주는 제품의 성분

- 알부틴: 티로시나아제 활성을 억제하는 효과, 산악 지방에서 자생하는 월귤나무 잎에서 추출
- 닥나무 추출물: 카지놀F 라는 물질이 들어 있어 티로시아나제 활성 억제하는 효과
- 에칠아스코르빌에텔: 멜라닌 합성을 억제하는 효과
- 유용성 감초 추출물: 감초의 유효 성분인 감초산의 안전성과 효능을 높인 물질로 티로시나아제 활성을 억제하는 효과

[표 2-4] 미백화장품 식약처 고시 원료

No.	성분명	함량
1	닥나무 추출물	2 %
2	알부틴	2~5 %
3	에칠아스코빌에텔	1~2 %
4	유용성 감초 추출물	0.05 %
5	아스코빌글루코사이드	2 %
6	마그네슘아스코빌포스페이트	3 %
7	나이아신아마이드	2~5 %
8	알파-비사보롤	0.5 %
9	아스코빌테트라이소팔미테이트	2 %

2) 피부의 주름 개선에 도움을 주는 제품의 성분

- 레티놀: 비타민 A라고도 하며, 피부세포의 신진대사 촉진, 피부 저항력 강화, 콜라겐 합성, 피부 각질화 조절, 공기나 빛에 의하여 쉽게 분해 될 수 있음.
- 아데노신: 무색 결정 또는 결정성 가루로 냄새가 없음, 섬유아세포의 증식 촉진과 피부세포의 활성화, 콜라겐 합성을 증대시켜 탄력과 주름 개선 효과를 줌.
- 레티닐팔미테이트: 비타민 A 유도체 물질로서 레티놀보다 효능 효과는 떨어지지만 안전성과 안정성 면에서는 우수함.
- 폴리에톡실레이티드레틴아마이드: 레티놀과 유사한 효능 효과를 주지만 안정성 측면에서 우수하며, 메디민 A라고도 함.

[표 2-5] 주름 개선 화장품 식약처 고시 원료

No.	성분명	함량
1	레티놀	2,500 IU/g
2	레티닐팔미테이트	10,000 IU/g
3	아데노신	0.04 %
4	폴리에톡실레이티드레틴아마이드	0.05 ~ 0.2 %

3) 모발의 색상을 변화시키는 데 도움을 주는 제품의 성분 74가지 (생략, 기능성화장품 기준 및 시험 방법 [별표 6] 참조)

4) 여드름을 완화하는 데 도움을 주는 기능성화장품의 성분

- 씻어내는 제품에 해당되며 대표적으로 살리실릭애씨드(Salicylic acid) 0.5%

5) 피부를 곱게 태워 주거나 자외선으로부터 피부를 보호하는 데 도움을 주는 제품의 성분

- 화학적 차단제(흡수제): 자외선이 몸속에 침투하기 전 피부 표면에서 흡수, 분사 제품에 많이 배합하게 되면 피부 자극을 일으킬 수 있음, 에칠헥실메톡시신나메이트, 벤조페논, 에칠헥실디메칠파바 등
- 물리적 차단제(산란제): 피부 표면에 빛을 산란시켜 피부 침투를 차단, 피부 자극 측면에서는 화학적 차단제보다는 우수하나 많이 사용하면 제품의 사용감이 떨어짐, 징크옥사이드, 티타늄디옥사이드

[표 2-6] 자외선 차단제 식약처 고시 원료

No.	성분명	함량
1	드로메트리졸	0.5 % ~ 1 %
2	디갈로일트리올리에이트	0.5 % ~ 5 %
3	4-메칠벤질리덴캠퍼	0.5 % ~ 4 %
4	멘틸안트라닐레이트	0.5 % ~ 5 %
5	벤조페논-3	0.5 % ~ 5 %
6	벤조페논-4	0.5 % ~ 5 %
7	벤조페논-8	0.5 % ~ 3 %
8	부틸메톡시디벤조일메탄	0.5 % ~ 5 %
9	시녹세이트	0.5 % ~ 5 %
10	에칠헥실트리아존	0.5 % ~ 5 %

11	옥토크릴렌	0.5 % ~ 10 %
12	에칠헥실디메칠파바	0.5 % ~ 8 %
13	에칠헥실메톡시신나메이트	0.5 % ~ 7.5 %
14	에칠헥실살리실레이트	0.5 % ~ 5 %
15	페닐벤즈이미다졸설포닉애씨드	0.5 % ~ 4 %
16	호모살레이트	0.5 % ~ 10 %
17	징크옥사이드	25 %(자외선차단성분으로 최대 함량)
18	티타늄디옥사이드	25 %(자외선차단성분으로 최대 함량)
19	이소아밀p-메톡시신나메이트	~ 10 %
일부 성분(20~27) 생략 (기능성화장품 기준 및 시험 방법 [별표4] 참조)		

6) 체모를 제거하는 기능을 가진 제품의 성분

[표 2-7] 체모 제거제 식약처 고시 원료

No.	성분명
1	치오글리콜산 80 %(Thioglycolic Acid 80 %)
2	치오글리콜산 80% 크림제(Thioglycolic Acid 80% Cream)

7) 탈모 증상의 완화에 도움을 주는 기능성화장품의 성분

[표 2-8] 탈모 증상 완화제 식약처 고시 원료

No.	성분명
1	덱스판테놀(Dexpanthenol)
2	비오틴(Biotin)
3	엘-멘톨(l-Menthol)
4	징크피리치온(Zinc Pyrithione)
5	징크피리치온액(50 %) Zinc Pyrithione Solution(50 %)

2.3 내용물 및 원료의 품질 성적서 구비

1) 맞춤형화장품 조제에 사용되는 내용물과 원료의 제조번호별 품질관리 기록서(품질 성적서)를 화장품책임판매업자로부터 받아서 보관

2) 품질관리 결과 적합한 내용물(반제품 기준 및 시험 방법)과 원료(원료 규격)만 제조에 사용

3) 맞춤형화장품은 유통관리 안전기준에 적합해야 함

- 공통 기준: 비의도적 검출 허용한도, 미생물 한도, 내용량
- 제품별 필요한 항목이 있는 경우 추가 기준
  ① pH: 액상 제품(물을 포함하지 않거나 물로 씻어 내는 제품 제외)
  ② 기능성화장품: 심사 또는 보고한 기준 및 시험 방법
  ③ 퍼머넌트웨이브용 및 헤어스트레이트너 제품: 제품별 기준
  ④ 화장비누: 유리 알칼리

4) 화장품의 원료 규격

- 국내 화장품 원료 관리는 제조업체에서 입고된 원료의 특성 등을 고려하여 자사 규격에 적합한 시험 방법, 시험 주기 등을 설정하여 관리하고 일부 시험 항목은 원료 공급자의 시험 결과가 신뢰할 수 있는 경우에 한하여 인정할 수 있도록 규정

5) 화장품의 품질관리

- 화장품책임판매업자가 품질관리의 주체
- 시험 시설: 자가 시험시설, 품질관리 위탁기관과 품질관리 시험 위탁 계약
- 위탁 가능 기관: 보건환경연구원, 시험시설을 갖춘 화장품제조업자, 한국의약품수출입협회, 화장품 시험·검사기관(식약처 지정 18개소)

3. 화장품 사용 제한 원료

3.1 화장품에 사용되는 사용 제한 원료의 종류 및 사용한도

- 보존제 성분 59종
- 자외선 차단 성분 27종
- 염모제 성분 51종
- 기타 78종

→ 「화장품 안전기준 등에 관한 규정」[별표 2]에서 사용상의 제한이 필요한 원료 참조

3.2 향료(착향제) 성분 중 알레르기 유발 물질

- 사용 후 씻어내는 제품에는 0.01% 초과, 사용 후 씻어내지 않는 제품에는 0.001% 초과 함유하는 성분의 경우
- 향료로 표시할 수 없고, 해당 성분의 명칭을 기재·표시하여야 함.
- 화장품 사용 시의 주의사항 및 알레르기 유발 성분 표시에 관한 규정 참조

[표 2-9] 식약처 고시 알레르기를 유발하는 성분 25가지

연번	성분명	연번	성분명
1	아밀신남알	14	벤질신나메이트
2	벤질알코올	15	파네솔
3	신나밀알코올	16	부틸페닐메틸프로피오날
4	시트랄	17	리날룰
5	유제놀	18	벤질벤조에이트
6	하이드록시시트로넬알	19	시트로넬올
7	아이소유제놀	20	헥실신남알
8	아밀신나밀알코올	21	리모넨
9	벤질살리실레이트	22	메틸 2-옥티노에이트
10	신남알	23	알파-아이소메틸아이오논
11	쿠마린	24	참나무 이끼 추출물
12	제라니올	25	나무 이끼 추출물
13	아니스알코올		

4. 화장품 관리

4.1 화장품의 취급 방법

1) 화장품 보관 및 취급관리

- 보관 및 취급관리에 대한 문서화된 절차 수리비 및 유지 필요
- 품질에 안 좋은 영향을 주지 않는 조건으로 보관
- 출하 시 선입선출이 가능하도록 재고관리

2) 시설기준

- 건물: 제품 보호, 청소 용이 및 위생관리 하도록 할 것, 제품과 원료의 혼동이 없도록 설계건축
- 시설: 작업소의 기준, 제조 및 품질관리에 필요한 설비를 갖춘 시설

3) 안전 용기 · 포장 등의 사용

- 안전 용기 요건: 만 5세 미만의 어린이가 개봉하기 어렵게 된 것이어야 함.
- 적용 대상
  - 아세톤을 함유하는 네일에나멜 리무버 및 네일폴리시 리무버
  - 어린이용 오일 등 개별 포장당 탄화수소 화합물 10% 이상 함유하고 운동 점도가 21센티스톡스(40℃ 기준) 이하인 비에멀젼 타입의 액상 제품
  - 개별 포장당 메틸살리실레이트를 5% 이상 함유하는 액상 제품
  - 제외 사항: 1회용 제품, 펌프 또는 방아쇠로 작동되는 분무 용기 제품과 압축 분무 용기 제품

4.2 화장품의 보관 방법

1) 화장품 보관 방법

- 완제품은 적절한 조건하의 정해진 장소에서 보관하여야 하며, 주기적으로 재고 점검 수행
- 완제품은 시험 결과 적합으로 판정되고 품질보증 부서 책임자가 출고 승인한 것만을 출고해야 함.
- 출고는 선입선출 방식으로 하되, 타당한 사유가 있는 경우에는 그러지 아니할 수 있음.
- 출고할 제품은 원자재, 부적합품 및 반품된 제품과 구획된 장소에서 보관하여야 함.

다만, 서로 혼동을 일으킬 우려가 없는 시스템에 의하여 보관되는 경우에는 그러하지 아니할 수 있음

2) 제품의 입고, 보관 및 출하 절차

- 포장 공정 → 시험 중 라벨 부착 → 임시 보관 → 합격 라벨 부착 → 보관 → 출하

  제품시험 합격

4.3 화장품의 사용 방법

- 화장품법 제2조 화장품의 정의에서 인체를 청결·미화하여 매력을 더하고 용모를 밝게 변화시키거나 피부·모발의 건강을 유지 또는 증진하기 위하여,
  - 인체에 바르고
  - 문지르거나
  - 뿌리는 등 이와 유사한 방법으로 사용되는 물품

4.4 화장품의 사용상 주의사항

1) 공통 사항

- 화장품 사용시 또는 사용 후 직사광선에 의하여 사용 부위가 붉은 반점, 부어오름 또는 가려움증 등의 이상 증상이나 부작용이 있는 경우 전문의 등과 상담할 것
- 상처가 있는 부위 등에는 사용을 자제할 것
- 보관 및 취급 시 어린이의 손이 닿지 않는 곳에 보관, 직사광선을 피해서 보관

2) 개별 사항

- 스크럽 세안제나 모발용 샴푸, 두발용, 두발 염색용 및 눈화장용 제품류 등이 눈에 들어갔을 때는 즉시 물로 씻어낼 것
- 팩은 눈 주위를 피하여 사용할 것
- 외음부 세정제는 만 3세 이하 어린이에게는 사용하지 말 것
  또한, 임신 중에는 사용하지 않는 것이 바람직하며, 분만 직전의 외음부 주위에는 사용하지 말 것
- 손·발의 피부 연화제품(요소제제의 핸드크림 및 풋크림)은 눈, 코 또는 입 등에 닿지 않도록 주의

하여 사용하고, 프로필렌글라이콜(Propylene glycol)을 함유하고 있으므로 이 성분에 과민하거나 알레르기 병력이 있는 사람은 신중히 사용할 것

- 체취 방지용 제품은 털을 제거한 직후에는 사용하지 말 것

- 고압가스를 사용하는 에어로졸 제품(무스의 경우 제외)

  ① 같은 부위에 연속해서 3초 이상 분사하지 말 것

  ② 가능하면 인체에서 20cm 이상 떨어져서 사용할 것

  ③ 눈 주위 또는 점막 등에 분사하지 말 것

  ④ 분사 가스는 직접 흡입하지 않도록 주의할 것

- 고압가스를 사용하는 에어로졸 제품의 보관 및 취급상의 주의사항

  ① 가연성 가스를 사용하지 않는 제품을 섭씨 40도 이상의 장소 또는 밀폐된 장소에 보관하지 말 것

  ② 사용 후 남은 가스가 없도록 하고 불 속에 버리지 말 것

  ③ 가연성 가스를 사용하는 제품을 불꽃을 향하여 사용하지 말 것

  ④ 난로 · 풍로 등 화기 부근 또는 화기를 사용하고 있는 실내에서 사용하지 말 것

  ⑤ 섭씨 40도 이상의 장소 또는 밀폐된 장소에서 보관하지 말 것

  ⑥ 밀폐된 실내에서 사용한 후에는 반드시 환기를 해야 하며 불 속에 버리지 말 것

  ⑦ 고압가스를 사용하지 않는 분무형 자외선 차단제는 얼굴에 직접 분사하지 말고 손에 덜어 얼굴에 바를 것

- 알파-하이드록시애씨드(α-hydroxyacid, AHA)(이하 "AHA"라한다) 함유 제품 (0.5% 이하의 AHA가 함유된 제품은 제외)

  ① 햇빛에 대한 피부 감수성의 증가율을 높일 수 있으므로 자외선 차단제를 함께 사용할 것

  ② 일부에 시험 사용하여 피부 이상을 확인할 것

  ③ 고농도의 AHA 성분이 들어 있어 부작용이 발생할 우려가 있으므로 전문의 등에게 상담할 것 (AHA 성분이 10%를 초과하여 함유되어 있거나 산도가 3.5 미만인 제품만 표시)

- 과산화수소가 들어간 퍼머넌트 제품 등은 자극성이 있으므로 눈에 들어가지 않도록 주의 살리실릭애시드 등의 성분이 함유된 제품(샴푸 제외)은 3세이하 어린이에게는 사용하지 말것

- 과산화수소, 살리실릭애시드, 스테아린산아연 등 총 12종의 화장품 성분에 대한 사용상 주의사항

  12종 화장품 성분별 '사용상의 주의사항' 주요내용으로는 눈에 접촉을 피하고 눈에 들어갔을 때는 즉시 씻어내도록 주의해야 하는 제품으로 ▲퍼머넌트웨이브용 제품 등 과산화수소 함

유 제품 ▲벤잘코늄클로라이드, 벤잘코늄브로마이드 및 벤잘코늄사카리네이트 함유 제품 ▲실버나이트레이트 함유 제품

- 3세 이하 어린이 사용금지 제품으로 ▲살리실릭애씨드 및 그 염류 함유 제품(샴푸 제외) ▲아이오도프로피닐부틸카바메이트(IPC) 함유 제품(목욕용제품, 샴푸류 및 바디클렌저를 제외)등이 있다.

- 사용 시 흡입되지 않도록 주의해야 하는 제품으로 파우더류에 사용되는 스테아린산아연 함유 제품이 있으며 과민하거나 알레르기가 있는 사람은 신중히 사용해야 할 제품으로는 ▲립스틱에 사용되는 카민 또는 코치닐추출물 함유 제품, ▲포름알데히드 0.05% 이상 함유 제품

- 비타민C, 토코페놀(비타민E), 레티놀(비타민A), 과산화화합물, 효소와 같은 화장품 성분은 최적의 품질을 유지하기 위해 사용기한을 용기 등에 표시하도록 의무화

5. 위해 사례 판단 및 보고

5.1 위해 여부 판단 (화장품 안전성 정보관리 규정. 식약처 고시 제2017-115호)

1) 위해 사례

- 화장품의 사용 중 발생한 바람직하지 않고 의도되지 아니한 징후, 증상 또는 질병 (당해 화장품과 반드시 인과관계를 가져야 하는 것은 아님)

2) 중대한 유해 사례

- 사망을 초래하거나 생명을 위협하는 경우
- 입원 또는 입원 기간의 연장이 필요한 경우
- 지속적 또는 중대한 불구나 기능 저하를 초래하는 경우
- 선천적 기형 또는 이상을 초래하는 경우
- 기타 의학적으로 중요한 상황

3) 화장품 원료 등의 위해 평가 과정(화장품법 시행규칙 제17조)

- 위해요소의 인체 내 독성을 확인하는 위험성 확인 과정
- 위해요소의 인체 노출 허용량을 산출하는 위험성 결정 과정
- 위해요소가 인체에 노출된 양을 산출하는 노출 평가 과정
- 제1호부터 제3호까지의 결과를 종합하여 인체에 미치는 위해 영향을 판단하는 위해도 결정

과정

4) 안전성 정보

- 화장품과 관련하여 국민 보건에 직접 영향을 미칠 수 있는 안전성·유효성에 관한 새로운 자료, 유해 사례 정보 등

5) 실마리 정보

- 유해 사례와 화장품 간의 인과관계 가능성이 있다고 보고된 정보로서 그 인과관계가 알려지지 아니하거나 입증 자료가 불충분한 것

5.2 위해 사례 보고

1) 안전성 정보의 보고

- 의사·약사·간호사·판매자·소비자 또는 관련 단체 등의 장은 화장품의 사용 중 발생하였거나 알게 된 위해 사례 등 안전성 정보에 대하여 식품의약품안전처장 또는 화장품책임판매업자에게 보고할 수 있음.

2) 보고의 종류와 방법

- 신속 보고: 화장품책임판매업자는 정보를 알게 된 날로부터 15일 이내에 신속 보고
  - 중대한 위해 사례 또는 이와 관련하여 식약처장이 보고를 지시한 경우
  - 판매 중지나 회수에 준하는 외국 정부의 조치 또는 이와 관련하여 식약처장이 보고를 지시한 경우
- 정기 보고: 화장품책임판매업자는 신속 보고 이외의 안전성 정보를 매 반기 종료 후 1월 이내에 정기 보고

3) 안전성 정보의 검토 및 평가 결과에 따른 후속 조치 (식약처 또는 지방식약청)

- 품목 제조·수입·판매 금지 및 수거·폐기 등의 명령
- 사용상의 주의사항 등 추가
- 조사연구 등의 지시
- 실마리 정보로 관리
- 제조·품질관리의 적정성 여부 조사 및 시험·검사 등 기타 필요한 조치

PART 3

유통화장품 안전관리

1. 작업장 위생관리

- 화장품법 및 우수화장품 제조 및 품질관리기준(CGMP) 관련 기준 적용
- 작업장의 오염 요소: 전 작업의 잔류물, 공기, 분진, 작업장 발생 쓰레기, 생물체(곤충, 쥐 등) 및 미생물 등
- 무균 원료 확보, 청정하고 청결한 설비의 제조 시설에 대한 적절한 위생관리 필요
- 청정도 관리(환경 모니터링), 청소와 소독, 방충 및 방서 작업 등을 통해 오염 요소 방지 필요

1.1. 작업장의 위생기준

1) 건물 및 시설(화장품법 시행규칙 제6조 및 CGMP 제7, 8조)

- 쥐, 해충 및 먼지 등을 막을 수 있는 시설과 대책 마련, 정기적으로 점검·확인할 것.
- 작업대 등 제조에 필요한 시설 및 기구 관리, 가루가 날리는 작업실은 가루를 제거하는 시설 설치
- 청소가 용이하도록 하고 필요한 경우 위생관리 및 유지관리가 가능하도록 할 것.
- 제품, 원료 및 포장재 등의 혼동이 없도록 할 것.
- 제조하는 화장품의 종류·제형에 따라 적절히 구획·구분되어 교차 오염 우려가 없을 것.
- 바닥, 벽, 천장은 청소하기 쉬운 매끄러운 표면을 지니고 소독제 등의 부식성에 저항력이 있을 것.
- 천장, 벽, 바닥이 접하는 부분은 틈이 없어야 하고, 먼지 등 이물질이 쌓이지 않도록 둥글게 처리할 것.
- 환기가 잘되고 청결해야 하며 외부와 연결된 창문은 가능하면 열리지 않도록 할 것.
- 세척실과 화장실은 접근이 쉬워야 하나 생산 구역과 분리되어 있을 것.
- 작업장 전체에 적절한 조명 설치, 조명이 파손될 경우 제품을 보호할 수 있는 조치를 취할 것.

－ 제품 오염을 방지하고 적절한 온도 및 습도를 유지할 수 있는 공기 조화 시설 등 환기 시설 설치

2) 작업소의 위생(CGMP 제9조)

－ 작업장의 온도 및 습도 기준을 설정하고 관리

－ 제조, 관리 및 보관 구역 내의 바닥, 벽, 천장 및 창문은 항상 청결하게 유지할 것.

－ 각 제조 구역별 청소 및 위생관리 절차에 따라 효능이 입증된 세척제 및 소독제 사용

－ 세제 또는 소독제는 잔류하거나 적용하는 표면에 이상을 초래하지 아니한 것을 사용할 것.

－ 제품의 품질에 영향을 주지 않는 소모품 사용할 것.

－ 청정 등급 설정 구역(작업장, 실험실, 보관소 등)은 설정 등급 이상으로 유지하고 정기 모니터링을 할 것.

－ 세균 오염 또는 세균 수 관리의 필요성이 있는 작업실은 정기적인 낙하균 시험을 수행하여 확인(각 제조 작업실, 칭량실, 반제품 저장실, 포장실이 해당)

[표 3-1] 청정도 등급 및 관리 기준

청정도 등급	대상 시설	해당 작업실	관리기준	작업 복장
1	청정도 엄격 관리	Clean Bench	낙하균: 10개/h 또는 부유균: 20개/㎥	작업복, 작업모, 작업화
2	화장품 내용물이 노출되는 작업실	제조실, 성형실, 충전실, 내용물 보관소, 원료 칭량실, 미생물 시험실	낙하균: 30개/h 또는 부유 균: 200 개/㎥	작업복, 작업모, 작업화
3	화장품 내용물이 노출 안 되는 곳	포장실	옷 갈아입기, 포장재의 외부 청소 후 반입	작업복, 작업모, 작업화
4	일반 작업실	각 보관소, 탈의실, 일반 실험실		－

1.2. 작업장의 위생 상태

1) 작업장 위생을 위한 기본 관리

－ 작업장 온도 및 습도의 기준 설정 및 관리(온·습도관리 설비를 갖춘 시설 필요)

－ 공기조화 장치의 주기적 점검·기록 필요(공기조절의 4요소: 청정도, 실내 온도, 습도, 기류)

－ 화장품 제조에 사용할 수 있는 에어 필터의 종류, 설치 장소, 취급 방법 등 확인 및 주기적 필터 교체

－ 작업장 실압 관리, 외부와의 차압을 일정하게 유지하도록 차압 기준을 설정하고 관리할 것.

- 모든 도구와 이동 가능한 기구는 청소 및 위생처리 후 정해진 구역에 정돈 방법에 따라 보관
- 청소는 위에서 아래쪽으로, 안에서 바깥 방향으로, 깨끗한 지역에서 더러운 지역으로 이동하며 진행
- 청소에 사용되는 용구(진공청소기 등)은 깨끗하게 정돈, 건조된 지정된 장소에 보관할 것
- 오물이 묻은 걸레는 사용 후에 버리거나 세탁 처리, 오물 묻은 유니폼도 세탁 전에는 별도로 구분 보관

2) 작업장 구역별 위생 상태 확인

- 보관 구역의 통로는 사람과 물건의 이동에 불편함을 초래하거나 교차오염의 위험이 없도록 관리할 것.
- 매일 바닥의 폐기물을 치우고 용기(저장조 등)들은 닫아서 깨끗하고 정돈된 방법으로 보관
- 물 또는 제품이 유출되거나 고인 곳 그리고 파손된 용기는 지체 없이 청소 또는 제거할 것.
- 원료 보관소와 칭량실은 구획되도록 하고 이송 전 또는 칭량 구역에서 개봉 전에 검사하고 깨끗하게 관리할 것.
- 원료 용기들은 적합하게 뚜껑을 덮어서 관리, 원료의 포장이 훼손된 경우에는 봉인하거나 격리할 것.
- 도구 및 이동 가능한 기구는 청소 및 위생 처리 후 정해진 구역에 정돈 방법에 따라 보관
- 도구 및 기구들은 청소 후에 완전히 비워져야 하고 건조하여 바닥에 닿지 않도록 정리 및 보관
- 사용하지 않는 설비는 깨끗한 상태로 보관하여 오염으로부터 보호
- 포장 구역은 제품의 교차 오염을 방지할 수 있도록 설계하고 폐기물 제거를 쉽게 할 수 있도록 조치
- 작업장 및 보관소별 관리 담당자는 오염 발생 시 원인 분석 후 이에 적절한 개선 조치 시행 및 재발 방지

1.3. 작업장의 위생 유지관리 활동

1) 교차 오염 방지를 위한 작업장의 동선 계획

- 작업장을 제조 작업실, 포장 작업실, 반제품 저장실, 세척실, 상품 창고 및 반제품 창고, 원료 창고, 자재 창고, 기타(작업장 내 복도, 샤워장, 화장실, 복지관) 등으로 구분하여 관리
- 혼동 방지와 오염 방지를 위해 사람과 물건의 흐름 경로를 교차 오염의 우려가 없도록 적절

히 설정

- 공기의 흐름을 고려하고 교차가 불가피할 경우 작업에 '시간 차'를 두어 오염 방지

2) 작업장 위생 유지를 위한 일반적인 건물관리

- 작업장 출입구는 해충, 곤충, 쥐 등의 침입에 대비하여 보호되어야 하며 정기적으로 모니터링 실시
- 배수관은 냄새의 제거와 적절한 배수를 확보하기 위해 설계되고 유지되어야 함.
- 바닥은 먼지 발생을 최소화하고 흘린 물질의 고임이 최소화되도록 하고, 청소가 용이하도록 설계
- 화장품 제조에 적합한 물이 공급되도록 하고 정기적인 검사를 통하여 적합성 검사 시행
- 공기 조화 시설의 필터들을 점검 기준에 따라 정기(수시)로 점검하고 교체 기준에 따라 교체 및 기록
- 관리와 안전을 위해 모든 공정, 포장 및 보관 지역에 적절한 조명 설치
- 원료, 자재, 반제품, 완제품을 깨끗하고 정돈된 곳에서 보관(심한 온도 변화, 습도 변화에 대한 제품 노출을 피할 것)
- 설비와 기구는 관리를 용이하도록 깨끗하고 정돈된 방법으로 설계된 영역에 보관할 것.

3) 방충 · 방서를 위한 관리

- 방충은 건물 외부로부터 곤충(하루살이, 나방, 모기 등)류의 해충 침입을 방지하고 건물 내부의 곤충류를 구제하는 것을 의미, 방서는 건물 외부로부터 쥐의 침입을 방지하고 건물 내부의 쥐를 박멸하는 것을 뜻함.
- 방충 · 방서의 목적은 작업장, 보관소 및 부속 건물 내외에 해충과 쥐의 침입을 방지, 이를 방제 혹은 제거하여 작업원 및 작업장의 위생 상태를 유지하고 우수화장품을 제조하는 것임.
- 벌레나 쥐가 작업소 및 보관소로 들어오지 못하도록 방충 시설과 방서 시설 설치
- 벽, 천장, 창문, 파이프 구멍에 틈이 없도록 하고 외부와 통하는 구멍이 나 있는 곳에는 방충망 설치
- 가능하면 개방할 수 있는 창문은 만들지 않도록 하며 개폐되는 창문은 외부에서 창문틀 전체에 방충망을 설치하는 것이 이상적임. 창문은 차광하고 야간에 빛이 밖으로 새어나가지 않도록 조치
- 문 하부에는 스커트, 배기구와 흡기구에는 필터 설치
- 실내압을 외부(실외)보다 높게 유지(공기 조화 장치)

- 외부에서 날벌레 등이 건물에 들어올 수 있는 곳에는 유인등 설치
- 건물 내부로 들어올 수 있는 문은 가능하면 자동으로 닫힐 수 있게 만들어 해충, 곤충, 쥐의 침입을 방지
- 공장 출입구에는 에어 샤워(air shower)나 에어 커튼(air curtain)을 설치
- 실내에서의 해충 제거를 위하여 내부의 적절한 장소에 포충등 설치
- 쥐약, 쥐덫 또는 초음파 퇴서기를 놓는 등의 방법 시행, 침입 및 서식의 흔적이 있는지 정기적인 점검 실시

1.4. 작업장 위생을 위한 세제 및 소독제의 사용

1) 작업장의 청소 및 소독에 대한 관리 원칙

- 작업장 위생 유지를 위하여 적절한 청소와 위생 처리 프로그램을 준비
- 제조 설비의 세척과 소독은 문서화된 절차에 따라 수행하고, 관련 문서는 잘 보관해야 함.
- 세척 및 소독된 모든 장비는 건조시켜 보관하여 제조 설비의 오염 방지
- 소독 시에는 기계, 기구류, 내용물 등이 오염되지 않도록 주의할 것.
- 청소하는 동안 공기 중의 먼지를 최소화하도록 주의, 쏟은 원료나 제품은 즉시 완벽하게 청소할 것.
- 세척실은 UV 램프를 점등하여 세척실 내부를 멸균하고, 이동 설비는 세척 후 세척 사항을 기록
- 포장 라인 주위에 부득이하게 충전 노즐을 비치할 경우 보관함에 UV 램프를 설치하여 멸균 처리 실시
- 물청소 후에는 물기를 제거하여 오염원 제거, 청소 도구는 사용 후 세척하여 건조 또는 필요 시 소독
- 대걸레 등은 건조한 상태로 보관, 건조한 상태로 보관이 어려울 때는 소독제로 세척 후 보관할 것.

2) 소독제의 조건과 고려사항

- 소독제란 병원미생물을 사멸시키기 위해 사용하는 약제
- 인체의 피부, 점막의 표면이나 기구, 환경의 소독을 목적으로 사용하는 화학 물질의 총칭
- 이상적인 소독제의 조건:
  · 사용 기간 동안 활성을 유지할 것, 쉽게 이용할 수 있고 경제적일 것.

- 사용 농도에서 독성이 없어야 하며 불쾌한 냄새가 남지 않을 것.
- 제품이나 설비와 반응하지 않도록 할 것.
- 광범위한 항균 스펙트럼을 가질 것(5분 이내의 짧은 처리에도 효과적이어야 함).
- 소독 전에 존재하던 미생물을 99.9 % 이상 사멸시킬 것.

3) 세척제 및 소독제의 종류와 사용 방법

- 증기(스팀): 100℃ 물을 이용, 사용이 용이하고 효과적이나 체류 시간이 길고 고에너지 소비, 잔류물이 남을 수 있음.
- 온수: 100℃ 물을 이용, 사용이 용이하고 효과적이며 부식성 없음, 체류 시간이 길고 습기가 다량 발생
- 직열(전기 가열 테이프): 다루기 어려운 설비나 파이프에 효과적이나 일반적인 사용 방법이 아님
- 70% 에탄올: 소독력이 좋아 많이 사용되지만 가연성이 단점임

  [예] (Ethanol 순도 95%의 경우) 에탄올 735mL+정제수 265mL
- 크레졸수(3%): 크레졸 30mL에 정제수를 가하여 1,000mL으로 만든다. 특이취 있음.
- 페놀수(3%): 페놀 30g에 정제수를 가하여 1,000mL으로 만든다. 특이취 있음.
- 차아염소산나트륨액: 물 1000mL+락스5mL로 만듦(금속 부식성 있음).
- 벤잘코늄클로라이이드(benzalkonium chloride) 10%를 20배 희석해서 사용
- 글루콘산클로르헥시딘(chlorhexidine gluconate) 5%를 10배 희석해서 사용

2. 작업자 위생관리

CGMP 제6조(직원의 위생)
① 적절한 위생관리기준 및 절차를 마련하고 제조소 내의 모든 직원은 이를 준수해야 한다.
② 작업장 및 보관소 내의 모든 직원은 화장품의 오염을 방지하기 위해 규정된 작업복을 착용해야 하고 음식물 등을 반입해서는 아니 된다.
③ 피부에 외상이 있거나 질병에 걸린 직원은 건강이 양호해지거나 화장품의 품질에 영향을 주지 않는다는 의사의 소견이 있기 전까지는 화장품과 직접적으로 접촉되지 않도록 격리되어야 한다.
④ 제조 구역별 접근 권한이 있는 작업원 및 방문객은 가급적 제조, 관리 및 보관 구역 내에 들어가지 않도록 하고, 불가피한 경우 사전에 직원 위생에 대한 교육 및 복장 규정에 따르도록 하고 감독하여야 한다.

2.1. 작업장 내 직원의 위생기준 설정

- 적절한 위생관리기준 및 절차를 마련하고 작업자가 지키도록 교육 훈련 실시
- 신규 작업자에 대한 위생교육 실시 및 기존 작업자에 대한 정기 교육 필요
- 위생관리 절차서의 포함 사항: 작업 시 복장, 작업자의 건강 상태 확인, 작업자에 의한 제품의 오염 방지에 관한 사항, 작업자의 손 씻는 방법, 작업 중 주의사항, 방문객 및 교육 훈련을 받지 않은 작업자의 위생관리 등이 포함됨.
- 주관 부서는 근로기준법 관계 법규에 의거 연 1회 이상 의사에게 정기 건강진단 실시
- 신입 사원 채용 시 종합병원의 건강진단서를 첨부(제조 중의 화장품을 오염시킬 수 있는 질병 또는 업무를 수행할 수 없는 질병이 있어서는 안 됨)

2.2. 작업장 내 직원의 위생 상태 판정

- 작업장 및 보관소 내의 모든 직원은 화장품의 오염을 방지하기 위해 규정된 작업복을 착용
- 의약품을 포함하여 개인 물품 및 음식물 등을 반입해서는 안 됨.
- 작업 중의 청정도에 맞는 적절한 작업복(위생복), 모자와 신발을 착용하고 필요 시 마스크, 장갑을 착용
- 작업복 등은 목적과 오염도에 따라 세탁하거나 필요 시 소독 실시, 주 1회 이상 세탁이 원칙
- 원료 칭량, 반제품 제조 및 충전 작업자는 수시로 복장 청결 상태를 점검하여 이상 시에는 즉시 세탁된 깨끗한 것으로 교환 착용
- 작업자 건강 상태가 제품 품질과 안전성에 악영향을 미칠 지도 모르는 건강 조건을 가진 작업자는 원료, 포장, 제품 또는 제품 표면에 직접 접촉하지 않도록 조치
- 방문객 또는 안전 위생의 교육 훈련을 받지 않은 직원이 화장품 생산, 관리, 보관 구역으로 출입하는 일은 피하도록 조치하고 불가피한 경우 사전에 직원 위생에 대한 교육 및 복장 규정에 따르도록 지시 및 감독
- 교육 훈련을 받지 않은 사람들이 생산, 관리, 보관 구역으로 출입하는 경우에는 안전 위생의 교육 훈련 자료를 작성, 출입 전에 교육 훈련 실시(내용: 직원용 안전 대책, 작업 위생 규칙, 작업복 등의 착용, 손 씻는 절차 등)
- 방문객과 훈련받지 않은 직원이 생산, 관리 보관 구역으로 들어가게 되는 경우 반드시 안내자가 동행하여야 하며 필요한 보호 설비를 갖추도록 조치할 것.
- 방문객의 성명과 입·퇴장 시간 및 자사 동행자에 대한 내용을 기록서에 기록 및 보관 관리

2.3. 혼합·소분 시 위생관리 규정

- 화장품은 미생물이 생육하기 쉬운 환경이므로 미생물 오염이나 교차 감염이 발생할 수 있으므로 혼합·소분 시 위생관리 규정을 만들어 준수하도록 해야 함.
- 화장품을 혼합하거나 소분하기 전에는 손을 소독, 세정하거나 일회용 장갑을 착용하도록 함.
- 혼합·소분 시에는 위생복과 마스크를 착용
- 피부에 외상이나 질병이 있는 경우는 회복되기 전까지 혼합과 소분 행위 금지
- 작업대나 설비 및 도구(교반봉, 주걱 등)는 소독제(에탄올 등)를 이용하여 소독할 것.
- 대상자에게 혼합 방법 및 위생상 주의사항에 대해 충분히 설명한 후 혼합할 것.
- 혼합 후 층 분리 등 물리적 현상에 대한 이상 유무를 확인한 후에 판매할 것.
- 혼합 시 도구가 작업대에 닿지 않도록 주의
- 작업대나 작업자의 손 등에 용기 안쪽 면이 닿지 않도록 주의하여 교차 오염이 발생하지 않도록 주의

2.4. 작업자의 위생 유지를 위한 세제 및 소독제의 종류와 사용법

1) 작업자의 손 위생을 위한 세제 및 소독제

■ 일반 비누:
- 지방산과 수산화나트륨 또는 수산화칼륨을 함유한 세정제(고체 비누, 티슈 형태, 액상비누 등)
- 비누의 세정력은 손에 묻은 지질과 오염물, 유기물을 제거하는 세정제의 성질에 따라 다름.
  ① 알코올: 단백질 변성 기전으로 소독 효과를 나타냄. 세균에 대한 효과는 좋지만 가연성이 있음.
  ② 클로르헥시딘(chlorhexidine glyconate): 세포질막의 파괴와 세포 성분의 침전을 유발하여 소독 효과를 나타냄.
  ③ 아이오딘/아이오도퍼(iodine/iodophors): 아이오딘 분자는 미생물 세포벽을 뚫고 아미노산과 불포화지방산의 결합을 통해 세포를 불활성화시켜 단백질 합성 저해와 세포막 변성에 의한 소독작용을 함.

2) 작업복의 세탁을 위한 세제의 종류와 사용 방법

- 세탁용 합성세제(수퍼타이 등): 물 30L + 세제 30g, 세제를 물에 충분히 녹인 후 세탁물에 사용
- 섬유유연제(피죤 등): 물 60L + 세제 40mL, 마지막 헹굼 시, 피죤 등을 넣고 2회 이상 충분히 헹

균 후 탈수

- 주방용 합성세제(트리오 등): 물 1L + 세제 2g, 물에 1분 이상 세탁물을 담가두었다가 2회 이상 헹구기
- 락스(차아염소산나트륨액): 물 5L + 락스 25mL, 세탁 후 락스액에 10~20분 정도 담가두었다가 헹구기

2.5. 작업자 위생관리를 위한 복장 청결 상태 판단

- 작업자들의 위생관리를 위한 복장 청결 상태에 대한 규정을 준수하도록 고지, 해당 부서장은 이의 이행 여부를 생산 작업 직전에 점검
- 각 공정의 책임자 등에 의해 상시 작업자의 복장 청결 준수 상태를 확인하고 문제 발견 시에는 즉시 시정 요구
- 규정된 작업복을 착용하고, 일상복이 작업복 밖으로 노출되지 않도록 해야 함
- 각 청정도별 지정된 작업복과 작업화, 보안경 등을 착용하고 착용 상태로 외부 출입을 하는 것은 금지
- 반지, 목걸이, 귀걸이 등 제품 품질에 영향을 줄 수 있는 것은 착용하지 않도록 함.
- 손톱 및 수염 정리를 하고 파운데이션 등 분진을 떨어뜨릴 염려가 있는 화장은 금지
- 개인 사물은 지정된 장소에 보관하고, 작업실 내로의 반입 금지
- 생산, 관리 및 보관 구역 내에서는 먹기, 마시기, 껌 씹기, 흡연 등 금지
- 음식, 음료수, 흡연 물질, 개인 약품 등을 보관해서는 안 됨.
- 작업 장소에 들어가기 전에는 반드시 손 씻기(필요시에는 작업 전 지정된 장소에서 손 소독을 실시)
- 손 소독은 70% 에탄올을 이용
- 화장실을 이용한 작업자는 손 세척 또는 손 소독을 실시하고 작업실에 입실할 것.

3. 설비 및 기구 관리

- 화장품의 생산에는 많은 설비가 사용
- 분체 혼합기, 유화기, 혼합기, 충전기, 포장기 등의 제조 설비뿐만 아니라, 냉각장치, 가열장치, 분쇄기, 에어로졸 제조장치 등의 부대설비와 저울, 온도계, 압력계 등의 계측기기가 사용
- 생산시설에 사용되는 설비와 기구의 관리 목적은 설비 및 기구의 기능 향상과 보전관리를 통해 상품의 생산성을 높이고 품질의 균질성을 유지하며 생산 원가를 절감하려는 여러 활동을 통하여 상품의 경쟁력 향상을 도모하는 것.

– 목적 달성을 위하여 일정한 주기별로 생산설비와 장비의 제조설계 사양을 기준으로 예방 점검 시기, 항목, 방법, 내용, 후속 조치 요건들을 설정하여 지속적인 관리가 필요함.

3.1. 설비 · 기구의 위생기준 설정

> CGMP 제11조(유지관리)
> ① 건물, 시설 및 주요 설비는 정기적으로 점검하여 화장품의 제조 및 품질관리에 지장이 없도록 유지 · 관리 · 기록하여야 한다.
> ② 결함 발생 및 정비 중인 설비는 적절한 방법으로 표시하고, 고장 등 사용이 불가할 경우 표시하여야 한다.
> ③ 세척한 설비는 다음 사용 시까지 오염되지 아니하도록 관리하여야 한다.
> ④ 모든 제조 관련 설비는 승인된 자만이 접근 · 사용하여야 한다.
> ⑤ 제품의 품질에 영향을 줄 수 있는 검사 · 측정 · 시험 장비 및 자동화 장치는 계획을 수립하여 정기적으로 교정 및 성능 점검을 하고 기록해야 한다.
> ⑥ 유지관리 작업이 제품의 품질에 영향을 주어서는 안 된다.

– 설비의 유지관리란 설비의 기능을 유지하기 위하여 실시하는 정기 점검
– 유지관리는 예방적 활동(Preventive activity), 유지 보수(maintenance), 정기 검교정(Calibration)으로 구분
– 예방적 활동(Preventive activity)은 주요 설비(제조탱크, 충전 설비, 타정기 등) 및 시험 장비에 대하여 실시하며, 정기적으로 교체하여야 하는 부속품들에 대하여 연간 계획을 세워서 시정 실시(망가지고 나서 수리하는 일)를 하지 않는 것이 원칙임.
– 유지 보수(maintenance)는 고장 발생 시의 긴급 점검이나 수리를 말하며, 작업을 실시할 때 설비의 변경으로 기능이 변화해도 좋으나 기능의 변화와 점검 작업 그 자체가 제품 물질에 영향을 미쳐서는 안 됨.

1) 설비 · 기구의 유지관리 시 주의사항

– 예방적 실시(Preventive Maintenance)가 원칙임.
– 설비마다 절차서를 작성하고 계획을 가지고 실행(연간 계획이 일반적)
– 책임 내용을 명확하게 할 것, 점검 체크 시트를 사용하면 편리
– 점검 항목: 외관 검사(더러움, 녹, 이상 소음, 이취 등), 작동 점검(스위치, 연동성 등), 기능 측정(회전수, 전압, 투과율, 감도 등), 청소(외부 표면, 내부), 부품 교환, 개선(제품 품질에 영향을 미치지 않는 일이 확인되면 적극적으로 개선)

- 설비는 생산 책임자가 허가한 사람 이외의 사람이 가동시켜서는 안 되며 담당자 이외의 사람이나 외부자가 접근하거나 작동시킬 수 있는 상황을 피할 것.(입장 제한, 가동 열쇠 설치, 철저한 사용제한 등을 실시)
- 컴퓨터를 사용한 자동 시스템 설비로 설비 제어를 하는 경우 액세스 제한 및 고쳐 쓰기 방지에 대한 대책 마련
- 선의든 악의든 관계없이 제조 조건이나 제조기록이 마음대로 변경되는 일이 없도록 해야 하고, 설비의 가동 조건을 변경했을 때는 충분한 변경 기록을 남기도록 조치

2) 설비 · 기구 세척에 대한 절차서 수립 시 포함 내용

- 세척을 실시하는 자의 요건(교육 및 훈련 사항 등)
- 세척 주기 설정(필요한 경우 소독 주기 포함)
- 세척용 세척제의 희석을 포함한 세척 방법 및 사용 약품에 관한 설명
- 적절한 세척을 위한 각 설비의 해체와 조립에 관한 설명
- 사용하기 전까지 세척된 설비를 오염으로부터 보호하기 위한 방법
- 청소 완료 후, 청소 유효기간(1~2주) 설정

3) 설비 · 기구 세척의 원칙

- 위험성이 없는 용제(물이 최적)로 세척한다.
- 가능하면 세제를 사용하지 않는다(지워지기 어려운 잔류물일 때는 에탄올 등의 유기용제 사용).
- 증기 세척은 좋은 방법이다.
- 브러시 등으로 문질러 지우는 것을 고려한다.
- 분해할 수 있는 설비는 분해해서 세척한다.
- 세척 후에는 반드시 '판정'한다.
- 판정 후의 설비는 건조 · 밀폐해서 보존한다.
- 세척의 유효기간을 만든다.

3.2. 설비 · 기구의 위생 상태 판정

1) 설비 · 기구에 대한 관리 지침

- 사용 목적에 적합하고, 청소가 가능하며, 필요한 경우 위생 · 유지 관리가 가능하도록 해야 함

(자동화 시스템을 도입한 경우도 동일)

- 사용하지 않는 연결 호스와 부속품은 청소 등 위생관리를 하며, 건조한 상태로 유지하고, 먼지나 얼룩 또는 다른 오염으로부터 보호(모든 호스는 필요시 청소 또는 위생 처리를 한다. 청소 후에 호스는 완전히 비우고 건조시킨다. 호스는 정해진 지역에 바닥에 닿지 않도록 정리하여 보관)
- 설비 등의 위치는 원자재나 직원의 이동으로 인하여 제품의 품질에 영향을 주지 않도록 조치
- 제품 용기들(반제품 보관 용기 등)은 환경의 먼지와 습기로부터 제품을 보호해야 함.
- 시설 및 기구에 사용되는 소모품은 제품의 품질에 영향을 주지 않아야 함.
- 폐기물(여과지, 개스킷, 폐기 가능한 도구들, 플라스틱 봉지 등)은 주기적으로 버려야 함.

2) 세척 후 '판정' 방법

- 설비의 세척은 물질 및 세척 대상 설비에 따라 적절하게 시행
- 표준 지침을 만들어 작업자가 동일하게 세척과 소독을 할 수 있도록 하고 세척 후에는 '판정'을 해야 함.
- '판정' 확인 방법(우선 순서)
  ① 육안 판정
  ② 닦아내기 판정: 천으로 문질러 부착된 물질로 확인
  ③ 린스 정량: 린스액의 화학 분석 실시

3.3. 오염 물질 제거 및 소독 방법

1) 설비 및 기구의 세척

- 설비 및 기구의 세척은 물 또는 증기만으로 세척하는 것이 가장 좋은 방법
- 브러시 등의 세척 기구를 적절히 사용해서 세척하는 것도 고려할 것.
- 세제(계면활성제)를 사용한 설비 세척 시에는 설비 내벽에 세제가 남기 쉬우므로 철저하게 닦아내야 함.
- 잔존한 세척제는 제품에 악영향을 미칠 수 있으므로 잘 확인할 것.
- 물로 제거하도록 설계된 세제라도 세제 사용 후에는 문질러서 지우거나 세차게 흐르는 물로 헹구기
- 세제를 완전히 제거하고 제조 설비 및 도구에 남지 않도록 주의할 것.

2) 세척 대상 제조 설비 및 도구의 각각의 특성에 맞추어 세척 실시

- 원료 칭량통 및 기구를 확인하고 세척을 실시
- 제조 설비를 확인하고 세척을 실시
- 세척이 종료되면 세척 상태를 확인(육안 확인, 천으로 문질러 확인, 린스액 화학분석)
- 세척과 관련된 사항을 기록(사용한 기구, 세제, 날짜)
- 세척 상태를 확인한 후 다시 오염되지 않도록 보관, 관리점검표 양식을 활용 사용 전 검사

예) 유화조 세척 방법 및 순서

① 유화조에서 내용물 배출 후, 설비 내 잔류량 여부를 확인하고 세척 공정을 수행하기 시작
② 유화조에 세척수 투입 후 70℃까지 교반하여 가온하고, 용해조에 세척수 투입 후 80℃까지 교반하여 가온
③ 가온 후 세제를 투입하여 균일하게 교반. 이때 사용하는 세제는 클렌징 폼, 중성 세제, DWC-1000이 사용
④ 유화조 배출 호스를 냉각기에 연결하여 세척수 배출, 배출된 세척수는 냉각기를 거쳐 하수구로 배출
⑤ 유화조, 용해조에 정제수 투입 후 교반하여 세척
⑥ 세척수 배출(정제수를 분사하여 잔유물을 세척. 배출되는 세척수를 채취하여 이물질 및 색상 등 세척 상태를 확인하며 세척 상태가 불량할 경우 정제수를 투입하여 추가 세척 실시
⑦ 유화조, 용해조 덮개 등을 조립하여 밀폐함. 단, 배출 밸브 개방 후, 배출 호스를 거치대에 설치하고 설비 상부의 에어벤트를 개방

3.4. 설비·기구의 구성 재질(Materials of Construction) 구분

1) 탱크

- 탱크(tanks)의 구성 재질은 온도/압력 범위가 조작 전반과 모든 공정 단계의 제품에 적합해야 함
- 제품에 해로운 영향을 미쳐서는 안 되며, 부식되거나 분해를 초래하는 반응이 있어서는 안 됨
- 현재 대부분 원료와 포뮬레이션에 대해 스테인리스스틸은 탱크의 제품에 접촉하는 표면 물질로 선호됨
- 구체적인 등급으로는 유형번호 304와 부식에 더 강한 316스테인리스스틸이 가장 광범위하게 사용됨
- 탱크의 재질은 기계로 만들고 광을 낸 표면이 바람직함

- 외부 표면의 코팅은 제품에 대해 저항력이 있어야 하고 모든 용접, 결합은 가능한 한 매끄럽고 평면이어야 함
- 원료 공급업체는 그들이 판매한 화학제품들의 구성 성분에 대한 정보를 제공
- 주형 물질(Cast material) 또는 거친 표면은 제품이 뭉치게 되어 깨끗하게 청소하기 어려워 미생물 또는 교차 오염 문제를 일으킬 수 있으므로 화장품에 추천되지 않음

2) 펌프(PUMPS)

- 펌프는 다양한 점도의 액체를 한 지점에서 다른 지점으로 이동하기 위해 사용
- 종종 제품을 혼합(재순환 및 또는 균질화)하는 용도로도 사용
- 널리 사용되는 두 가지 형태는 원심력을 이용하는 것과 Positive displacement(양극적인 이동)
- 펌프는 많이 움직이는 젖은 부품들로 구성
- 종종 하우징(Housing)과 날개차(impeller)는 닳는 특성 때문에 다른 재질로 만들어져야 함

3) 혼합과 교반 장치(MIXING AND AGITATION EQUIPMENT)

- 혼합 또는 교반 장치는 제품의 균일성을 얻기 위해 또는 희망하는 물리적 성상을 얻기 위해 사용
- 장치 설계는 기계적으로 회전된 날의 간단한 형태, 정교한 제분기(mill)와 균질화기(Homogenizer) 등 다양함
- 혼합기는 제품에 영향을 미치며 많은 경우에 제품의 안정성에 영향을 미침
- 혼합 또는 교반 장치의 구성 재질은 전기화학적인 반응을 피하기 위하여 믹서를 설치할 모든 젖은 부분 및 탱크와의 공존이 가능한지 확인해야 함
- 정기적으로 계획된 유지관리와 점검은 봉함(씰링), 개스킷 그리고 패킹이 유지되는지 또한 윤활제가 새서 제품을 오염시키지 않는지 확인하기 위해 수행되어야 함

4) 호스(HOSES)

- 호스는 화장품 생산 작업에 유연성을 제공하는 역할로 화장품 산업에서 광범위하게 사용
- 호스는 사용되는 유형과 구성 제재가 매우 다양하므로 신중하게 선택하고 조심히 사용해야 함
- 호스의 구성 재질(Materials of Construction)은 강화된 식품 등급의 고무 또는 네오프렌, 타이곤(폴리염화비닐) 또는 강화된 타이곤(TYGON), 폴리에칠렌 또는 폴리프로필렌, 나일론 등을 사용

- 호스 부속품과 호스는 작동의 전반적인 범위의 온도와 압력에 적합하여야 함
- 제품에 적합한 제재로 만들어져야 하고 호스 구조는 특히 위생적인 측면이 고려되어야 함

5) 필터, 여과기, 그리고 체(FILTERS, STRAINERS AND SIEVES)

- 필터, 스트레이너 그리고 체는 화장품 원료와 완제품에서 원하는 입자 크기, 덩어리 모양을 깨뜨리기 위해, 불순물을 제거하기 위해 그리고 현탁액에서 초과물질을 제거하기 위해 사용
- 화장품 산업에서 선호되는 필터의 구성 재질(Materials of Construction)은 제품에 반응하지 않는 재질인 스테인리스스틸과 비반응성 섬유가 사용됨
- 대부분 원료와 처방에 대해 스테인리스 316L이 제품의 제조를 위해 선호되고 있음

6) 이송 파이프(TRANSPORT PIPING)

- 파이프 시스템은 제품을 한 위치에서 다른 위치로 운반하는 역할
- 파이프 시스템에서 밸브와 부속품은 흐름을 전환, 조작, 조절과 정지 기능을 위해 사용
- 제품 점도, 유속 등을 고려하여 교차 오염의 가능성을 최소화하고 역류를 방지하도록 설계되어야 함
- 파이프 시스템에는 플랜지(이음새)를 붙이거나 용접된 유형의 위생처리 파이프시스템이 있음
- 파이프 시스템의 구성 재질은 유리, 스테인리스스틸 #304 또는 #316, 구리, 알루미늄 등으로 구성

7) 칭량 장치(WEIGHING DEVICE)

- 칭량 장치들은 원료나 제조 과정의 재료 그리고 완제품에서 요구되는 성분표의 양과 기준을 만족하는지를 보증하기 위해 중량적으로 측정하기 위해 사용

8) 게이지와 미터(GAUGES AND METERS)

- 게이지와 미터는 온도, 압력, 흐름, pH, 점도, 속도, 부피 그리고 다른 화장품의 특성을 측정 및 또는 기록하기 위해 사용되는 기구

3.5. 설비·기구의 폐기 기준

- 설비가 불량해져서 사용할 수 없을 때는 그 설비를 제거하거나 확실하게 사용 불능 표시를 해야 함.
- 정기 검교정(Calibration)은 제품의 품질에 영향을 줄 수 있는 계측기(생산설비 및 시험 설비)에 대하여 정기적으로 계획을 수립하여 실시[또한, 사용 전 검교정(Calibration) 여부를 확인하여 제조 및 시험의 정확성을 확보]
- 설비 점검은 체크 시트를 작성하여 실시하는 것이 바람직함.
- 설비·기구의 불용 처분 판단기준:
  · 고장이 발생하는 경우 장비의 부품 수급이 가능한지 여부
  · 경제적인 판단으로 장비 수리·교체에 따른 비용이 신규 장비 도입하는 비용을 초과하는지 여부
  · 내용연수가 경과한 장비에 대하여 정기 점검 결과, 작동 및 오작동에 대한 장비의 신뢰성이 지속적인지 여부
  · 내용연수가 도래하지 않은 장비의 경우라도 부품의 수급이 불가능하거나 잦은 고장으로 인해 경제적으로 신규 장비를 도입을 하는 것이 효율적이라고 판단되는 경우

4. 내용물 원료 관리

4.1. 내용물 및 원료의 입고 기준

- 화장품은 피부에 직접 바르거나 투여하는 등 인체와 관계되기 때문에 그 원료에 대해 법으로 규정함.
- 화장품에는 안전성이 확보된 원료를 사용하여야 함.
- 화장품법 등 관련 규정을 통하여 사용에 제한이 있는 원료, 사용할 수 없는 원료 등을 확인해야 함.
- 원료와 내용물의 입고 시에 필요한 사항은 우수화장품제조 및 품질관리기준 제11조(입고관리)에서 규정

CGMP 제11조(입고관리)

① 제조업자는 원자재 공급자에 대한 관리 감독을 적절히 수행하여 입고관리가 철저히 이루어지도록 하여야 한다.

② 원자재의 입고 시 구매 요구서, 원자재 공급업체 성적서 및 현품이 서로 일치하여야 한다. 필요한 경우 운송 관련 자료를 추가적으로 확인할 수 있다.

③ 원자재 용기에 제조번호가 없는 경우에는 관리번호를 부여하여 보관하여야 한다.

④ 원자재 입고 절차 중 육안 확인 시 물품에 결함이 있을 경우 입고를 보류하고 격리 보관 및 폐기하거나 원자재 공급업자에게 반송하여야 한다.

⑤ 입고된 원자재는 "적합", "부적합", "검사 중" 등으로 상태를 표시하여야 한다. 다만, 동일 수준의 보증이 가능한 다른 시스템이 있다면 대체할 수 있다.

⑥ 원자재 용기 및 시험 기록서의 필수적인 기재사항은 다음 각호와 같다.
　1. 원자재 공급자가 정한 제품명
　2. 원자재 공급자명
　3. 수령일자
　4. 공급자가 부여한 제조번호 또는 관리번호

1) 내용물 및 원료의 구매 시 고려사항

- 요구사항을 만족하는 품목과 서비스를 지속적으로 공급할 수 있는 능력 평가를 근거로 한 공급자의 체계적 선정과 승인
- 합격 판정기준, 결함이나 일탈 발생 시의 조치 그리고 운송 조건에 대한 문서화된 기술 조항의 수립
- 협력이나 감사와 같은 회사와 공급자 간의 관계 및 상호작용의 정립
- 화장품 원료와 내용물이 입고되면 품질관리 여부와 사용기한 등을 확인 한 후 품질성적서를 구비

2) 원료와 내용물 관리를 위하여 품질 성적서에 포함되어야 할 중요사항

- 공급자 결정
- 발주, 입고, 식별·표시, 합격·불합격, 판정, 보관, 불출
- 보관 환경 설정
- 사용기한 설정
- 정기적 재고관리
- 재평가
- 재보관

4.2. 유통화장품의 안전관리기준

- 화장품안전기준 등에 관한 규정(식품의약품안전처고시 제2019-93호, 2019. 10. 17, 개정)의 안전관리 기준 제시
- 국내에서 제조, 수입 또는 유통되는 모든 화장품은 위의 안전관리기준을 준수하여야 함
- 화장품에 사용할 수 없는 원료 및 사용상의 제한이 필요한 원료에 대하여 그 사용기준을 지정하고, 유통화장품 안전관리기준에 관한 사항을 정함으로써 화장품의 제조 또는 수입 및 안전관리에 적정을 기하는 것을 목적으로 함.
- 맞춤형화장품 원료는 화장품 안전기준에서 사용 금지된 원료, 사용상의 제한이 필요한 원료, 사전 심사를 받거나 보고서를 제출하지 않은 기능성화장품 고시 원료를 제외하고는 사용 가능한 원료로 지정되어 있음.
- 규정에 제시된 일부를 제시하므로 나머지 사항은 위의 안전관리기준 규정을 확인할 것.

1) 비의도적으로 유래된 사실이 객관적인 자료로 확인된 해당 물질의 검출 허용한도

- 납: 점토를 원료로 사용한 분말 제품은 50μg/g 이하, 그 밖의 제품은 20μg/g 이하
- 니켈: 눈 화장용 제품은 35μg/g 이하, 색조화장용 제품은 30μg/g 이하, 그 밖의 제품은 10μg/g 이하
- 비소: 10μg/g 이하
- 수은: 1μg/g 이하
- 안티몬: 10μg/g 이하
- 카드뮴: 5μg/g 이하
- 디옥산: 100μg/g 이하
- 메탄올: 0.2(v/v)% 이하, 물휴지는 0.002%(v/v) 이하
- 포름알데하이드: 2000μg/g 이하, 물휴지는 20μg/g 이하
- 프탈레이트류(디부틸프탈레이트, 부틸벤질프탈레이트 및 디에칠헥실프탈레이트): 총 합으로서 100μg/g 이하

2) 사용할 수 없는 원료가 비의도적으로 유래된 사실이 객관적인 자료로 확인된 검출되었으나 검출허용한도가 설정되지 아니한 경우에는 「화장품법 시행규칙」 제17조에 따라 위해평가 후 위해 여부를 결정

3) 미생물 한도

- 총 호기성 생균수는 영·유아용 제품류 및 눈 화장용 제품류의 경우 500개/g(mL) 이하
- 물휴지의 경우 세균 및 진균수는 각각 100개/g(mL) 이하
- 기타 화장품의 경우 1,000개/g(mL) 이하
- 대장균(Escherichia Coli), 녹농균(Pseudomonas aeruginosa), 황색포도상구균(Staphylococcus aureus)은 불검출

4) 내용량의 기준

- 제품 3개를 가지고 시험할 때 그 평균 내용량이 표기량에 대하여 97% 이상(다만, 화장비누의 경우 건조 중량을 내용량으로 한다)
- 제1호의 기준치를 벗어날 경우: 6개를 더 취하여 시험할 때 9개의 평균 내용량이 제1호의 기준치 이상
- 그 밖의 특수한 제품: 「대한민국약전」(식품의약품안전처 고시)을 따를 것.

5) 영·유아용 제품류

- 영·유아용 제품류(영·유아용 샴푸, 영·유아용 린스, 영·유아 인체 세정용 제품, 영·유아 목욕용 제품 제외), 눈 화장용 제품류, 색조화장용 제품류, 두발용 제품류(샴푸, 린스 제외), 면도용 제품류(셰이빙 크림, 셰이빙 폼 제외), 기초화장용 제품류(클렌징 워터, 클렌징 오일, 클렌징 로션, 클렌징 크림 등 메이크업 리무버 제품 제외) 중 액, 로션, 크림 및 이와 유사한 제형의 액상 제품은 pH 기준이 3.0∼9.0 이어야 함. 다만, 물을 포함하지 않는 제품과 사용한 후 곧바로 물로 씻어 내는 제품은 제외

4.3. 입고된 원료 및 내용물 관리기준

- 화장품 원료 관리를 위하여 입고된 원료 및 내용물에 대한 처리기준 확립
- 원료와 내용물은 화장품 제조(판매)업자가 정한 기준에 따라서 품질을 입증할 수 있는 검증자료를 공급자로부터 공급받아야 함(보증의 검증은 주기적으로 관리, 모든 원료와 내용물은 사용 전에 관리되어야 함).
- 입고된 원료와 내용물은 검사 중, 적합, 부적합에 따라 각각의 구분된 공간에 별도로 보관
- 원료와 내용물은 품질에 영향을 미치지 않는 장소에 보관, 사용기한이 경과한 원료와 내용물이 조제에 사용하지 않도록 잘 관리하는 것이 중요
- 외부로부터 반입되는 모든 원료와 내용물은 관리를 위해 표시를 해야 하며 포장 외부를 깨끗

이 청소

- 한 번에 입고된 원료와 포장재는 제조단위 별로 각각 구분하여 관리할 것.
- 적합 판정이 내려지면, 원료와 내용물은 생산 장소로 이송, 수취와 이송 중의 관리 등 사전 관리 실시

    ex) 손상, 보관온도, 습도, 다른 제품과의 접근성과 공급업체 건물에서 주문 준비 시 혼동 가능성 등
- 확인, 검체 채취, 규정 기준에 대한 검사 및 시험 및 그에 따른 승인된 자에 의한 불출 전까지는 어떠한 물질도 사용되어서는 안 된다는 것을 명시하는 원료 수령에 대한 절차서 수립
- 구매 요구서, 인도 문서, 인도물이 서로 일치해야 함.
- 원료 및 내용물 선적 용기에 대하여 확실한 표기 오류, 용기 손상, 봉인 파손, 오염 등에 대해 육안 검사 시행
- 필요시에는 운송 관련 자료에 대한 추가적인 검사 수행

1) 입고된 원료 및 내용물에 대한 처리 순서

- 화장품 원료의 흐름을 확인
- 입고된 원료를 확인(납품 시 거래명세서 및 발주 요청서와 일치하는 원료가 납품되었는지 확인)
- 화장품 원료의 용기 표면에 주의 사항이 있는지, 포장이 훼손되어 있는지 확인
- 원료의 시험 의뢰를 위해 판정 대기 보관소에 보관, 품질보증팀에 의뢰
- 화장품 원료의 검체 채취 전이라는 백색 라벨을 부착
- 검체 채취 및 시험을 하기 위해 '시험 중'이라는 황색 라벨 부착 여부를 확인
- 시험 판정 결과(적합/부적합)에 따라 보관 장소별로 보관(적합 판정-청색 라벨, 부적합 판정-적색 라벨)

2) 원료 및 내용물의 입고 시 최초 확인 사항

- 원자재 용기 및 시험 기록서(COA)에 다음 사항이 기재되어 있어야 함.
① 원자재 공급자가 정한 제품명
② 원자재 공급자명
③ 수령 일자
④ 공급자가 부여한 제조번호 또는 관리번호
⑤ 원료 취급 시 주의사항

4.4. 보관 중인 원료 및 내용물 출고기준

- 화장품 원료 및 내용물의 관리와 출고기준에 대하여 그 처리 기준절차가 수립되어야 함.
- 원료의 보관 장소 및 보관 방법 및 보관기간 내의 사용과 보관기간 경과 시의 처리 방법도 알아야 함.
- CGMP 제12조(출고관리) 및 제13조(보관관리)에서 다음과 같이 규정

제12조(출고관리)
원자재는 시험 결과 적합 판정된 것만을 선입선출 방식으로 출고해야 하고 이를 확인할 수 있는 체계가 확립되어 있어야 한다.

제13조(보관관리)
① 원자재, 반제품 및 벌크제품은 품질에 나쁜 영향을 미치지 아니하는 조건에서 보관하여야 하며 보관기한을 설정하여야 한다.
② 원자재, 반제품 및 벌크제품은 바닥과 벽에 닿지 아니하도록 보관하고, 선입선출에 의하여 출고할 수 있도록 보관하여야 한다.
③ 원자재, 시험 중인 제품 및 부적합품은 각각 구획된 장소에서 보관하여야 한다. 다만, 서로 혼동을 일으킬 우려가 없는 시스템에 의하여 보관되는 경우에는 그러하지 아니한다.
④ 설정된 보관기한이 지나면 사용의 적절성을 결정하기 위해 재평가 시스템을 확립하여야 하며, 동 시스템을 통해 보관기한이 경과한 경우 사용하지 않도록 규정하여야 한다.

---

1) 원료 및 내용물의 출고 및 보관관리를 위한 기본 지침

- 안정성 시험 결과, 제품 표준서 등을 토대로 제품마다 적절한 온도, 습도, 차광 등에 대한 적용기준을 설정
- 오염 방지 및 방충·방서에 대한 대책과 동선 관리 필요
- 작업자 외에 보관소의 출입을 제한하고, 관리
- 원료의 불출은 승인된 자만이 절차를 수행할 수 있도록 규정되어야 함.
- 필요 원료를 입고된 순서에 따라 선출하는 것으로 모든 보관소에서는 선입선출의 절차가 사용되어야 함.
- 나중에 입고된 물품의 사용(유효)기한이 짧은 경우 먼저 입고된 물품보다 먼저 출고할 수 있음.
- 선입선출을 못 하는 특별한 사유가 있을 경우 문서화된 절차에 따라 나중에 입고된 물품을 먼저 출고함.

2) 원료 및 내용물의 보관 시의 고려사항

- 원료와 내용물이 재포장될 때, 새로운 용기에는 원래와 동일한 라벨링이 있어야 함.
- 물질의 특징 및 특성에 맞도록 보관, 취급되어야 함(특수한 보관 조건은 적절하게 준수, 모니터링되어야 함)
- 허가되지 않거나, 불합격 판정을 받거나, 아니면 의심스러운 물질의 허가되지 않은 사용을 방지할 수 있어야 함. 물리적 격리(quarantine)나 수동 컴퓨터 위치 제어 등의 방법
- 원료의 허용 가능한 보관기한을 결정하기 위한 문서화된 시스템 확립
- 보관기한이 규정되어 있지 않은 원료는 품질 부문에서 적절한 보관기한 설정

4.5. 내용물 및 원료의 사용기간 확인 · 판정

- 원료의 사용기한은 사용 시 확인이 가능하도록 라벨에 표시되어야 함.
- 원료의 허용 가능한 보관기한을 결정하기 위한 문서화된 시스템을 확립해야 하고, 보관기한이 규정되어 있지 않은 원료는 품질 부문에서 적절한 보관기한을 정할 수 있음.
- 물질의 정해진 보관기한이 지나면, 해당 물질을 재평가하여 사용 적합성을 결정하는 단계 포함해야 함
- 원료 공급처의 사용기한을 준수하여 보관기한 설정, 사용기한 내에서 자체 재시험 기간과 최대 보관기한 설정 · 준수
- 원료의 사용기간(유효기간)을 넘겼을 경우 품질관리부와 협의하여 원료에 문제가 없다고 할 경우에는 유효기간을 재설정하고, 원료에 문제가 있다고 할 경우에는 폐기 처리하며, 원료 거래처에서 교환해 줄 경우에는 반송하여 새로운 원료를 받아 보관 관리하도록 함

4.6. 내용물 및 원료의 개봉 후 사용기한 확인 · 판정

1) 내용물 및 원료의 개봉 후 관리 지침

- 원료는 오염되지 않도록 수시로 청결을 유지하도록 관리
- 칭량이나 충전 공정 후 원료가 사용하지 않은 상태로 남아 있고 차후 다시 사용할 것이라면 적절한 용기에 밀봉하여 식별 정보를 표시
- 한 번 사용된 원료는 오염 우려가 있으므로 다시 원료 용기에 넣지 않도록 관리
- 원료가 칭량되는 동안에 교차 오염을 피하기 위한 적절한 조치가 마련
- 칭량하고자 하는 원료에는 원료의 적합성 여부가 표시되어 있어야 함.

- 개봉 후 변질 우려가 있는 경우는 보관 조건 및 개봉 후 시간을 명확하게 준수
- 원료 개봉 시에는 원료가 산화되지 않도록 최소한의 공기만 들어가도록 관리
- 개봉 후 원료가 남은 포대의 경우 포장 용기를 집게로 막거나 비닐봉지에 넣어 밀봉, 드럼/캔
  등은 뚜껑을 잘 닫아서 관리

2) 벌크제품의 사용기한과 보관 관리

- 제조된 벌크제품은 잘 보관하고 남은 원료는 관리 절차에 따라 재보관(Re-stock) 처리
- 모든 벌크제품 및 원료의 보관 시에는 적합한 용기를 사용하고, 용기 안의 내용물을 분명히
  확인할 수 있도록 표시
- 허용 가능한 보관기간(Shelf Life)을 확인할 수 있도록 문서화하여 선입선출이 용이하도록 함.
- 남은 벌크도 재보관하고 재사용할 수 있음(밀폐할 수 있는 용기에 들어 있는 벌크는 절차서에 따라 재보
  관), 재보관 시에는 내용을 명기하고 재보관임을 표시한 라벨 부착이 필수
- 개봉할 때마다 변질 및 오염이 발생할 가능성이 있으므로 여러 번 재보관과 재사용을 반복하
  는 것은 피하도록 하고, 여러 번 사용하는 벌크는 구입 시에 소량씩 나누어서 보관하여 재보
  관 횟수를 줄이도록 관리

4.7. 내용물 및 원료의 변질 상태(변색, 변취 등) 확인

- 원료 중 합성 물질은 일반적으로 생균수가 적은 편임
- 동물, 식물, 광물의 원료 속에는 생균수가 높게 검출되므로 이런 천연 원료에 관해서는 철저
  한 위생관리 필요
- 원료별로 관리기준을 설정해서 실시, 관리기준은 제품 개발 단계에서의 기록 및 실적 데이터
  를 토대로 설정
- 기준치에는 반드시 범위를 만들고, 그 범위를 벗어난 데이터가 나왔을 때는 일탈 처리하도록
  함.
- 반제품은 품질이 변하지 않도록 적당한 용기에 넣어 지정된 장소에서 보관
- 용기에 명칭 또는 확인 코드, 제조번호, 완료된 공정명, 필요한 경우에는 보관 조건을 기재
- 최대 보관기간이 가까워진 반제품은 완제품을 제조하기 전에 품질 이상, 변질(변색, 변취 등) 여
  부 등을 확인

4.8. 내용물 및 원료의 폐기 절차

- 화장품 제조 시 보관용 검체를 보관하는 것은 품질관리 프로그램에서 중요한 사항임.
- 완제품의 경우 제품의 경시 변화를 추적하고, 사고 등이 발생했을 때 제품을 시험하는 데 충분한 양을 확보하기 위하여, 시험에 필요한 양을 제조 단위별로 적절한 보관 조건하에서 지정된 구역 내에 따로 보관함.
- 보관용 검체는 사용기한 경과 후 1년간 보관(다만, 개봉 후 사용기간을 기재하는 경우에는 제조일로부터 3년 간 보관)
- 원료와 내용물, 벌크제품과 완제품이 적합 판정기준을 만족시키지 못할 경우에는 "기준 일탈 제품"으로 지칭
- 기준 일탈 제품이 발생했을 때는 미리 정한 절차에 따라 처리하고 실시한 내용을 문서로 기록
- 기준 일탈이 된 완제품 또는 벌크제품은 재작업을 할 수도 있음.
- 재작업이란 배치(batch) 전체 또는 일부에 추가 처리를 하여 부적합품을 적합품으로 다시 가공하는 작업을 말함, 재작업의 요건은 그 대상이 변질·변패 또는 병원미생물에 오염되지 아니하였고 제조일로부터 1년이 경과하지 않았거나 사용기한이 1년 이상 남아 있는 경우에만 가능함
- 부적합 제품의 제조 책임자인 권한 소유자에 의한 원인 조사 후 조사 결과에 따라 재작업 여부를 결정하게 됨.
- 기준 일탈 제품은 폐기하는 것이 가장 바람직하며, 폐기 원료는 폐기물 처리법에 의거하여 폐기

5. 포장재의 관리

- 포장은 취급상의 위험과 외부 환경으로부터 제품을 보호하고, 제조업자·유통업자·소비자가 제품을 다루기 쉽게 해 주며, 잠재적인 구매자들에게 제품의 통일된 이미지를 심어 주기 위한 과정
- 제조된 벌크제품 또는 1차 포장 제품을 원활하게 1차 포장 또는 2차 포장을 하기 위해서는 포장에 필요한 용기·포장지 등의 포장재가 생산에 차질이 없도록 적절한 시기에 적량이 공급되어야 함.
- 이를 위해서는 생산 계획 또는 포장 계획에 따라 적절한 시기에 포장재가 제조되고 공급되어야 함.
- 포장재의 관리에 필요한 사항은 우수화장품 제조 및 품질관리기준 제18조(포장작업)에서 다음이 같이 규정함.

제18조(포장작업)

① 포장 작업에 관한 문서화된 절차를 수립하고 유지하여야 한다.

② 포장 작업은 다음 각호의 사항을 포함하고 있는 포장 지시서에 의해 수행되어야 한다.

    1. 제품명
    2. 포장 설비명
    3. 포장재 리스트
    4. 상세한 포장 공정
    5. 포장 생산 수량

③ 포장 작업을 시작하기 전에 포장 작업 관련 문서의 완비 여부, 포장 설비의 청결 및 작동 여부 등을 점검하여야 한다.

5.1. 포장재의 입고 기준

- 제품과 직접적으로 접촉하는지 여부에 따라 1차 또는 2차 포장재라고 함.
- 각종 라벨, 봉함 라벨까지 포장재에 포함
- 라벨에는 제품제조 번호 및 기타 관리번호를 기입하므로 실수 방지가 중요
- 라벨은 포장재에 포함하여 관리하는 것이 바람직함.

1) 포장재 입고를 위한 기본 지침

- 일정 시점에서 포장재 재고량을 파악, 장부상의 재고는 물론 수시로 현물의 수량을 파악해야 함.
- 생산 계획에 따라 필요한 포장재의 수량을 예측하여 포장재를 적시에 발주
- 포장재 담당자는 반제품 생산 계획, 완제품 생산 계획에 따라 1차 포장, 2차 포장 계획 수립
- 포장재 입고 시마다 무작위 추출한 검체에 대하여 육안 검사를 실시하고, 그 기록을 남김.
- 포장재의 외관 검사: 재질 확인, 용량, 치수 및 용기 외관, 인쇄 내용도 검사(인쇄 내용은 소비자에게 제품에 대한 정확한 정보를 전달하는 데 목적이 있으므로 입고 검수 시 반드시 검사)
- 담당자의 실수나 포장재 제조업체의 실수로 치명적인 오타나 제품 정보의 누락으로 법에서 규정하는 표시 기준을 위반할 수 있으므로 검사가 필요
- 위적 측면에서 포장재 외부 및 내부에 먼지, 티 등의 이물질 혼입 여부도 검사

2) 입고된 포장재에 대한 처리 순서

- 포장재 규격서에 따라 용기 종류 및 재질을 파악

- 입고된 포장재를 무작위로 검체를 채취하여 외관을 육안으로 검사
- 표준품(표준 견본)과 비교하여 색상과 색의 상태가 같은지 비교
- 흐름, 기포, 얼룩, 스크래치, 균열, 깨짐 등의 외관 성형 상태에 이상이 없는지 확인
- 위생과 관련된 청결 상태를 점검하는 항목으로, 용기 내부 및 표면에 티, 먼지 또는 이물질이 있는지 검사
- 내용물 충전 전에 용기의 세척 및 건조 과정이 충분한지 검사, 이물질의 잔류로 인해 완제품에서 클레임이 발생할 수 있는 가능성 검사

5.2. 입고된 포장재 관리기준

1) 포장재 관리를 위한 문서관리

- 포장 작업은 문서화된 공정에 따라 수행되어야 함.
- 문서화된 공정은 보통 절차서, 작업 지시서 또는 규격서로 존재
- 주어진 제품의 각 배치(batch)가 규정된 방식으로 제조되어 각 포장 작업마다 균일성 확보
- 일반적인 포장 작업 문서는 포함되는 사항:
  ① 제품명 그리고/또는 확인 코드, 검증되고 사용되는 설비
  ② 완제품 포장에 필요한 모든 포장재 및 벌크제품을 확인할 수 있는 개요나 체크리스트
  ③ 각 단계의 작업들을 확인할 수 있는 상세 기술된 포장 생산 공정
  ④ 벌크제품 및 완제품 규격서, 시험 방법 및 검체 채취 지시서
  ⑤ 포장 공정에 적용 가능한 모든 특별 주의사항 및 예방조치(즉, 건강 및 안전 정보, 보관 조건)
  ⑥ 완제품이 제조되는 각 단계 및 포장 라인의 날짜 및 생산단위
  ⑦ 포장 작업 완료 후 제조부서 책임자의 서명 및 날짜 기입

2) 포장재 용기(병, 캔 등)의 청결성 확보

- 1차 포장재로 사용되는 용기(병, 캔 등)의 청결성 확보는 매우 중요함.
- 용기의 청결성 확보에는 자사에서 세척할 경우와 용기 공급업자에 의존할 경우가 있음.
- 세척 건조 방법 및 세척 확인 방법은 대상으로 하는 용기에 따라 다르게 관리
- 실제로 용기 세척을 개시한 후에도 세척 방법의 유효성을 정기적으로 확인해야 함.

3) 입고된 포장재의 관리를 위한 기타 지침

- 작업 시작 시 확인사항('start-up') 점검을 실시
- 포장 작업 전에 이전 작업의 재료들이 혼입되지 않도록 작업 구역/라인의 정리가 필요
- 제조된 완제품의 각 단위/배치(batch)에는 추적이 가능하도록 특정한 제조번호가 부여됨
- 완제품에 부여된 특정 제조번호는 벌크제품의 제조번호와 동일할 필요는 없지만, 완제품에 사용된 벌크 배치(batch) 및 양을 명확히 확인할 수 있는 문서가 존재해야 함
- 제조번호는 각각의 완제품에 지정되어야 함

5.3. 보관 중인 포장재 출고기준

- 포장재에 관한 기초적인 검토 결과를 기재한 CGMP 문서, 작업에 관계되는 절차서, 각종 기록서 등을 비치
- 불출하기 전에 설정된 시험 방법에 따라 관리하고, 합격 판정 기준에 부합하는 포장재만 불출
- 적절한 보관, 취급 및 유통을 보장하는 절차 수립
- 절차서에는 적당한 조명, 온도, 습도, 정렬된 통로 및 보관 구역 등 적절한 보관 조건 포함
- 포장재 관리는 추적이 용이하고 관리 상태를 쉽게 확인할 수 있는 방식으로 수행
- 포장재는 시험 결과 적합 판정된 것만 선입 선출 방식으로 출고하고, 이를 확인할 수 있는 체계 확립
- 불출된 원료와 포장재만 사용되고 있음을 확인하기 위한 적절한 시스템 확립(물리적 시스템 또는 전자 시스템과 같은 대체 시스템 등)
- 오직 승인된 자만이 포장재의 불출 절차를 수행
- 배치에서 취한 검체가 모든 합격 기준에 부합할 때만 해당 배치를 불출
- 불출되기 전까지 사용을 금지하는, 격리를 위한 특별한 절차를 이행

5.4. 포장재의 폐기 기준

- 포장재의 보관기간 또는 유효기간이 지났을 경우에는 규정에 따라 폐기
- 출고 자재가 선입선출 순으로 출고되는지 확인, 문안 변경이나 규격 변경 자재인지 확인
- 포장 도중에 불량품이 발견되었을 경우에는 품질관리(품질 보증) 부서에서 적합 판정된 포장재라도 포장 공정이 끝난 후 정상품 환입 시에 담당자에게 정상품과 구분하여 불량품 포장재를 인수 · 인계 처리
- 포장재 보관 관리 담당자는 불량 포장재에 대해 부적합 처리하여 부적합 창고로 이송

– 이후 부적합 포장재를 반품 또는 폐기 조치 후 해당 업체에 시정조치 요구

5.5. 포장재의 사용기한 확인 · 판정

– 포장재의 허용 가능한 사용 기한을 결정하기 위한 문서화된 시스템을 확립해야 함.

– 포장재의 보관기간을 결정하기 위한 문서화된 시스템을 마련

– 보관기간이 규정되어 있지 않은 포장재는 적절한 보관기간을 정하도록 함.

– 정해진 보관기간이 지나면 해당 물질을 재평가하여 사용 적합성을 결정하는 단계 포함

– 원칙적으로 포장재의 사용 기한을 준수하는 보관기간을 설정

– 사용 기한 내에서 자체적인 재시험 기간을 설정하고 준수

– 최대 보관기간을 설정하고 이를 준수

5.6. 포장재의 변질 상태 확인

– 포장재는 주로 종이, 천, 유리, 세라믹, 플라스틱, 금속 등의 다양한 소재가 사용되고 있음.

– 각각의 성질이 다르므로 포장재 담당자는 포장재의 품질 유지를 위하여 포장재의 보관 방법, 포장재의 보관 조건, 포장재의 보관 환경, 포장재의 보관기간 등 포장재 관리 방법을 숙지해야 함.

– 온도 · 습도 관리와 벌레나 쥐에 대한 대비책 및 자재 창고를 출입하는 사람에 의한 오염 방지 및 관찰

– 이물질 혼입 및 포장재의 파손은 포장 담당자가 알 수 없거나 예측이 불가능한 경우가 많음.

– 포장재의 변질 상태를 확인하기 위하여 포장재 소재별 품질 특성을 이해하고 포장재 샘플링 등을 통한 엄격한 관리가 필요

5.7. 포장재의 폐기 절차

– 사업장의 폐기물 배출자는 폐기물을 적정하게 처리하여야 함.

– 작업장 현장 발생 폐기물의 수거는 발생 부서에서 실시

– 품질에 문제가 생긴 원료나 내용물은 제품 폐기를 포함하여 신중하게 검토

– 제품에 대한 대처를 끝낸 후, 일탈의 원인을 조사하고 재발하지 않도록 조치 강구해야 함.

– 처리하고자 하는 폐기물 수거함 밖에 분리수거 카드 부착

– 폐기물 보관소로 운반하여 보관소 작업자와 분리수거를 확인하고 중량을 측정하여 폐기물 대장에 기록한 후 인계

– 결재 처리가 완료된 폐기물 처리 의뢰서와 같이 폐기물 처리 담당자에게 인계

 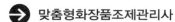
PART 4 맞춤형화장품의 이해

1. 맞춤형화장품 개요

- 맞춤형화장품 제도는 개인의 가치가 강조되는 사회. 문화적 환경 변화에 따라 개인 맞춤형 상품 서비스를 통해 다양한 소비 요구를 충족시키기 위해 도입, 2016년 3월부터 시범사업을 실시함.
- 당시 화장품법에서는 판매장에서의 혼합, 소분을 금지하고 있어 이를 허용하기 위한 별도의 제도 신설 필요
- 맞춤형화장품에 대한 제도적 기반 마련 전에 우선적으로 시범사업으로 운행, 전국에 소재한 책임판매업자 직영 매장, 면세점 내 화장품 매장 등에서 시범사업이 실시 중임.

1.1. 맞춤형화장품 정의

- 맞춤형화장품이란 맞춤형화장품 매장에서 맞춤형화장품조제관리사 자격증을 가진 자가 고객 개인별 피부 특성, 색이나 향에 대한 취향 등에 따라, 제조 또는 수입된 화장품의 내용물에 다른 화장품의 내용물이나 식품의약품안전처장이 정하는 원료를 추가하여 혼합한 화장품, 제조 또는 수입된 화장품의 내용물을 소분(小分)한 화장품을 말함.

[표 4-1] 맞춤형화장품 및 맞춤형화장품 내용물의 정의

구 분	내 용
맞춤형화장품의 정의	① 제조 또는 수입된 화장품의 내용물에 다른 화장품의 내용물이나 식품의약품안전처장이 정하는 원료를 추가하여 혼합한 화장품 ② 제조 또는 수입된 화장품의 내용물을 소분(小分)한 화장품
맞춤형화장품의 내용물	① 벌크제품: 충진(1차 포장) 이전의 제조 단계까지 끝낸 화장품 ② 반제품: 원료 혼합 등의 제조 공정 단계를 거친 것으로 벌크제품이 되기 위하여 추가 제조 공정이 필요한 화장품
맞춤형화장품의 혼합에 사용되는 내용물의 관리	① 유통화장품 안전관리기준에 적합해야 한다. ② 반제품(그 자체로 사용되지 않는 내용물)의 경우 소비자용 최종 맞춤형화장품이 사용 제한이 필요한 원료 사용기준 및 유통화장품 안전관리기준에 적합하면 된다.

- 원료는 맞춤형화장품의 내용물의 범위에 해당하지 않으며, 원료와 원료를 혼합하는 것은 맞춤형화장품의 혼합이 아닌 화장품 제조 행위로 판단함.
- 현재 시범사업 중인 맞춤형화장품의 제품 유형은 기초화장용(10종), 색조화장용(8종), 방향용(4종)이 있으며 그 외 신청 시 추가 가능함.

1.2. 맞춤형화장품의 주요 규정

1) 맞춤형화장품 혼합 판매의 원칙

- 소비자 요구에 따라 베이스 화장품에 특정 성분 혼합이 이루어져야 함.
- 베이스 화장품은 맞춤형화장품의 기본 골격이 되는 맞춤형 전용 화장품이며 베이스 화장품 제조는 공급자의 결정에 따라 일방적으로 생산할 수 있음.
- 기본 제형(유형 포함)이 정해져 있어야 하고, 기본 제형의 변화가 없는 범위 내에서 특정 성분의 혼합이 이루어져야 함. 제조의 과정을 통하여 기본 제형(유형)이 결정됨.
- 맞춤형화장품의 '브랜드명(제품명 포함)'이 정해져 있어야 하며 매장에서 판매자가 임의로 브랜드명을 변경하여 판매해서는 안 됨(타사 브랜드에 특정 성분을 혼합하여 새로운 브랜드로 판매 금지).
- 원칙적으로 안전성 및 품질관리 검증을 거친 베이스 화장품 및 특정 성분만을 혼합해서 판매해야 함.
- 책임판매업자가 특정 성분의 혼합 범위를 규정하고 있는 경우 그 범위 내에서 특정 성분의 혼합이 이루어져야 함.
- 사전 조절 범위에 대하여 제품 생산 전에 안전성 및 품질관리 가능
- 최종 혼합된 맞춤형화장품에 식약처 고시 성분 또는 책임판매업체에서 등록한 효능 성분이 정량 이상 함유되어야 함.

2) 맞춤형화장품에 사용할 수 없는 원료

- 화장품에 사용할 수 없는 원료(화장품안전기준 규정 별표 1) 리스트에 포함된 경우
- 화장품에 사용상의 제한이 필요한 원료(화장품안전기준 규정 별표 2) 리스트에 포함된 경우
- 식품의약품안전처장이 고시한 기능성화장품의 효능·효과를 나타내는 원료 리스트에 포함된 경우(다만, 맞춤형화장품판매업자에게 원료를 공급하는 화장품 책임판매업자가 화장품법 제4조에 따라 해당 원료를 포함하여 기능성화장품에 대한 심사를 받거나 보고서를 제출한 경우는 제외한다)

3) 맞춤형화장품판매업의 신고 및 변경

- 맞춤형화장품판매업이란 제조 또는 수입된 화장품의 내용물에 다른 화장품의 내용물이나 식품의약품안전처장이 정하여 고시하는 원료를 추가하여 혼합한 화장품을 판매하는 영업, 제조 또는 수입된 화장품의 내용물을 소분(小分)한 화장품을 판매하는 영업
- 맞춤형화장품을 판매하려는 자는 소재지별로 신고서 및 구비 서류를 갖추어 소재지 관할 지방식약청장에게 신고해야 함(구비서류–맞춤형화장품판매업 신고서, 맞춤형화장품조제관리사 자격증, 책임판매업자와 체결한 계약서 사본, 소비자 피해보상을 위한 보험계약서 사본).
- 변경신고 시에는 변경 사유가 발생한 날부터 30일(행정구역 개편에 따른 소재지 변경의 경우에는 90일) 이내에 소재지 관할 지방식약청장에게 변경서류를 제출(대표자 변경 시에는 양도양수의 경우 이를 증명하는 서류 또는 상속의 경우 가족관계 증명서, 맞춤형화장품 사용계약을 체결한 책임판매업자 변경 시에는 책임판매업자와 체결한 계약서 사본, 맞춤형화장품조제관리사의 변경 시 신고)

4) 맞춤형화장품판매업자 준수사항

- 맞춤형화장품 판매업소마다 맞춤형화장품조제관리사를 둘 것
- 둘 이상의 책임판매업자와 계약하는 경우 사전에 각 책임판매업자에게 고지 후 계약 체결
- 맞춤형화장품 판매 내역(전자문서 형식 포함) 작성·보관
  ① 맞춤형화장품 식별번호–맞춤형화장품의 혼합 또는 소분에 사용되는 내용물 및 원료의 제조번호와 혼합·소분 기록을 포함하여 맞춤형화장품판매업자가 부여한 번호
  ② 판매일자·판매량
  ③ 사용기한 또는 개봉 후 사용기간(맞춤형화장품 사용기한 또는 개봉 후 사용기간은 맞춤형화장품 혼합 또는 소분에 사용되는 내용물의 사용기한 또는 개봉 후 사용기간을 초과 불가)
- 보건위생상 위해가 없도록 맞춤형화장품 혼합·소분에 필요한 장소, 시설 및 기구 등을 점검하여 작업에 지장이 없도록 관리·유지, 안전관리 기준에 맞추어 혼합·소분 시 오염 방지
- 내용물 및 원료를 제공받는 책임판매업자와의 계약 체결 및 계약사항 준수
- 맞춤형화장품은 기존의 화장품과는 구별되는 것(화장품 책임판매업자와 계약 없이 기존에 시장에서 판매되고 있는 기성 화장품에 특정 성분을 혼합하여 새로운 맞춤형화장품으로 판매하는 것은 허용되지 않음)

5) 맞춤형화장품 판매 시설기준(권장사항)

- 판매 장소와 구분, 구획된 조제실 및 원료, 내용물 보관 장소
- 적절한 환기 시설

- 위생시설: 작업자의 손 세척시설, 조제 설비 · 기구 세척시설
- 맞춤형화장품 간 혼입이나 미생물 오염을 방지할 수 있는 시설 또는 설비

6) 맞춤형화장품조제관리사의 역할과 자격

- 맞춤형화장품조제관리사란 맞춤형화장품 판매장에서 맞춤형화장품의 내용물이나 원료의 혼합 또는 소분 업무를 담당하는 자
- 맞춤형화장품조제관리사가 되려면 식약처장이 실시하는 자격시험에 합격하여야 하며, 합격자에게 자격증 발급
- 맞춤형화장품조제관리사는 지정된 교육기관에서 매년 1회 보수교육을 의무적으로 이수해야 함(교육기관 현황: 대한화장품산업연구원, 대한화장품협회, 한국보건사업진흥원, 한국의약품수출입협회)

7) 맞춤형화장품의 위생관리

- 혼합, 소분 전에는 손을 소독 또는 세정하거나 일회용 장갑 착용
- 혼합, 소분 시에는 위생복 및 마스크 착용
- 피부 외상이나 질병이 있는 경우 회복 전까지 혼합, 소분 행위 금지
- 작업장과 시설, 기구를 정기적으로 점검하여 위생적으로 관리 및 유지
- 혼합, 소분에 사용되는 시설, 기구 등은 사용 전, 후 세척
- 세제, 세척제는 잔류하거나 표면에 이상을 초래하지 않는 것을 사용
- 세척한 시설, 기구는 잘 건조하여 다음 사용 시까지 오염 방지

1.3. 맞춤형화장품의 안전성 · 유효성 · 안정성

1) 안전성

- 화장품은 불특정 다수의 사람들에게 장기간 사용하므로 피부 감작성, 경구독성, 파손, 자극성 등이 없을 것
- 피부 등에 자극을 주거나 독성이 있거나 알레르기를 유발해서는 안 됨.
- 화장품 원료의 안전성은 단회 투여 독성시험, 1차 피부 자극성 시험, 안점막 자극성 시험, 피부 감작성 시험, 광독성 및 광감작성 시험, 인체 첩포 시험, 인체 누적 첩포 시험, 변이원성 시험 등을 통하여 평가

2) 유효성

- 화장품의 사용에 있어 성분의 기능성, 유용성이 발현되어야 함.
- 보습 기능, 세정 기능, 자외선 차단 효과, 미백 효과, 피부 거칠음 개선 효과, 체취 방지 효과 등
- 실증적, 객관적 평가에 대한 데이터가 요구되며 품질보증 역시 마찬가지로 객관화가 요구됨.

3) 안정성

- 화장품의 제조 직후 품질이나 성상을 언제까지 유지하는 것이 가능할 것인지에 관한 기본적인 개념
- 변질, 변색, 변취, 오염, 결정 석출 등의 화학적 변화와 분리, 침전, 응집, 발분, 발한, 겔화 등의 물리적 변화
- 장기 보존 시험, 가속 시험, 가혹 시험 실시
- 안정성의 물리적 실험 항목으로는 pH, 점도, 비중, 유화 입자 관찰 등

2. 피부 및 모발 생리 구조

2.1. 피부의 생리 구조

1) 표피

- 피부는 크게 표피(epidermis), 진피(dermis), 피하지방층(subcutaneous fat tissue)의 3층으로 구성됨
- 표피는 기저층, 유극층, 과립층, 투명층, 각질층으로 구성
- 표피의 각질층은 수분 증발과 손실을 억제하는 기능으로 표피의 건조화를 막고 천연 보습인자(NMF)를 가지고 있어 세포간 지질, 교소체와 함께 피부 장벽의 중요한 요소로 작용
- 표피의 각질층이 피부 장벽 기능의 대부분을 담당, 각질세포는 각질세포막과 결합해 피부 내 천연 보습인자(NMF;Natural Moisturizing Factor)의 수분 손실을 막는 역할을 하면서 피부를 촉촉하고 건강하게 지켜줌.
- 표피의 기저층에서 유래된 각질형성세포는 진피층으로부터 영양소 및 산소를 제공받아 세포분열을 하게 된다. 세포분열을 통해 각질형성세포가 유극층, 과립층을 거쳐 각질층에 머물다가 인체에서 완전히 탈락되는 과정은 약 28일 전후의 시간이 걸리며 이러한 현상을 각화과정(keratinization)이라고 함.

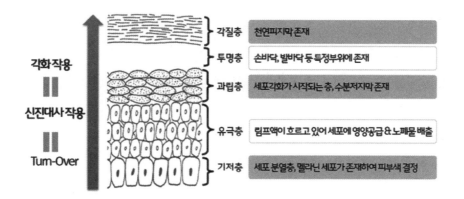

각질층	천연피지막 존재
투명층	손바닥, 발바닥 등 특정부위에 존재
과립층	세포각화가 시작되는 층, 수분저지막 존재
유극층	림프액이 흐르고 있어 세포에 영양공급 & 노폐물 배출
기저층	세포 분열층, 멜라닌 세포가 존재하여 피부색 결정

각화작용

신진대사작용

Turn-Over

[그림 4-1] 표피의 각화 과정

- 과립층 세포 내에 있는 케라토히알린 과립(keratohyalin granule)은 각질 세포 사이에서 지질을 제공함으로써 각질형성세포를 서로 단단히 접착시켜 단단한 각질층을 구성할 수 있도록 해주고, 이를 통해 수분 상실을 억제하는 기능을 함.
- 유극층(stratum spinosum)은 기저층 상부에 위치하며 교소체(desmosome)가 풍부하게 분포하여 세포끼리 서로 유착(adhesion)할 수 있도록 도움을 주는 유핵층
- 기저층(stratum basale)은 표피의 가장 하단에 위치하며 진피층의 유두층과 접해 있어 영양소 및 산소를 제공받아 세포분열을 진행
- 표피의 세포로는 기저층에 각질형성세포(keratinocyte), 멜라닌색소형성세포(색소형성세포), 메르켈세포(촉각세포)와, 유극층에 랑게르한스세포(Langerhans cell) 등이 존재

2) 진피

- 진피는 표피 밑에 있는 가장 두꺼운 층으로 표피 두께의 약 15~40배 정도이며 유두층과 망상층으로 구성되나 표피층처럼 명확하지는 않으며 그 조직 속에 혈관, 림프관, 신경, 땀샘, 피지샘, 입모근 등이 분포됨
- 진피는 콜라겐과 엘라스틴, 뮤코다당류라고 불리는 기질 성분으로 구성되어 있으며 진피 하부의 구조를 기계적인 자극으로부터 보호하고 표피에 영양분을 공급하는 역할
- 진피에는 콜라겐과 엘라스틴을 생성하는 섬유아세포(fibroblast), 비만세포, 대식세포 등이 존재

3) 피하지방층

- 피하지방층은 진피와 근육, 골격 사이에 위치하며 체내의 열 손실을 조절하는 기능으로 체온 유지에 중요한 역할을 하며 외부 충격으로부터 몸을 보호하는 쿠션 역할을 담당하고, 영양분을 저장하는 에너지 저장 장소의 역할을 함.

요점 정리 4

4) 피부의 기능

- 피부의 기능으로는 보호, 체온 조절, 분비 및 배설, 재생, 감각, 영양소 저장 및 체온 유지 등
- 피부는 유해 물질의 체내 침투를 막고 수분 균형을 조절하여 인체 항상성 유지에 매우 중요한 역할을 하는 기관

5) 피부의 부속기관

- 피부 부속기관으로는 한선과 피지선, 모낭, 조갑 등이 있다. 한선의 종류로는 우리가 일반적으로 땀이라 부르는 무색, 무취의 액체를 분비하는 에크린 한선(소한선, eccrine sweat gland)과 단백질이 많고 특유의 냄새를 지닌 아포크린 한선(대한선, apocrine sweat gland)이 있으며, 에크린 한선은 별도의 한공으로 아포크린 한선은 모공을 통해 분비됨.

2.2. 모발의 생리 구조

- 모발은 피부의 각질층이 변화해서 생긴 것으로, 주로 섬유성 단백질인 케라틴(KERATIN)으로 구성된 조직
- 케라틴은 18가지 아미노산으로 조성되어 있으며 그중에서도 시스틴(cystine)이 14~18%로 다량 함유되어 있음.
- 모발은 크게 모근과 모간으로 나누어 짐. 모근은 두피 내의 털, 모간은 두피 바깥 부분의 털을 의미함.
- 머리카락의 내부는 3개의 층으로 구성되어 있는데 중심에는 모수질(medulla)이라는 심이 있고, 그 주위에는 머리의 유연성과 두께를 좌우하는 모피질(cortex)이 감싸고 있으며 가장 바깥 층인 모표피(cuticle)로 이루어져 있음.

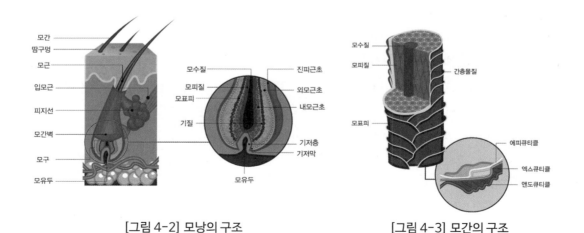

[그림 4-2] 모낭의 구조　　　　　　　[그림 4-3] 모간의 구조

- 모모세포(Keratinocyte)는 모유두를 둘러싸고 있으며 세포분열이 왕성하여 끊임없이 분열 증식을 반복함. 작은 말발굽 모양의 특수하고 작은 세포층이며 모발의 주성분인 케라틴 단백질을 만들어 모발의 형상을 갖추게 함.
- 모유두(Dermal Papilla)는 모근의 끝에 위치하고 있으며 모발 성장을 위해 영양분을 공급해 주는 혈관과 신경이 분포됨(모유두 수가 감소하면 모발 수도 감소).
- 모발은 모유두가 없으면 자라지 않고 모유두 수는 태어날 때 이미 결정되어 있음.
- 모주기(Hair Cycle)는 성장기(Anagen), 퇴화기(Catagen), 휴지기(Telogen)로 휴지기의 마지막이 되면 새로운 모발이 생성되는 초기 발생기로 구분함.
- 모발 성장기는 남성 3~5년, 여성이 4~6년, 그 후 퇴화기 30~45일, 휴지기가 4~5개월 정도 지나 자연적으로 탈모, 생리학적 탈모는 하루 50~100개 정도(모발의 수는 보통 10~15만개 정도, 색깔이 밝을수록 모발의 수가 더 많음)
- 모발 성장률은 0.3~0.5mm/일, 1~1.5cm/월 정도, 생존기간은 2~7년 정도
- 모발은 보호, 배출, 장식적 의미, 감각 전달 등의 기능을 가짐

2.3. 피부 모발 상태 분석

1) 피부 상태의 분석

- 일반적으로 유분 분비량, 수분 상태, 유·수분 증발량, 멜라닌양, 홍반량, 색상, 민감도 등을 측정하여 피부 상태 평가
- 피부 측정이 이루어지는 공간은 항온 항습하고 직사광선이 없는 동일한 조도(조명)를 가진 환경이 적절함.
- 세안 후에 측정을 해야 멜라닌양, 홍반량, 피부 색상 등에 대한 정확한 데이터를 얻을 수 있음
- 수분, 유분, 수분 증발량은 피부에 특별한 조치를 하지 않고 그대로 측정을 하며 측정 시간과 측정값을 기록함(3회 이상 측정하여 그 평균값을 사용하는 것을 권장).
- 피부 상태(피부의 유수분도, 피지의 정도, 민감도, 문제점 등)를 정확히 분석하여 고객 상태에 적합한 관리 시행

2) 모발 분석(Hair analysis)

- 모발 분석이란 모발 채취를 통해 모발 내 존재하는 여러 미량 원소들의 형태와 양을 분석하여 체내 중금속 오염과 영양 상태를 영양 의학적으로 해석함으로써 건강 상태를 체크하는 방법

- 모발 분석은 미네랄 결핍과 과잉 상태는 물론 미네랄의 균형 상태, 중금속과 영양 미네랄 간의 상호작용에 대한 관계를 통해 두피, 모발 상태를 개선시키는 방법으로 활용
- 포토트리코그램(Phototrichogram) 시험 방법은 피험자의 머리에 측정 부위를 선정하여 직경 2cm 정도의 원형으로 모발을 짧게 자른 후 중심에 문신점(dot tattoo)을 표시하고, 그 문신점을 중심으로 피부 측정용 디지털카메라로 정지 영상을 얻음(문신점을 중심으로 하는 측정 부위의 전체 모발 수, 모발의 평균 직경 등을 측정).
- 모발의 품질 평가는 주사전자현미경(SEM)으로 측정하고, 모발의 인장 강도는 경도계를 이용하여 측정

3. 관능 평가 방법과 절차

3.1. 관능 평가의 정의 및 방법

- 여러 가지 물질을 인간의 오감(五感)에 의하여 평가하는 제품 검사
- 오감을 측정 수단으로 하여 내용물의 품질 특성을 묘사 분석, 차이 식별, 비교를 통한 순위법 등을 수행
- 물질의 특성이 시각, 후각, 미각, 촉각 및 청각으로 감지되는 반응을 측정, 분석 내지 해석하는 인간의 오감에 의해 평가하는 과학의 한 분야임.
- 관능검사는 통계학의 이론을 기초로 하여 미리 충분히 계획된 조건하에서 다수의 인간이 감각을 계기로 해서 물건의 질을 판단하여 보편타당한 신뢰성 있는 결론을 내리려고 하는 하나의 수단임.
- 관능 평가는 기호형과 분석형으로 나누어 볼 수 있으며, 기호형은 좋고 싫음을 주관적으로 판단하는 방법이고 분석형은 표준품(기준품)인 기준과 비교하여 합격품, 불량품을 객관적으로 평가, 선별하거나 사람의 식별력 등을 조사하는 방법
- 인간의 오감에 의해 평가하는 검사이기 때문에 최근 검사 분야에서 과학적 계측화가 상당히 진보되었다고는 하나, 이화학적 평가가 불가능한 품질의 특성에 대하여는 유일한 방법이라 할 수 있음.
- 관능 평가를 이용하는 것은 측정에 드는 비용, 시간, 노력 및 감도 등의 점에서 보다 유리한 경우가 많고 또 주류나 식품, 향수, 화장품 등 기호품은 품질 특성으로 보아 본질적으로 감각에 의존하지 않고서는 평가가 어려움.
- 화장품에서의 관능검사 항목으로는 색상, 향취, 사용감, 끈적임, 투명도 등이 있음.

3.2. 관능 평가의 적용

1) 성상, 색상의 평가

- 유화 제품(크림, 유액, 영양액 등)은 표준 견본과 대조하여 내용물 표면의 매끄러움과 흐름성, 내용물의 색이 유백색인지를 육안으로 확인, 색조 제품(립스틱, 아이섀도, 파운데이션 등)은 표준 견본과 내용물을 슬라이드 글라스(slide glass)에 각각 소량씩 묻힌 후 슬라이드 글라스로 눌러서 대조되는 색상을 육안으로 확인함. 또는 손등 혹은 실제 사용 부위(입술, 얼굴)에 발라서 색상을 확인하기도 함.

2) 향취의 평가

- 비이커에 일정량의 내용물을 담은 후 코를 비이커에 가까이 대어 향을 맡거나 피부(손등)에 내용물을 바르고 향취를 맡는 방법을 사용

3) 사용성 평가

-사용감은 원자재나 제품을 사용할 때 피부에서 느끼는 감각으로 매끄럽게 발리거나 바른 후 가볍거나 무거운 느낌, 촉촉함, 산뜻함 등을 말하며, 화장품을 도포하기 전후의 감촉 중심 평가. 시각, 후각으로 인식되는 화장품의 색이나 향기, 용기 디자인에 관한 기호성 평가로 척도는 일반적으로 5~9단계 정도의 척도가 이용됨.

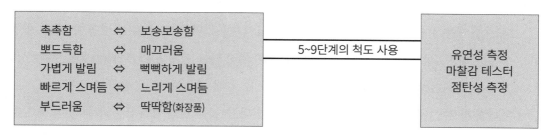

[그림 4-4] 관능 평가를 통한 사용성 평가의 예

3.3. 관능 평가의 절차

- 내용물 사용감, 외관, 색상, 향취 등을 검사하기 위한 표준품을 선정
- 필요시 공정 단계별 시험 검체를 채취하고 각각의 기준과 평가척도를 마련

– 내용물 사용감, 외관, 색상, 향취 등에 적합한 관능 평가 시험 방법에 따라 시험

– 시험 결과에 따라 적합 여부를 판정하고 기록하며 그 기록을 관리

4. 제품 상담

4.1. 맞춤형화장품의 효과

– 맞춤형화장품은 법에서 허용되는 범위 내에서 고객의 개인별 피부 특성, 색이나 향에 대한 취향 등에 따라 화장품의 혼합·소분이 가능하므로 고객만족도가 높은 제품을 제공할 수 있을 것임.

– 제품의 실용적 가치는 소비자가 원하는 것과 근접한 제품을 소유할 수 있는 것으로 정의하고, 남들과 차별화된 독특성 가치를 뜻하여 한 개인이 남들과 구분될 수 있는 것에 가치를 느끼는 것

– 소비자들의 눈높이가 더욱 높아지면서 사용자의 취향과 피부 상태 등을 반영해 기성 화장품을 통해서는 만족할 수 없었던 경험을 제공하게 되는 것으로 맞춤형화장품 시장이 급성장할 것으로 전망함.

– 맞춤형화장품 판매업소에서는 국가자격증을 취득한 맞춤형화장품조제관리사가 판매 매장에 배치되어 고객을 상담하고 피부를 진단함. 이를 바탕으로 기존 화장품의 내용물을 소분하거나 다른 내용물과 내용물 또는 원료를 더해 고객에게 맞는 화장품을 제공

– 기존에 기업이 불특정 다수가 좋아할 제품을 예측하고 대량생산 및 판매하던 시장에서 앞으로는 소비자가 원하는 취향과 선호에 맞추어 '나만을 위한 화장품'이 제공될 것임. 맞춤형화장품은 연령, 성별, 피부 태닝 정도 등과 같은 기본적인 질문과 스트레스 레벨, 수면 상태, 흡연 유무 등과 같은 라이프스타일에 관한 질문을 통해 제품을 제작, 공급하게 됨.

– 완벽하게 자신에게 맞는 제품을 구매할 수 있다는 것은 맞춤형화장품의 최대 장점으로 일반적인 제품과 비교하여 사용하며 효능적인 측면에서 더 만족감을 줄 수 있는 맞춤형 서비스가 제공될 것으로 전망됨.

4.2. 맞춤형화장품의 부작용의 종류와 현상

– 맞춤형화장품 시행으로 인하여 고객의 개인별 피부 특성, 색이나 향에 대한 취향 등에 따라 화장품의 혼합·소분이 가능하므로 만족도가 높은 제품을 제공할 수 있으나 이에 따른 부작용도 고려되어야 함

- 혼합·소분 과정에서 발생가능한 부작용은 제품의 오염이 발생할 수 있으므로 제품의 품질과 안전성 관리를 위하여 장비를 세척하고 소독을 실시하는 등 자율적 관리방안이 필요함
- 맞춤형화장품의 사용으로 인하여 발생할 수 있는 부작용의 종류로는 화장품 사용 중에 붉은 반점이 생기거나 부어오름, 가려움이나 동통(pain), 알레르기 반응 등이 나타날 수 있음
- 피부변화나 자극 등의 이상이 있는 경우 사용을 중지하고 전문가의 상담을 받도록 안내해야 함
- 화장품책임판매업자, 맞춤형화장품판매업자, 맞춤형화장품조제관리사 모두가 발생할 수 있는 부작용을 예방하고 최소화 하도록 노력을 기울여야 함
- 화장품법 제5조의2(위해화장품의 회수)와 시행규칙에서도 회수대상화장품의 기준 및 위해성 등급을 정하여 안전성 확보를 위해 관리하고 있으며 화장품 원료 등의 위해평가를 거쳐 위해도를 결정하고 있음
- 부작용 예로서 알부틴 2% 이상 함유 제품에 대한「인체적용시험 자료」에서 구진과 경미한 가려움이 보고된 예가 있다고 명시하고 있음(화장품법 시행규칙 [별표 1] 화장품 사용 시의 주의사항 및 알레르기 유발성분 표시에 관한 규정 상)

4.3. 배합 금지사항 확인·배합

- 화장품에 사용되는 원료는 인체에 직접 사용하는 것이므로 안전성이 높아야 하며, 원료의 선택과 사용에 있어 법규상의 규제(화장품법 등)에 대해 확인해야 함.
- 화장품 안전기준 등에 관한 규정 제5조에서는 사용에 제한이 있는 원료, 맞춤형화장품에 사용할 수 없는 원료와 사용에 제한이 있는 원료 등을 규정하고 있음.
- 화장품법 제 8조 제2항에 따라 식품의약품안전처장은 보존제, 색소 자외선 차단제 등과 같이 특별히 사용상의 제한이 필요한 원료에 대하여는 그 사용기준을 지정하여 고시하여야 함.
- 이에 따라 사용상의 제한이 필요한 원료를 각 기준별로 나누어 사용한도를 지정하고 있으며 국내에서 제조 수입 또는 유통되는 모든 화장품은 해당 사용 목적의 원료를 포함할 경우 그 사용한도를 준수해야 함.
- 식품의약품안전처에서 2020년 1월 1일부터 화장품 제조 시 착향제로 사용되는 원료 중에서 알레르기를 유발하는 성분 25가지를 고시하여 이 중 향료로 사용한 성분은 구체적인 명칭을 포장지에 표기해야 한다고 규정함(다만, 사용 후 씻어내는 제품에는 0.01% 초과, 사용 후 씻어내지 않는 제품에는 0.001% 초과 함유하는 경우에 한함).

[표 4-2] 식약처 고시 알레르기를 유발하는 성분 25가지

연번	성분명	연번	성분명
1	아밀신남알	14	벤질신나메이트
2	벤질알코올	15	파네솔
3	신나밀알코올	16	부틸페닐메틸프로피오날
4	시트랄	17	리날룰
5	유제놀	18	벤질벤조에이트
6	하이드록시시트로넬알	19	시트로넬올
7	아이소유제놀	20	헥실신남알
8	아밀신나밀알코올	21	리모넨
9	벤질살리실레이트	22	메틸 2-옥티노에이트
10	신남알	23	알파-아이소메틸아이오논
11	쿠마린	24	참나무이끼추출물
12	제라니올	25	나무이끼추출물
13	아니스알코올		

4.4. 내용물 및 원료의 사용 제한 사항

– 맞춤형화장품 내용물에 추가 혼합하여 조제되는 원료는 화장품 책임판매업자로부터 제공받은 원료(화장품 법령에 적합)를 사용해야 하며, 화장품 안전기준 등에 관한 규정 제5조(맞춤형화장품에 사용 가능한 원료)에 의거 다음 각호의 원료를 제외한 원료는 맞춤형화장품에 사용할 수 있음.

1) 별표 1의 화장품에 사용할 수 없는 원료(별지 참조)

2) 별표 2의 화장품에 사용상의 제한이 필요한 원료(별지 참조)

3) 식품의약품안전처장이 고시한 기능성화장품의 효능·효과를 나타내는 원료 (다만, 맞춤형화장품판매업자에게 원료를 공급하는 화장품 책임판매업자가 「화장품법」 제4조에 따라 해당 원료를 포함하여 기능성화장품에 대한 심사를 받거나 보고서를 제출한 경우는 제외)

– 맞춤형화장품 판매장에서 맞춤형화장품 조제에 사용하는 내용물 또는 원료는 화장품 책임판매업자를 통해 일차적인 안전성·품질이 확보된 것을 사용해야 함.

- 화장품 책임판매업자는 맞춤형화장품판매업자에게 혼합 내용물 및 원료에 대한 정보(성분 · 함량, 성분 사용용도, 성분 간 상호작용) 제공이 필요

5. 제품 안내

5.1. 맞춤형화장품 표시 사항

1) 맞춤형화장품 기재사항(맞춤형화장품 판매 시 1차 · 2차 포장에 기재되어야 할 정보)

- 맞춤형화장품 판매 시 1차, 2차 포장에 기재되어야 할 정보(①~⑤번은 필수 기재)

[표 4-3] 맞춤형화장품의 기재사항 (「화장품법」 시행규칙 별표 4)

연번	구분	내용
1	필수	다른 제품과의 구분을 위한 화장품의 명칭 (여러 제품에서 공통으로 사용하는 명칭을 포함)
2	필수	화장품 책임판매업자 및 맞춤형화장품판매업자 상호('화장품 책임판매업자'와 '맞춤형화장품판매업자'는 각각 구분하여 기재 · 표시. 다만, '화장품 책임판매업자'와 '맞춤형화장품판매업자'가 동일한 경우 구분하지 않아도 됨)
3	필수	가격(소비자에게 직접 화장품을 판매하는 판매업자가 개별제품에 대해 스티커 등으로 표시. 취급제품의 종류 및 진열상태 등으로 인해 개별제품의 가격 표시가 곤란한 경우 제품명과 가격이 포함된 정보를 제시하는 방법으로 별도 표시 가능)
4	필수	맞춤형화장품의 식별번호(제품 추적관리를 위하여 혼합 및 소분 기록을 확인할 수 있도록 판매업자가 부여한 번호로, 일반 화장품의 제조번호와 같음. 식별번호 부여 체계는 사내규정으로 정하여 관리)
5	필수	사용기한 또는 개봉 후 사용기간(개봉 후 사용기간 기재의 경우 혼합 · 소분일 병행 표기)
6	선택	맞춤형화장품판매업자의 주소(맞춤형화장품판매업신고필증에 적힌 소재지 기재 · 표시)

- 맞춤형화장품 혼합 및 소분에 사용되는 내용물, 원료 정보와 사용 시의 주의사항은 포장에 표기하지 않아도 되지만, 판매 시 소비자에게 설명해야 함.
- 맞춤형화장품 혼합 후 새로운 용기에 담는 경우와 베이스 화장품 용기에 성분을 첨가하여 용기를 그대로 사용할 경우의 라벨링으로 구분. 안전사고 발생 시 신고 절차 등을 체계화하기 위하여 판매자 상호 및 소재지 정보를 추가할 것을 권고함.
  ① 새로운 용기에 제품을 담아 판매할 경우: 스티커를 새로운 용기에 부착하여 기재사항을 표시

② 베이스 화장품 용기에 성분을 첨가하여 용기를 그대로 사용하는 경우: 기존 라벨과의 혼동을 방지하기 위하여 기존 라벨을 제거 후 라벨을 부착하거나 오버라벨링(over-labeling) 방식 사용 가능

2) 소비자에게 제공되어야 하는 정보

- 판매자는 혼합에 사용된 베이스 화장품 및 특정 성분, 사용 용도, 최대 배합 한도, 사용기한 등의 정보를 소비자에게 제공할 수 있어야 함.
- 맞춤형화장품 판매 시 소비자에게 판매하는 맞춤형화장품의 내용물, 원료, 제품 사용 시의 주의사항에 대해 설명
- 매장에서 전 성분, 사용기한 등의 정보를 포장에 직접 표시하기 어려운 경우 첨부 문서나 온라인 등을 활용하여 관련 정보를 제공할 수 있음.

5.2. 맞춤형화장품 안전기준의 주요사항

- 맞춤형화장품 판매 시 해당 맞춤형화장품의 혼합 또는 소분에 사용되는 내용물 및 원료, 사용 시의 주의사항에 대하여 소비자에게 설명하도록 함.
- 책임판매업자가 제공하는 품질 성적서 구비(다만, 책임판매업자와 맞춤형화장품판매업자가 동일한 경우 제외)
- 맞춤형화장품 내용물 및 원료의 입고 시 품질관리 여부 확인
- 맞춤형화장품 관련 안전성 정보(부작용 발생 사례 포함)에 대해 문제 발생 시 신속히 책임판매업자에게 보고
- 식약처가 제품 안전성을 평가할 수 있도록 정보(원료·혼합 등) 제공
- 판매 중인 맞춤형화장품이 유통 기준에 어긋나는 화장품 중 하나에 해당되는 경우 신속히 책임판매업자에게 보고하고, 회수 대상 맞춤형화장품을 구입한 소비자에게 적극적으로 회수 활동 수행
- 식품의약품안전처와 판매처 간 정보 교환 및 식약처의 후속 조치(판매금지, 폐기 등)에 따라 판매자는 이를 이행해야 하며, 소비자에게 피해 보상 등의 사후조치를 취하도록 할 것

1) 맞춤형화장품 판매 내역 정보의 기록·관리

- 제품 사용 후 문제 발생에 대비한 사전관리 문제 발생 시 추적·보고가 용이하도록 판매자는 개인정보 수집 동의하에 고객카드 등을 만들어 다음과 같은 관련 정보 기록·관리해야 함.

① 판매 고객 정보-성명, 진단 내용 등

② 혼합에 사용한 베이스 화장품 및 특정 성분의 로트(lot)번호

③ 혼합 정보

④ 기타 관련 정보

2) 맞춤형화장품의 안전을 위협하는 내용물 및 원료의 사용이나 준수사항 위반을 방지하기 위한 규정 (누구든지 다음 각호의 어느 하나에 해당하는 화장품을 판매하거나 판매할 목적으로 보관 또는 진열하여서는 안 됨)

① 영업 등록을 하지 않은 자가 제조한 화장품 또는 제조·수입하여 유통·판매한 화장품, 판매업 신고를 하지 않은 자가 판매한 제품, 맞춤형화장품조제관리사를 두지 않고 판매한 제품

② 기재·표시사항에 위반되는 화장품 또는 의약품으로 잘못 인식할 우려가 있게 기재·표시된 화장품

③ 판매의 목적이 아닌 제품 홍보·판매 촉진 등을 위해 미리 소비자가 시험·사용하도록 제조·수입된 화장품(소비자에게 판매하는 화장품에 한함)

④ 화장품의 포장 및 기재·표시사항을 훼손(맞춤형화장품 판매를 위해 필요한 경우 제외) 또는 위조·변조한 것

⑤ 화장품에 사용할 수 없는 원료를 사용하였거나 유통화장품 안전관리기준에 적합하지 아니한 화장품

⑥ 코뿔소 뿔 또는 호랑이 뼈와 그 추출물을 사용한 화장품

⑦ 보건위생상 위해 발생 우려가 있는 비위생적인 조건에서 제조되었거나 시설기준에 적합하지 아니한 시설에서 제조된 것

⑧ 용기나 포장이 불량하여 해당 화장품이 보건위생상 위해를 발생할 우려가 있는 것

⑨ 사용기한 또는 개봉 후 사용기간(병행 표기된 제조연월일 포함)을 위조·변조한 화장품

5.3. 맞춤형화장품의 특징

- 맞춤형화장품은 2018년 2월 20일에 화장품법(일부) 개정 법률로 국회 본회의 통과, 2020년 3월 14일부터 시행

- 맞춤형화장품 판매업소에서 국가자격증을 취득한 맞춤형화장품조제관리사가 혼합·소분 활동(이외에는 누구든지 화장품의 용기에 담은 내용물을 나누어 판매하여서는 안 됨)

- 고객의 취향과 니즈(needs)에 따라 맞춤형화장품조제관리사가 기존 화장품의 내용물을 소분하거나 다른 내용물과 혼합하거나 새로운 원료를 더해 고객에게 맞는 화장품의 제공

[표 4-4] 맞춤형화장품의 주요 특성

구 분	기존 화장품		맞춤형화장품
중 심	생산자	→	소비자
대 상	불특정 다수 소비자	→	개별 소비자
제 품	공통적으로 원하는 제품	→	나만의 니즈에 맞는(개성 있는) 제품
생 산	대량으로 생산	→	즉석에서 소량 생산
시 기	미리 생산	→	소비자 요구에 따른 즉석 혼합
행 위	화장품의 혼합 소분 금지	→	화장품의 혼합 판매

1) 맞춤형화장품의 사용기한 표기

– 맞춤형화장품의 혼합 내용물 차이에 따라 사용기한 표기에 차이를 둔다.

① 베이스 화장품과 베이스 화장품의 혼합–혼합된 화장품 중 가장 짧은 기한을 최종 제품의
사용기한으로 설정

② 베이스 화장품과 특정 성분의 혼합 – 혼합 레시피를 개발한 책임판매업자가 제시한 사용
기한으로 설정

③ 맞춤형화장품의 혼합에 사용된 베이스 화장품 제조는 공급자의 결정에 따라 생산

2) 맞춤형화장품 유형(2016년 3월부터 맞춤형화장품 판매 시범사업 시행 중)

① 향수, 분말 향, 향낭, 콜롱의 방향용 제품류 4종

② 얼굴 피부 보호와 영양을 공급하여 피부를 깨끗하고 매끄럽게 하는 제품으로 수렴 · 유연 ·
영양 · 화장수, 마사지 크림, 에센스 · 오일, 파우더, 바디제품, 팩, 마스크, 눈 주위 제품, 로
션, 크림, 손 · 발외 피부연화 제품, 클렌징 워터 · 오일 · 로션 · 크림 등 메이크업 리무버의
기초화장용 제품류 10종

③ 얼굴과 피부에 색채를 입혀 얼굴 변화 주는 제품으로 볼연지, 페이스 파우더, 페이스 케이크,
리퀴드 · 크림 · 케이크 파운데이션, 메이크업 베이스, 메이크업 픽서티브, 립스틱 · 립라이
너, 립글로스 · 립밤, 바디페인팅 · 페이스페인팅 분장용 제품의 색조화장용 제품류 8종

④ 그 외 신청 시 추가 가능

5.4. 맞춤형화장품의 사용법

- 맞춤형화장품 조제관리사는 소비자에게 해당 맞춤형화장품의 사용에 있어 주의할 사항을 설명해야 함.
- 판매자는 소비자가 바르게 사용할 수 있도록 혼합에 사용된 베이스 화장품 및 특정 성분, 사용 용도, 최대 배합 한도, 사용기한 등의 정보를 소비자에게 제공하도록 규정함.

1) 안전한 화장품 사용 방법

- 반드시 사용 설명서를 잘 읽은 후 사용하도록 할 것
- 적절한 사용 방법으로 트러블을 예방하고 기대한 효과를 얻을 수 있도록 할 것
- 화장품을 사용할 때에 다음 사항에 대한 주의를 철저히 할 것
  ① 상처나 습진이 있는 피부에는 사용하지 말 것
  ② 손이나 손가락, 스펀지 등 화장품에 닿는 것은 청결하게 할 것
  ③ 화장품이 눈에 들어가지 않도록 주의할 것
  ④ 한 번 덜어낸 화장품은 용기에 다시 넣지 말 것
  ⑤ 분체를 성형한 화장품은 충격에 약하므로 떨어뜨리지 않도록 주의할 것
- 화장품 취급 방법, 관리상의 주의를 철저히 할 것
  ① 용기의 입구는 청결하게 하고 뚜껑을 잘 닫을 것
  ② 개봉한 화장품을 사용하지 않고 장기 보존하지 말 것
  ③ 직사광선, 습도 변화가 심한 곳을 피하고 상온에서 보관할 것
  ④ 화장대나 세면대 등의 위에 제품을 직접 올려놓지 말 것
  ⑤ 유·소아의 손이 닿지 않는 곳에 보관할 것
- 폐기 시 주의할 점
  ① 사용을 마친 화장품용기의 폐기는 각 자치제의 분류 방식에 따를 것
  ② 에어로졸 제품은 남은 가스를 배출하고 각 자치제의 분류 방식에 따를 것

2) 화장품 사용 시의 주의사항

- 화장품 사용 시의 공통적인 주의사항
  ① 화장품 사용 시 또는 사용 후 직사광선에 의하여 사용 부위가 붉은 반점, 부어오름 또는 가려움증 등의 이상 증상이나 부작용이 있는 경우 전문의 등과 상담할 것
  ② 상처가 있는 부위 등에는 사용을 자제할 것

③ 어린이의 손이 닿지 않는 곳에 보관할 것

④ 직사광선을 피해서 보관할 것

- 기타 개별사항의 유의사항

  : 화장품법시행규칙 [별표 3] 화장품 유형과 사용 시의 주의사항 참조

6. 혼합 및 소분

6.1. 원료 및 제형의 물리적 특성

- 원료 및 제형의 물리적 특성은 외관, 색상, 점도, 비중, 굴절률에 따라 다르게 나타남.
- 화장품용 원료의 용해성, 혼합성, 분산성 등의 특성에 따라 화장품은 스틱(Stick)상, 고체상, 반고체상, 크림상, 액상 등 여러 가지 제형으로 만들어지고 있음.
- 모든 원료는 혼합 전 용제에 의해 용해가 되어야 하며, 물이나 오일 등의 용제에 용해되지 않는 안료(pigment)나 분체(powder) 원료의 경우에는 분산시켜야 함.
- 물에 녹거나 분산이 잘되는 친수성 원료들은 수상에 넣고 가열 용해 또는 분산시키도록 함.
- 고속 교반에 의해 사전에 분산이 필요한 원료들의 경우 검(Gum) 믹서(분산기: Agi-Mixer또는 Disper Mixer)를 이용하여 분산
- 오일에 녹거나 분산이 잘 안 되는 친유성 원료들은 유상에 넣고 가열 용해 또는 분산

1) 미량 사용 원료

- 향료, 색소, 비타민 등의 경우 매우 소량 첨가되는 경우가 대부분인데, 투입 시 손실이 발생하면 제품의 품질에 영향을 미칠 수 있으므로 이들은 물이나 알코올 등 처방에 사용되는 적절한 용제에 미리 희석시켜 투입하는 것이 바람직함.

2) 제품의 물리적 형태

- 제품의 물리적 형태는 액상, 분말, 에어로졸, 겔, 유화제형 등으로 나누어 볼 수 있음.
- 분말 형태(ex. 파우더 등)는 일반적으로 수분 함량이 낮아 미생물 오염 위험이 상대적으로 낮음.
- 가스가 충진되는 에어로졸 형태(ex. 스프레이, 미스트 등): 일반적으로 보관 또는 사용 중 외부로부터 미생물이 유입되기 어려워 오염 위험이 상대적으로 낮음.

– 유화제형은 물과 기름을 계면활성제를 이용하여 연속상인 물이나 기름 속에 유분이나 수분을 미세 분산시키는 것

3) 화장품의 제형

- 유화(Emulsion)
  - 용해되지 않는 두 액체, 즉 물과 오일이 함께 섞여 우윳빛으로 백탁화 된 것을 유화(에멀션)라고 함.
  - 크림, 로션, 메이크업 베이스 등의 제형에 중요한 화장품 적용 기술
  - 유화의 종류
    ① O/W형(Oil in Water, 수중유형): 물의 연속 상에 유분을 분산시킨 계 – 사용감이 촉촉하고 물로 씻을 수 있음.
    ② W/O형(Water in Oil, 유중수형): 기름의 연속 상에 수분을 분산시킨 계 – 썬크림이 대표적 제품
    ③ W/O/W형 또는 O/W/O형(다중 에멀션): 1단계 유화법이나 2단계 유화법으로 만들어지는 멀티플 제형
  - 에멀션의 유화 종류 판별에는 희석법, 전기전도도법, 색소침가법 등이 있음.
  - 수상과 유상을 혼합, 유화 시에는 유화기(Homomixer) 사용

- 가용화(Solubilization)
  - 적은 양의 향 및 오일 등 물에 용해성이 극히 적은 성분을 계면활성제의 미셀에 용해시켜 그 용해도 이상으로 투명하게 용해되는 현상
  - 수용액에서 계면활성제의 농도 증가로 형성된 회합체를 미셀(micelle)이라고 함.
  - 화장수, 에센스, 향수, 헤어토닉 등이 대표적인 제품이며 화장품 분야에서 널리 응용되고 있는 기술
  - 가용화 시에는 분산기(Agi-Mixer, Disper Mixer) 등을 사용

- 분산(Dispersion)
  - 물 또는 오일 성분에 미세한 고체 입자(안료)가 계면활성제에 의해 균일하게 분포된 상태
  - 계면활성제는 고체 입자의 표면에 흡착되어 고체 입자가 서로 뭉치거나, 뭉쳐서 가라앉는 것을 방지함.
  - 분산 기술을 이용한 제품은 마스카라와 아이라이너, 파운데이션 립스틱 등

- 나노에멀션(Nanoemulsion)
  - 일반적으로 유화와 가용화의 중간에 위치
  - 나노크기의 유화 입자를 갖는 에멀션으로 일반적인 에멀션보다 10분의 1정도의 크기
  - 약간의 청백색이나 반투명외관(10-100nm)을 지니며, 리포좀 관련 제품에 사용됨

6.2. 화장품 배합한도 및 금지 원료

- 식품의약품안전처장은 보존제, 색소, 자외선 차단제 등과 같이 특별히 사용상의 제한이 필요한 원료에 대하여는 그 사용 기준을 지정하여 고시하여야 하며, 사용기준이 지정·고시된 원료 외의 보존제, 색소, 자외선 차단제 등은 사용할 수 없다고 규정함(화장품법, 제8조제2항).
- 사용상의 제한이 필요한 원료를 위의 예시와 같이 보존제 성분, 자외선 차단 성분, 기타 성분으로 나누어 각각 사용한도를 지정하고 있으며 국내에서 제조 수입 또는 유통되는 모든 화장품은 해당 사용 목적의 원료를 포함할 경우 그 사용한도 또는 배합한도를 만족하여야 함.
- 색소에 대해서는 '화장품의 색소 종류와 기준 및 시험 방법'(식약처 고시)에서 화장품의 제조 등에 사용할 수 있는 색소의 사용기준 등을 정하고 있음.
- 화장품 안전기준 등에 관한 규정 제5조에서는 사용에 제한이 있는 원료, 맞춤형화장품에 사용할 수 없는 원료와 사용에 제한이 있는 원료 등을 규정하고 있음.
- 배합한도 고시의 예시
  ① 살리실릭애씨드 및 그 염류 - 사용한도는 살리실릭애씨드로서 0.5%, 영유아용 제품류 또는 만 13세 이하 어린이가 사용할 수 있음을 특정하여 표시하는 제품에는 사용 금지(다만, 샴푸는 제외)
  ② 징크피리치온 - 사용 후 씻어내는 제품에 0.5%, 기타 제품에는 사용 금지
  ③ 트리클로산 - 사용 후 씻어내는 인체 세정용 제품류, 데오도런트(스프레이제품 제외), 페이스 파우더, 피부 결점을 감추기 위해 국소적으로 사용하는 파운데이션(예:블레미쉬컨실러)에 0.3%, 기타 제품에는 사용 금지
  ④ 페녹시에탄올 - 1.0%
  ⑤ 자외선 차단제 중 티타늄디옥사이드 25%, 징크옥사이드 25%

6.3. 원료 및 내용물의 유효성

- 화장품 성분이 보습기능, 세정기능, 자외선 차단 효과, 미백 효과, 피부 거칠음 개선 효과, 체취 방지 등과 같은 효능을 나타내는 것을 유효성(유용성)이라고 함.

- 맞춤형화장품에 사용되는 원료와 내용물에 있어서도 이러한 성분의 유효성, 유용성이 발현되어야 함.

- 화장품의 유효성(유용성)은 기초 제품으로부터 색조, 두발용, 방향 제품에 이르기까지 모든 유형에서 고려되는 품질 요소이며 각각의 특성을 고려한 다양한 평가법을 시행하는데 이를 유효성 평가라고 함.

- 유효성 평가는 피부의 생리적인 변화를 조사하는 생물학적 평가법과 피부의 물성 변화를 조사하는 물리·화학적 평가법, 그리고 마음의 변화를 조사하는 생리심리학적 평가법으로 분류함.

- 화장품에서는 화장품의 사용을 통한 피부 표면에서 피부 내부에 이르는 변화를 분석하기 위하여 생물학적 평가법이나 물리화학적 평가법이 주로 이용되고 있음.

- 물리·화학적 평가법은 화장품의 효능을 확인하기 위해 피험자를 대상으로 일정 기간 동안 화장품을 사용한 후 피부의 변화를 측정·관찰하여 화장품의 유효성 유무 또는 유효성 정도를 알아보는 것으로 다양한 방법이 사용되고 있음.

- 물리·화학적 평가법의 예시

① 주름 개선 효능 평가시험: 눈주름 모사판 채취법(2차원 영상분석법), 주름 모사판 채취법(3차원 영상분석법), 피부 표면 scanning 및 사진 촬영을 병행하여 주름개선 효능을 평가함.

② 피부톤 개선 평가시험(피부 거칠어짐): 표피 수분량 측정(피부 수분량 평가), 경피 수분손실량(TEWL) 측정

③ 탄력 개선 효능 평가시험: 비접촉 3차원 형상계측법(비침습적 피부내부 평가)

6.4. 원료 및 내용물의 규격(pH, 점도, 색상, 냄새 등)

1) 원료의 규격과 관련한 서류

- 원료 규격(Specification)은 원료의 전반적인 성질에 관한 것으로 원료의 성상, 색상, 냄새, pH, 굴절률, 중금속, 비소, 미생물 등 성상과 품질에 관련된 시험 항목과 그 시험 방법이 기재되어 있으며, 보관 조건, 유통기한, 포장 단위, INCI명 등의 정보가 기록되므로 원료 규격서에 의해 원료에 대한 물리, 화학적 내용을 알 수 있음.

- 원료의 시험 기록서(COA, Certificate of Analysis)는 원료 규격에 따라 시험한 결과를 기록한 것으로, 화장품 원료가 입고될 때 원료의 품질 확인을 위한 자료로 첨부되며 이 COA를 보고 자가 품질 기준에 따라 원료의 적합 여부를 판단

- COA에는 일반적으로 물리 화학적 물성과 외관 모양, 중금속, 미생물에 관한 정보가 기재되

어 있음.

cf) MSDS(Material Safely Data Sheet)는 화학 물질을 제조, 수입 취급하는 사업주가 해당 물질에 대한 유해성 평가 결과를 근거로 작성한 자료로 화학 물질의 이름, 물리 화학적 성질, 유해성, 위험성, 폭발성, 화재 발생 시 방재 요령, 환경에 미치는 영향 등을 기록한 서류

2) 원료(또는 내용물) 시험 성적서 확인

- 맞춤형화장품에 사용되는 베이스제품 및 원료의 입고 시에는 제조사 및 품질관리 여부를 확인하고 품질 성적서를 구비하여야 함(화장품 책임 판매업자는 총리령으로 정하는 바에 따라 화장품의 생산 실적 또는 수입 실적, 화장품의 제조 과정에 사용된 원료의 목록 등을 식품의약품안전처장에게 보고하여야 한다는 규정이 있으며 이러한 경우 원료의 목록에 관한 보고는 화장품의 유통·판매 전에 시행하여야 함).
- 보건위생상 위해(危害)가 없도록 시설 및 기구를 위생적으로 관리하고 원료 등은 가능한 품질에 영향을 미치지 않는 장소에서 보관(예: 직사광선을 피할 수 있는 장소 등)
- 원료 등의 사용기한을 확인 후 관련 기록을 보관하고 사용기한이 지난 경우 폐기하도록 처리
- 베이스화장품 및 원료는 사용기한 확인 후 사용해야 하며 사용 후 재보관 시에는 품질관리 및 오염 방지에 신중해야 함.
- 화장품 책임판매업자로부터 원료 시험 성적서를 수령하여 원료 및 내용물의 규격에 대한 내용 확인(내용물의 원료 시험 성적서에 포함되어 확인해야 할 내용은 색상, 냄새, 점도 등의 성상과 pH, 비중 등)

6.5. 혼합·소분에 필요한 도구·기기 및 기구의 사용

1) 가용화용 교반기

- 가용화 시에는 분산기(Agi-Mixer, Disper Mixer) 등을 사용
- 교반기의 종류는 교반기 설치 위치에 따라 입형(Top Mixer), 측면형(Side Mixer), 저면형(Bottom Mixer)이 있고, 회전 날개의 종류에 따라 프로펠러(Propeller)형과 임펠러(Impeller)형 등으로 나누어짐.
- 교반기의 회전 속도는 240~3,600r/m으로 화장품 제조에서 분산 공정의 특성에 맞게 선택해 사용하며 주로 사용되는 입형(Top Mixer) 교반 장치의 교반 효율을 높이기 위해서는 올바른 교반기 설치가 중요함.
- 교반의 목적, 액의 비중, 점도의 성질, 혼합 상태, 혼합 시간 등을 고려하여 교반기를 편심 또는 중심 설치함.

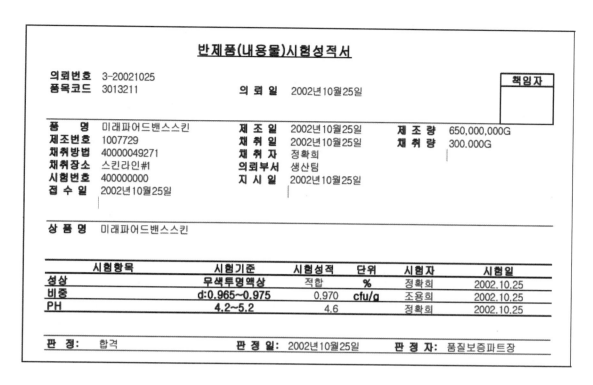

반제품(내용물)시험성적서

| 의뢰번호 | 3-20021025 | | | | 책임자 |
| 품목코드 | 3013211 | 의 뢰 일 | 2002년10월25일 | | |

품 명	미래파어드밴스스킨	제 조 일	2002년10월25일	제 조 량	650,000,000G
제조번호	1007729	채 취 일	2002년10월25일	채 취 량	300.000G
채취방법	40000049271	채 취 자	정확희		
채취장소	스킨라인#1	의뢰부서	생산팀		
시험번호	400000000	지 시 일	2002년10월25일		
접 수 일	2002년10월25일				

상 품 명 미래파어드밴스스킨

시험항목	시험기준	시험성적	단위	시험자	시험일
성상	무색투명액상	적합	%	정확희	2002.10.25
비중	d:0.965~0.975	0.970	cfu/g	조용희	2002.10.25
PH	4.2~5.2	4.6		정확희	2002.10.25

| 판 정: | 합격 | 판 정 일: 2002년10월25일 | 판 정 자: 품질보증파트장 |

[그림 4-5] 반제품(내용물) 시험 성적서

2) 유화용 호모 믹서

- 유화기(Homomixer)의 임펠러(Impeller)는 터빈형의 회전 날개를 원통으로 둘러싼 구조로, 물의 흐름에 대류가 일어나게 하여 균일한 유화 입자를 얻을 수 있게 설계되어 있음.
- 보조 장치로 스테이터 로드(Stator Rod), 운류판, 모터 등이 있으며, 고점도용과 저점도용으로 나누어짐.
- 진공 유화 장치, 개폐식 유화 장치, 기타 고압 호모게나이저(High Pressure Homogenizer), 콜로이드밀, 초음파 유화기 등이 있음.

3) 분산용 혼합기

- 혼합기의 종류는 회전형과 고정형으로 나누어짐.
- 회전형은 용기 자체가 회전하는 것으로 원통형, 이중 원추형, 정입방형, 피라미드형, V-형 등
- 고정형은 용기가 고정되어 있고, 내부에서 스크루(Screw)형, 리본(Ribbon)형 등의 교반 장치가 회전을 함.
- 고정 드럼 내부에 이중의 리본 타입의 교반 날개가 있고, 외측의 분립체는 중앙으로, 내측의

리본은 외측 방향으로 이송하는 것에 의해 대류, 확산 및 전단 작용을 반복하여 혼합이 이루어지는 원리임.

4) 분쇄기

- 분쇄 공정은 혼합 공정에서 예비 혼합된 분체 입자를 분쇄기에 의하여 분체의 응집을 풀고, 크기를 완전히 균일하게 분쇄하는 작업 과정
- 분쇄기의 종류는 습식, 건식, 연결식, 배치식, 알갱이, 초미 분쇄용 등으로 나뉘며, 화장품 제조에서는 건식 분쇄기를 가장 많이 사용하고 있음.

5) 기타

- 냉각기, 성형기, 충진기, 저울 등이 필요

6) 혼합 · 소분에 필요한 기구

- 비이커, 메스실린더, 스페츌라(스푼), 유리막대, 온도계, 세척 용매통 등

6.6. 맞춤형화장품판매업 준수사항에 맞는 혼합 · 소분 활동

- 보건위생상 위해가 없도록 맞춤형화장품 혼합 · 소분에 필요한 장소, 시설 및 기구의 정기 점검(작업에 지장이 없도록 위생적 관리 · 유지)
- 혼합 · 소분 시 오염 방지를 위한 안전관리기준 준수
  ① 혼합 · 소분 전에는 손을 소독 또는 세정하거나 일회용 장갑 착용
  ② 혼합 · 소분에 사용되는 장비 또는 기기 등은 사용 전 · 후 세척
  ③ 혼합 · 소분된 제품을 담을 용기의 오염 여부를 사전 확인

7. 충진 및 포장

7.1. 제품에 맞는 충진 방법

- 충진하는 내용물의 상태와 용기의 종류, 용량에 따라 충진 방법이 다양함.
- 일반적으로는 원료를 혼합, 제조한 상태는 아직 제품이라고 할 수 없으며 다양한 형상(스틱 상태, 프레스 상태 등)으로 성형되거나 유리 용기나 튜브 등, 화장품 용기에 충진 된 후 포장(완성 공정)되어야 비로소 제품이 되는 것임.
- 충진 용량(g, mL)의 확인 – 표시량에 대하여 97% 이상 충진이 되도록 목표 충진량을 확인(예: 102%)

1) 화장품에 사용되는 충진기의 종류

- 크림 충진기, 튜브 충진기, 액체 충진기가 있음.
- 크림 충진기는 주로 크림 제품을 유리병이나 플라스틱 용기에 충진할 때에 쓰이는 것으로써 피스톤식의 것이 많음. 피스톤으로 호퍼에서 일정량 흡인하여 용기로 압출하여 정량 충진하는 것
- 튜브 충진기는 주로 크림상 제품을 튜브에 충진할 때에 사용하는 것으로 튜브에는 플라스틱제, 금속제, 라미네이트(플라스틱과 금속을 겹친 것)의 3종류가 사용되고 있음. 튜브의 바닥부터 충진하여 그 후 실링(sealing)하는데 플라스틱은 열판으로 압착 실링, 금속을 접어 말고 라미네이트는 초음파로 가열 압착하여 실링 처리
- 액체 충진은 액상 화장품인 스킨을 비롯하여 로션이나 샴푸 등을 충진 하는데 사용

2) 충진기 및 충진 용기 의 선택 요건

- 화장수나 유액은 병에, 크림상의 내용물은 입구가 넓은 병 또는 튜브를 사용
- 분체 상태의 내용물은 종이상자나 자루 충진기를 이용하는 것이 적당함.
- 충진기는 정밀도가 좋고 충진 속도가 빠르며 세정이 용이한 것이 좋은 제품
- 충진 작업은 청결하며 위생 상태가 좋은 환경에서 시행
- 액상의 제품은 미생물 오염에 유의해야 하며 아이라이너, 마스카라는 클린룸(clean roon) 내에서 작업하도록 함.

7.2. 제품에 적합한 포장 방법

- 포장(완성공정)은 다양한 용기로 충진이나 성형된 제품에 라벨을 붙이고 날인, 포장하여 상자에 담는 작업
- 화장품은 다품종 소량 생산으로 자동화를 위한 자동포장기(라벨 접착기, 날인기, 곤포기 등)도 다양하게 개발됨.
- 포장할 제품에 필요한 1차 포장재의 종류 및 수량을 파악하고 미리 준비
- 포장 작업에 관한 문서화된 절차의 수립 및 유지
- 포장 작업 시작 전에 포장 작업 관련 문서의 완비 여부, 포장 설비의 청결 및 작동 여부 등 점검
- 포장 작업을 위한 포장 지시서에 포함되어야 할 사항
  ① 제품명
  ② 포장 설비명
  ③ 포장재 리스트
  ④ 상세한 포장 공정
  ⑤ 포장생산 수량

1) 1차 포장 용기의 재질에 따른 특성 및 장·단점

[표 4-5] 용기의 재질에 따른 특성 및 장·단점

종류	특성 및 장점	단점
유리	• 광택이 있고 투명, 내용물 보존성이 우수 • 내열성이 있고 화학적 내구성이 우수 • 향수 용기나 스킨·로션·에센스 제품에 주로 이용 • 용기 소재에 착색제, 자외선흡수제가 혼합된 것 또는 차광을 위하여 용기 표면을 착색제나 자외선흡수제를 넣어 도장한 것을 사용	• 알칼리 용출에 의해서 내용물이 영향을 받음 • 충격에 약해 깨지기 쉽고 무거워서 운송, 운반이 불편
플라스틱	• 금속, 유리에 비하여 용기 벽면을 통해 투과된 산소, 수분으로 인해 내용물 변질 가능 • 내용물의 일부 성분이 투과되어 용기의 팽윤, 변형, 파손, 용해, 변색시키거나 내용물의 성분이 감소될 수 있음	• 용기에 첨가된 염료, 안료, 분산제, 안정제 등의 일부 성분이 내용물에 용출되어 반응하거나, 변취, 변질 가능 • 열에 약해서 변형되기 쉬운 단점
금속	• 기계적인 강도가 강해서 얇아도 충분한 강도가 있음 • 가스 투과 안 됨 • 코팅, 도금, 산화 피막 등의 부식 방지된 것을 사용	• 내용물의 성분 또는 대기 중의 수분, 가스 등에 의한 부식 또는 변색 • 단가가 다른 용기에 비해 비쌈

2) 1차 포장 용기의 세척 절차

- 세척 대상 물질을 확인 → 화학물질(원료, 혼합물), 미립자, 미생물 등
- 세제와 소독제를 선정하여 취급 방법 확인
- 용기 세척(물 또는 증기, 브러시 등)
- 세척 결과 판정
- 판정 후 용기를 건조하고 밀폐하여 보관

7.3. 용기 기재사항

- 화장품 용기는 생산된 내용물이 나누어 담겨져 운송, 보관, 판매 그리고 고객에게 전달된 후 사용 기간 동안 내용물의 품질을 유지하는 역할을 담당
- 용기의 기능은 정보 전달 기능, 내용물 보호, 취급의 편리성, 사용성, 생산성, 판매 촉진성 등
- 화장품에 있어서 내용물뿐 아니라 용기 역시 상품의 중요한 구성 요소로 고려되고 있으며, 고객이 좋아하는 이미지를 부여하여 구매 의욕을 환기시키는 것으로 중요시 되고 있음.

[표 4-6] 용기 기재사항(화장품법 제10조)

화장품의 1차 포장 또는 2차 포장에 기재할 사항	화장품의 1차 포장에 반드시 기재할 사항
화장품의 명칭	화장품의 명칭
영업자의 상호 및 주소	영업자의 상호
해당 화장품 제조에 사용된 모든 성분	제조번호
내용물의 용량 또는 중량	사용기한 또는 개봉 후 사용기간
제조번호	
사용기한 또는 개봉 후 사용기간	〈맞춤형화장품 표시·기재사항〉
가격	①명칭 ②가격 ③식별번호 ④사용기한 또는 개봉 후 사용기간 ⑤책임판매업자 및 맞춤형화장품판매업자 상호
'기능성화장품'이라는 글자 또는 기능성화장품을 나타내는 도안	
사용할 때의 주의사항	
그 밖에 총리령으로 정하는 사항	

8. 재고관리

8.1. 원료 및 내용물의 재고 파악

- 재고관리란 일반적으로 재고 수량을 관리하는 것을 의미
- 넓은 의미로 생산, 판매 등을 원활히 하기 위한 활동으로 일정 시점에서 재고량 파악
- 원료 및 내용물의 장부상 재고를 조사하여 재고량을 파악하며, 수시로 현물 수량도 파악
- 현물 재고와 장부가 일치하지 않으면 적기에 원료를 혼합하지 못해 완제품을 판매하지 못할 수 있음
- 입고량과 불출(출고)량을 기록 관리하고 유효기간별로 재고를 파악
- 맞춤형화장품 판매 내역의 판매량과 비교할 때 이상이 없어야 함.

1) 화장품 원료 사용량 예측

- 생산 계획서(제조 지시서)에 의거, 본제품 각각의 원료 사용량을 산출하고 원료 목록장을 작성하여 재고관리
- 화장품 원료의 규격, 원료의 COA(시험 기록서), 원료 물질 안전 보건자료(MSDS/GHS)의 정확한 정보를 알 수 있어야 함.
- 생산 계획서 및 제조 지시서를 보고 원료의 총 소요량 산출, 원료 재고량과 신규 구입량을 파악하여 원료를 구입함에 있어 선입 선출하는 자료로 활용
- 원료 발주서를 기안하여 원료 거래처에 정확한 원료 발주 수행

2) 맞춤형화장품 원료 등의 재보관 및 잔여 원료의 재사용

- 사용 후 남은 원료 및 제품은 밀폐를 위한 마개 사용 등 비의도적인 오염을 방지할 수 있도록 해야 함.
- 밀폐 후에는 본래 보관 환경에서 보관하는 경우 우선 사용을 권장
- 원료 등의 재 보관 시 품질 열화 및 오염 관리 권장
- 품질 열화하기 쉬운 원료들은 재사용을 지양하고 재보관 횟수가 많은 원료는 조금씩 소분하여 보관

8.2. 적정 재고를 유지하기 위한 발주

- 적정 재고를 유지하여 고객의 요구에 따라 바로 혼합, 소분하여 판매할 수 있어야 함.
- 원료 및 내용물의 사용기한 또는 개봉 후 사용기간을 고려하여 선입선출하고 사용기한이 지난 것은 폐기 처리
- 보관 장소를 고려하여 수용할 수 있는 적정량을 재고로 관리
- 판매 계획 및 수요예측에 따라 필요한 원료와 내용물 각각의 사용량 산출
- 원료 및 내용량의 재고량 확인
- 재고 원료 및 내용량의 사용기한을 고려하여 필요한 발주량을 산출(포장 도중의 손실로 인한 수량도 파악, 기록에 근거하여 적정량을 추가로 발주)
- 원료 및 내용물의 발주서 작성
- 화장품 책임판매업자에게 발주 의뢰 실시

→
맞춤형화장품조제관리사

핵심 모의고사

2

출제 예시문항, 1회, 2회, 3회, 4회, 5회

 맞춤형화장품조제관리사

출제 예시문항

1. 화장품법상 등록이 아닌 신고가 필요한 영업의 형태로 옳은 것은?

① 화장품제조업
② 화장품수입업
③ 화장품책임판매업
④ 화장품수입대행업
⑤ 맞춤형화장품판매업

정답: ⑤

2. 고객 상담 시 개인정보 중 민감 정보에 해당 되는 것으로 옳은 것은?

① 여권법에 따른 여권번호
② 주민등록법에 따른 주민등록번호
③ 출입국관리법에 따른 외국인등록번호
④ 도로교통법에 따른 운전면허의 면허번호
⑤ 유전자검사 등의 결과로 얻어진 유전 정보

정답: ⑤

3. 맞춤형화장품판매업소에서 제조·수입된 화장품의 내용물에 다른 화장품의 내용물이나 식품의약품안전처장이 정하는 원료를 추가하여 혼합하거나 제조 또는 수입된 화장품의 내용물을 소분(小分)하는 업무에 종사하는 자를 (㉠)(이)라고 한다. ㉠에 들어갈 적합한 명칭을 작성하시오.

정답: 맞춤형화장품조제관리사

4. 다음 〈보기〉는 화장품법 시행규칙 제18조 1항에 따른 안전용기·포장을 사용하여야 할 품목에 대한 설명이다. 괄호에 들어갈 알맞은 성분의 종류를 작성하시오.

┌**보기**┐

ㄱ. 아세톤을 함유하는 네일 에나멜 리무버 및 네일 폴리시 리무버
ㄴ. 개별 포장당 메틸 살리실레이트를 5% 이상 함유하는 액체상태의 제품
ㄷ. 어린이용 오일 등 개별포장 당 (   )류를 10% 이상 함유하고 운동점도가 21 센티스톡스(섭씨 40도 기준) 이하인 비에멀젼 타입의 액체상태의 제품

정답: 탄화수소

과목명	화장품제조 및 품질관리[5-10번]

5. 화장품에 사용되는 원료의 특성을 설명 한 것으로 옳은 것은?

① 금속이온봉쇄제는 주로 점도증가, 피막형성 등의 목적으로 사용된다.
② 계면활성제는 계면에 흡착하여 계면의 성질을 현저히 변화시키는 물질이다.
③ 고분자화합물은 원료 중에 혼입되어 있는 이온을 제거할 목적으로 사용된다.
④ 산화방지제는 수분의 증발을 억제하고 사용감촉을 향상시키는 등의 목적으로 사용된다.
⑤ 유성원료는 산화되기 쉬운 성분을 함유한 물질에 첨가하여 산패를 막을 목적으로 사용된다.

정답: ②

6. 맞춤형화장품의 내용물 및 원료에 대한 품질검사결과를 확인해 볼 수 있는 서류로 옳은 것은?

① 품질규격서   ② 품질성적서   ③ 제조공정도
④ 포장지시서   ⑤ 칭량지시서

정답: ②

7. 맞춤형화장품 매장에 근무하는 조제관리사에게 향료 알레르기가 있는 고객이 제품에 대해 문의를 해왔다. 조제관리사가 제품에 부착된 〈보기〉의 설명서를 참조하여 고객에게 안내해야 할 말로 가장 적절한 것은?

┤보 기├

제품명: 유기농 모이스춰로션
제품의 유형: 액상 에멀젼류
내용량: 50g
전 성분: 정제수, 1,3부틸렌글라이콜, 글리세린, 스쿠알란, 호호바유, 모노스테아린산글리세린, 피이지 소르비탄지방산에스터, 1,2헥산디올, 녹차추출물, 황금추출물, 참나무이끼추출물, 토코페롤, 잔탄검, 구연산나트륨, 수산화칼륨, 벤질알코올, 유제놀, 리모넨

① 이 제품은 유기농 화장품으로 알레르기 반응을 일으키지 않습니다.
② 이 제품은 알레르기는 면역성이 있어 반복해서 사용하면 완화될 수 있습니다.
③ 이 제품은 조제관리사가 조제한 제품이어서 알레르기 반응을 일으키지 않습니다.
④ 이 제품은 알레르기 완화 물질이 첨가되어 있어 알레르기 체질 개선에 효과가 있습니다.
⑤ 이 제품은 알레르기를 유발할 수 있는 성분이 포함되어 있어 사용 시 주의를 요합니다.

정답: ⑤

8. 다음 〈보기〉에서 ㉠에 적합한 용어를 작성하시오.

┤보 기├

(㉠)(이)란 화장품의 사용 중 발생한 바람직하지 않고 의도되지 아니한 징후, 증상 또는 질병을 말하며, 해당 화장품과 반드시 인과관계를 가져야 하는 것은 아니다

정답: 유해사례

9. 다음 〈보기〉에서 ㉠에 적합한 용어를 작성하시오.

┤보 기├

계면활성제의 종류 중 모발에 흡착하여 유연효과나 대전 방지 효과, 모발의 정전기 방지, 린스, 살균제, 손 소독제 등에 사용되는 것은 (㉠)계면활성제이다.

정답: 양이온

10. 다음 〈보기〉 중 맞춤형화장품조제관리사가 올바르게 업무를 진행한 경우를 모두 고르시오.

┌─┤보기├───┐

ㄱ. 고객으로부터 선택된 맞춤형화장품을 조제관리사가 매장 조제실에서 직접 조제하여 전달하였다

ㄴ. 조제관리사는 썬크림을 조제하기 위하여 에틸헥실메톡시신나메이트를 10%로 배합, 조제하여 판매하였다.

ㄷ. 책임판매업자가 기능성화장품으로 심사 또는 보고를 완료한 제품을 맞춤형화장품조제관리사가 소분하여 판매하였다.

ㄹ. 맞춤형화장품 구매를 위하여 인터넷 주문을 진행한 고객에게 조제관리사는 전자상거래 담당자에게 직접 조제하여 제품을 배송까지 진행하도록 지시하였다.

└───┘

정답: ㄱ, ㄷ

과목명 / **유통화장품 안전관리[11-13번]**

---

11. 다음 〈보기〉에서 맞춤형화장품 조제에 필요한 원료 및 내용물 관리로 적절한 것을 모두 고르면?

┌─┤보기├───┐

ㄱ. 내용물 및 원료의 제조번호를 확인한다.

ㄴ. 내용물 및 원료의 입고 시 품질관리 여부를 확인한다.

ㄷ. 내용물 및 원료의 사용기한 또는 개봉 후 사용기한을 확인한다.

ㄹ. 내용물 및 원료 정보는 기밀이므로 소비자에게 설명하지 않을 수 있다.

ㅁ. 책임판매업자와 계약한 사항과 별도로 내용물 및 원료의 비율을 다르게 할 수 있다.

└───┘

① ㄱ, ㄴ, ㄷ   ② ㄱ, ㄴ, ㄹ   ③ ㄱ, ㄷ, ㅁ

④ ㄴ, ㅁ, ㄹ   ⑤ ㄷ, ㅁ, ㄹ

정답: ①

12. 맞춤형화장품의 원료로 사용할 수 있는 경우로 적합한 것은?

① 보존제를 직접 첨가한 제품

② 자외선차단제를 직접 첨가한 제품

③ 화장품에 사용할 수 없는 원료를 첨가한 제품

④ 식품의약품안전처장이 고시하는 기능성화장품의 효능·효과를 나타내는 원료를 첨가한 제품

⑤ 해당 화장품책임판매업자가 식품의약품안전처장이 고시하는 기능성화장품의 효능·효과를 나타내는 원료를 포함하여 식약처로부터 심사를 받거나 보고서를 제출한 경우에 해당하는 제품

정답: ⑤

13. 다음 〈보기〉의 우수화장품 품질관리기준에서 기준일탈 제품의 폐기 처리 순서를 나열한 것으로 옳은 것은?

> **보기**
>
> ㄱ. 격리 보관
> ㄴ. 기준 일탈 조사
> ㄷ. 기준일탈의 처리
> ㄹ. 폐기처분 또는 재작업 또는 반품
> ㅁ. 기준일탈 제품에 불합격라벨 첨부
> ㅂ. 시험, 검사, 측정이 틀림없음 확인
> ㅅ. 시험, 검사, 측정에서 기준 일탈 결과 나옴

① ㄷ→ㄴ→ㅂ→ㅅ→ㄹ→ㄱ→ㅁ

② ㅁ→ㄴ→ㅂ→ㄷ→ㅅ→ㄱ→ㄹ

③ ㅅ→ㄴ→ㄹ→ㄷ→ㅁ→ㅂ→ㄱ

④ ㅅ→ㄴ→ㅂ→ㄷ→ㅁ→ㄱ→ㄹ

⑤ ㅅ→ㄴ→ㅂ→ㄷ→ㅁ→ㄹ→ㄱ

정답: ④

14. 맞춤형화장품에 혼합 가능한 화장품 원료로 옳은 것은?

① 아데노신 ② 라벤더오일 ③ 징크피리치온

④ 페녹시에탄올 ⑤ 메칠이소치아졸리논

정답: ②

15. 피부의 표피를 구성하고 있는 층으로 옳은 것은?

① 기저층, 유극층, 과립층, 각질층

② 기저층, 유두층, 망상층, 각질층

③ 유두층, 망상층, 과립층, 각질층

④ 기저층, 유극층, 망상층, 각질층

⑤ 과립층, 유두층, 유극층, 각질층

정답: ①

16. 맞춤형화장품조제관리사인 소영은 매장을 방문한 고객과 다음과 같은 〈대화〉를 나누었다. 소영이가 고객에게 혼합하여 추천할 제품으로 다음 〈보기〉 중 옳은 것을 모두 고르면?

┤대화├

고객: 최근에 야외활동을 많이 해서 그런지 얼굴 피부가 검어지고 칙칙해졌어요. 건조하기도 하구요.

소영: 아. 그러신가요? 그럼 고객님 피부 상태를 측정해 보도록 할까요?

고객: 그럴까요? 지난번 방문 시와 비교해 주시면 좋겠네요.

소영: 네. 이쪽에 앉으시면 저희 측정기로 측정을 해드리겠습니다.

피부측정 후,

소영: 고객님은 1달 전 측정 시보다 얼굴에 색소 침착도가 20% 가량 높아져있고, 피부 보습도도 25% 가량 많이 낮아져 있군요.

고객: 음. 걱정이네요. 그럼 어떤 제품을 쓰는 것이 좋을지 추천 부탁드려요.

|보 기|

ㄱ. 티타늄디옥사이드(Titanium Dioxide) 함유 제품
ㄴ. 나이아신아마이드(Niacinamide) 함유 제품
ㄷ. 카페인(Caffeine) 함유 제품
ㄹ. 소듐하이알루로네이트(Sodium Hyaluronate)함유제품
ㅁ. 아데노신(Adenosine)함유제품

① ㄱ, ㄷ   ② ㄱ, ㅁ   ③ ㄴ, ㄹ   ④ ㄴ, ㅁ   ⑤ ㄷ, ㄹ

정답: ③

17. 다음의 〈보기〉는 맞춤형화장품의 전 성분 항목이다. 소비자에게 사용된 성분에 대해 설명하기 위하여 다음 화장품 전 성분 표기 중 사용상의 제한이 필요한 보존제에 해당하는 성분을 다음 〈보기〉에서 하나를 골라 작성하시오.

|보 기|

정제수, 글리세린, 다이프로필렌글라이콜, 토코페릴아세테이트, 다이메티콘/비닐다이메티콘크로스폴리머, C12-14파레스-3, 페녹시에탄올, 향료

정답: 페녹시에탄올

18. 다음 〈보기〉는 맞춤형화장품에 관한 설명이다. 〈보기〉에서 ㉠, ㉡에 해당하는 적합한 단어를 각각 작성하시오

|보 기|

ㄱ. 맞춤형화장품 제조 또는 수입된 화장품의 (㉠)에 다른 화장품의 (㉠)(이)나 식품의약품안 전처장이 정하는 (㉡)(을)를 추가하여 혼합한 화장품
ㄴ. 제조 또는 수입된 화장품의 (㉠)(을)를 소분(小分)한 화장품

정답: ㉠: 내용물, ㉡: 원료

19. 다음 〈보기〉는 유통화장품의 안전관리기준 중 pH에 대한 내용이다. 〈보기〉 기준의 예외가 되는 두 가지 제품에 대해 모두 작성하시오.

│보 기│

영·유아용 제품류(영·유아용 샴푸, 영·유아용 린스, 영·유아 인체 세정용 제품, 영·유아 목욕용 제품 제외), 눈 화장용 제품류, 색조 화장용 제품류, 두발용 제품류(샴푸, 린스 제외), 면도용 제품류(셰이빙 크림, 셰이빙 폼 제외), 기초화장용 제품류(클렌징 워터, 클렌징 오일, 클렌징 로션, 클렌징 크림 등 메이크업 리무버 제품 제외) 중 액, 로션, 크림 및 이와 유사한 제형의 액상제품은 pH 기준이 3.0~9.0 이어야 한다.

정답: 물을 포함하지 않는 제품, 사용 후 곧바로 씻어 내는 제품

 맞춤형화장품조제관리사

핵심 모의고사

1과목	화장품법의 이해 (1~10번)	선다형 7문항 단답형 3문항

1. 다음 중 화장품법의 목적으로 옳은 것은?

① 화장품의 제조, 수입, 판매 및 수출 등에 관한 사항을 규정한다.

② 국민 보건 향상과 의약품 산업의 발전에 기여한다.

③ 의약품과 같은 규정으로 외국 화장품과 경쟁하고자 한다.

④ 인체를 청결, 미화하여 용모 변화를 증진시킨다.

⑤ 인체에 바르거나 뿌리는 등의 방법으로 효과가 경미하도록 한다.

2. 다음 내용은 표시 · 광고에 관한 내용으로 빈칸에 들어갈 단어를 고르시오.

┌─|보기|───┐

식품의약품안전처장은 (ㄱ) 또는 (ㄴ)가 행한 표시 · 광고가 제13조 제1항 제4호에 해당하는
지를 판단하기 위하여 실증이 필요하다고 인정하는 경우에는 그 내용을 구체적으로 명시하여 해당
(ㄱ) 또는 (ㄴ)에게 관련 자료의 제출을 요청할 수 있다.

└──┘

	ㄱ	ㄴ
①	판매자	조제관리사
②	조제관리사	제조사
③	광고자	영업자
④	영업자	조제관리사
⑤	영업자	판매자

3. 다음 중 화장품제조업 등록의 취소 · 영업소 폐쇄 · 제조 수입 판매의 금지사항으로 옳은 것은?

① 회수 대상 화장품을 회수한 경우
② 제품별 안전성 자료를 작성하여 보관한 경우
③ 회수 계획을 보고하지 않은 경우
④ 맞춤형화장품판매업의 변경신고를 한 경우
⑤ 화장품책임판매업의 변경사항 등록을 한 경우

4. 화장품법 제13조에 따른 부당한 표시 · 광고 행위 금지사항으로 <u>틀린</u> 것은?

① 천연화장품이 아닌 화장품을 천연화장품으로 오해할 우려가 있는 표시 또는 광고
② 의약품으로 잘못 인식할 우려가 있는 표시 또는 광고
③ 기능성화장품이 아닌 화장품을 기능성화장품으로 잘못 인식할 우려가 있는 광고
④ 기능성화장품의 안전성 · 유효성에 관한 심사 결과와 같은 내용의 표시 · 또는 광고
⑤ 사실과 다르게 소비자가 잘못 인식하도록 할 우려가 있는 표시 또는 광고

5. 식품의약품안전처장이 위반 사실에 따른 행정처분이 확정된 자에 대해 공표하는 경우 공표하는 사항에 해당하지 <u>않는</u> 것은?

① 대표자 성명　　　　　② 대상자의 명칭 · 주소
③ 해당 품목의 제조일　④ 처분 내용
⑤ 처분 사유

6. 책임판매업자는 책임판매관리자에게 교육 · 훈련 계획서를 작성하게 하고, 품질관리 업무 절차서 및 교육 · 훈련계획서에 따라 다음의 업무를 수행하도록 한다. 다음 중 책임판매관리자의 교육 관련 업무로 옳은 것은?

① 품질관리 업무 절차서를 작성하거나 개정하였을 때에는 해당 품질관리 업무 절차서에 그 날짜를 적고 개정 내용을 보관할 것
② 품질관리 업무에 종사하는 사람들에게 품질관리 업무에 관한 교육 · 훈련을 정기적으로 실시 그 기록을 작성, 보관할 것
③ 책임판매관리자가 업무를 수행하는 장소에 품질관리 업무 절차서 원본을 보관할 것
④ 문서를 작성하거나 개정하였을 때에는 품질관리 업무 절차서에 따라 해당 문서의 승인, 배포 할 것
⑤ 문서를 작성하거나 개정하였을 때에는 품질관리 업무 절차서에 따라 해당 문서를 보관할 것

7. 다음 중 개인정보를 제3자에게 제공할 때 정보 주체로부터 동의를 구하거나 알려야 하는 사항을 모두 고르시오.

| 보 기 |

ㄱ. 수집하려는 개인정보의 항목

ㄴ. 개인정보의 수집·이용 목적

ㄷ. 개인정보의 보유 및 이용 기간

ㄹ. 동의를 거부할 권리가 있다는 사실

ㅁ. 동의 거부에 따른 불이익이 있는 경우에는 그 불이익의 내용

① ㄱ 　　　　② ㄱ, ㄴ 　　　　③ ㄱ, ㄴ, ㄷ

④ ㄱ, ㄴ, ㄷ, ㄹ 　　　　⑤ ㄱ, ㄴ, ㄷ, ㄹ, ㅁ

8. 식품의약품안전처장은 국민 건강상 위해를 방지하는 데 필요하다고 인정하면 화장품제조업자, 화장품책임판매업자 및 맞춤형화장품판매업자에게 화장품 관련 법령 및 제도(화장품의 안전성 확보 및 품질관리에 관한 내용 포함)에 관한 교육을 받을 것을 명할 수 있다. 이때 교육 미이수 시 과태료는 얼마인가?

9. 다음은 화장품법에 규정된 화장품 산업의 지원에 대한 설명이다. 괄호 안에 들어갈 행정부처 장관을 쓰시오.

| 보 기 |

(　　　)과 식품의약품안전처장은 화장품 산업의 진흥을 위한 기반 조성 및 경쟁력 강화에 필요한 시책을 수립·시행하여야 하며 이를 위한 재원을 마련하고 기술개발, 조사·연구 사업, 해외 정보의 제공, 국제협력 체계의 구축 등에 필요한 지원을 하여야 한다.

10. 다음은 개인정보처리에 관한 내용이다. 괄호 안에 들어갈 나이를 쓰시오.

| 보 기 |

개인정보 처리자는 만 (　　　) 미만 아동의 개인정보를 처리하기 위하여 이 법에 따른 동의를 받아야 할 때에는 그 법정 대리인의 동의를 받아야 한다. 이 경우 법정 대리인의 동의를 받는 데 필요한 최소한의 정보는 법정대리인의 동의 없이 해당 아동으로부터 직접 수집할 수 있다.

11. 화장품의 원료 중 글리세린은 피부에 어떤 효과를 부여하는가?

① 박피 효과   ② 청결 효과   ③ 보습 효과

④ 각화 효과   ⑤ 세정 효과

12. 화장수에 관한 내용으로 적절하지 <u>않은</u> 것은?

① 피부를 촉촉하게 만들어 다음 단계의 스킨케어를 돕는 역할

② 토너, 에센스, 스킨 등 피부결을 정리

③ 클렌징 전 피부에 수분을 공급하고 이물질을 닦아내기 위한 용도

④ 각질을 제거하고 수분 공급

⑤ 세안 후 첫 번째로 바르는 스킨케어로 대부분 묽은 제형

13. 다음 중 화장수의 원료 중 보습제가 <u>아닌</u> 것은?

① 부틸렌글라이콜   ② 펙틴   ③ 프로필렌글라이콜

④ 글리세린   ⑤ 폴리에틸렌글라이콜

14. 다음 중 바니싱크림의 주성분은?

① 스테아르산   ② 스쿠알렌   ③ 비즈왁스

④ 콜라겐   ⑤ 글리코겐

15. 일반 세균, 진균에 대한 발육 억제를 위해 사용하는 보존제는?

① 페녹시에탄올(Phenoxyethanol)

② 트리클로산(Triclosan)

③ 이미다졸리디닐우레아(Iimidazolidinyl urea)

④ 살리실산(Salicylic acid)

⑤ 산화철(Iron oxide)

16. 다음 원료 중 자외선 차단제가 <u>아닌</u> 것은?

① 티타늄디옥사이드(Titanium Dioxide)

② 히드로겐리아제(hydrogenlyase)

③ 옥틸디메틸파바(Octyldimethyl PABA)

④ 징크옥사이드(Zinc Oxide)

⑤ 파라아미노안식향산(Para-aminobenzoic acid)

17. 다음 설명 중 크림 파운데이션의 일반적인 기능과 거리가 <u>먼</u> 것은?

① 피부의 기미, 주근깨 등 결점을 커버한다.

② 다양한 색으로 피부색을 기호에 맞게 바꾼다.

③ 피지를 억제하고 화장을 지속시켜 준다.

④ 미적 아름다움을 통해 심리적 안정성을 준다.

⑤ 자외선으로부터 피부를 보호한다.

18. 팩에 사용되는 주성분 중 피막제 및 점도 증가제로 사용되는 것은?

① 구연산나트륨(Sodium Citrate), 아미노산류(Amino Acids)

② 카올린(Kaolin), 징크옥사이드(Zinc Oxide)

③ 산화철(Iron Oxide), 울트라마린 (Ultramarine)

④ 유동파라핀(Liquid Paraffin), 스쿠알렌(Squalene)

⑤ 폴리비닐알코올(PVC), 잔탄검(Xanthan Gum)

19. 다음 중 피부 상재균의 증식을 억제하는 항균 기능과 발생하는 체취를 억제하는 기능을 가진 제품은?

① 샤워코롱   ② 마사지크림   ③ 클렌징 젤

④ 바디샴푸   ⑤ 데오도란트

20. 자외선 차단지수에 대한 설명으로 <u>틀린</u> 것은?

① 자외선 차단지수는 차단되는 시간을 표시한 것이다.

② SPF는 자외선 A 차단을 의미하고, PA는 자외선 B 차단을 의미한다.

③ 차단지수의 효과는 주변 환경의 영향을 받는다.

④ 자외선 차단제는 연중 계속해서 바르는 것이 좋다.

⑤ SPF50 이상은 SPF50+로 표기한다.

21. 맞춤형화장품판매업자가 맞춤형화장품 판매 내역(전자문서 형식을 포함한다)을 작성할 때 포함되어야 하는 내용으로 옳은 것을 〈보기〉에서 모두 고르시오.

> **│보 기│**
>
> ㄱ. 맞춤형화장품 식별번호   ㄴ. 판매 일자, 판매량   ㄷ. 개봉 후 사용 기간
> ㄹ. 사용기한   ㅁ. 소비자의 기본 정보

① ㄱ, ㄴ, ㄷ, ㄹ   ② ㄱ, ㄴ, ㄷ   ③ ㄱ, ㄴ, ㄷ, ㅁ
④ ㄱ, ㄴ, ㄷ, ㄹ, ㅁ   ⑤ ㄱ, ㄷ, ㄹ

22. 레티놀에 관한 설명 중 옳지 <u>않은</u> 것은?

① 레티놀은 비타민 E 계통의 물질이다.
② 콜라겐 합성이나 피부 각질화 조절 기능이 있다.
③ 공기나 빛에 의하여 쉽게 분해될 수 있다.
④ 주름 개선 기능성화장품의 고시 원료이다.
⑤ 레티놀의 안정화를 위해서 특수한 튜브 용기를 사용하는 것이 좋다.

23. 아이섀도우 제품에 펄감을 주기 위하여 사용되는 안료는?

① 체질 안료   ② 백색 안료   ③ 포토크로믹 안료
④ 진주 광택 안료   ⑤ 착색 안료

24. 착향제의 구성 성분 중 해당 성분의 명칭을 기재·표시하여야 하는 알레르기 유발 성분에 해당하는 것을 다음 〈보기〉에서 모두 고르시오.

> **│보 기│**
>
> ㄱ. 벤질알코올   ㄴ. 파네솔   ㄷ. 벤질벤조에이트
> ㄹ. 아밀신남알   ㅁ. 알파-아이소메틸아이오논   ㅂ. 카민색소

① ㄱ, ㄴ, ㄷ. ㄹ   ② ㄱ, ㄴ, ㄷ, ㅁ
③ ㄱ, ㄴ, ㄷ. ㄹ, ㅁ   ④ ㄱ, ㄴ, ㄷ, ㅁ. ㅂ
⑤ ㄱ, ㄴ, ㄷ. ㄹ, ㅁ, ㅂ

25. 두발용 화장품 중 정발 목적으로 사용되는 제품을 모두 고르시오.

| 보 기 |

ㄱ. 헤어무스   ㄴ. 헤어리퀴드   ㄷ. 퍼머넌트웨이브 로션   ㄹ. 포마드

① ㄱ, ㄴ   ② ㄱ, ㄷ   ③ ㄱ, ㄴ, ㄷ
④ ㄱ, ㄴ, ㄹ   ⑤ ㄱ, ㄷ, ㄹ

26 화장품의 유형 중 기초화장용 제품류에 속하는 것을 다음 〈보기〉에서 모두 고르시오.

| 보 기 |

ㄱ. 수렴·유연·영양 화장수(face lotions)   ㄴ. 파운데이션
ㄷ. 팩, 마스크, 마사지 크림   ㄹ. 에센스, 오일
ㅁ. 데오도란트   ㅂ. 메이크업 리무버

① ㄱ, ㄴ, ㄷ, ㄹ   ② ㄱ, ㄷ, ㄹ, ㅂ
③ ㄱ, ㄴ, ㄷ, ㅁ   ④ ㄱ, ㄷ, ㄹ, ㅁ
⑤ ㄴ, ㄷ, ㄹ, ㅁ

27. 패치테스트(patch test)에 대한 설명으로 틀린 것은?

① 팔의 안쪽의 피부를 비눗물로 잘 씻고 탈지면으로 가볍게 닦는다.
② 제품 소량을 취해 정해진 용법대로 혼합하여 실험액을 준비한다.
③ 세척한 부위에 동전 크기로 테스트액을 바른 후 30분 동안 둔다.
④ 테스트 부위의 관찰은 테스트액을 바른 후 1주일 후에 행하는 것이 좋다.
⑤ 테스트 도중, 48시간 이전이라도 피부 이상을 느낀 경우에는 바로 테스트를 중지한다.

28. 화장품은 보관 방법과 사용자의 습관에 따라 좀 더 오래 사용할 수 있다. 사용기한과 밀접한 관계가 있는 품질 특성은?

① 안전성   ② 기능성   ③ 사용성   ④ 유효성   ⑤ 안정성

29. 현재의 과학기술 수준 또는 자료 등의 제한이 있거나 신속한 위해성 평가가 요구될 경우 인체 적용 제품의 위해성 평가에 대한 설명으로 옳은 것은?

① 위해요소의 인체 내 독성 등 확인과 인체 노출 안전기준 설정을 위하여 국제기구 및 신뢰성 있는 국내·외 위해성 평가기관 등에서 평가한 결과를 준용하거나 인용할 수 없다.

② 인체의 위해요소 노출 정도를 산출하기 위한 자료가 불충분하거나 없는 경우 활용 가능한 과학적 모델을 토대로 노출 정도를 산출할 수 없다.

③ 인체 적용 제품의 섭취, 사용 등에 따라 사망 등의 위해가 발생하였을 경우 위해요소의 인체 내 독성 등의 확인만으로 위해성을 예측하기는 어렵다.

④ 인체 노출 안전기준의 설정이 어려울 경우 위해요소의 인체 내 독성 등 확인과 인체의 위해요소 노출 정도만으로 위해성을 예측할 수 있다.

⑤ 특정 집단에 노출 가능성이 클 경우 어린이 및 임산부 등 민간 집단 및 고위험 집단을 대상으로 위해성 평가를 시행하여서는 안 된다.

30. 식품의약품안전처장은 화장품 안전성 정보를 검토 및 평가하여 필요한 경우 정책자문위원회 등 전문가의 자문을 받을 수 있다. 다음 중 자문을 받을 수 있는 항목을 〈보기〉에서 모두 고르시오.

┃보 기┃

ㄱ. 정보의 신뢰성 및 등
ㄴ. 국내·외 사용현황 등 조사·비교
ㄷ. 개별 검토
ㅁ. 외국의 조치 및 근거 확인(필요한 경우에 한함)
ㄹ. 관련 유사 사례 등 안전성 정보 자료의 수집·조사

① ㄱ-ㄴ-ㄷ   ② ㄱ-ㄴ-ㄹ
③ ㄱ-ㄴ-ㄹ-ㅁ   ④ ㄴ-ㄷ-ㅁ-ㄹ
⑤ ㄴ-ㄹ-ㄷ-ㅁ

31. 다음 〈보기〉에서 (   )에 들어갈 용어를 쓰시오.

┃보 기┃

화장품 원료 중 가장 많이 들어가는 원료는 (   )로 화장품 제조에 있어 가장 중요한 원료 중 하나이다. 피부 보습의 기초 물질로 일부 메이크업 화장품을 뺀 거의 모든 화장품에 사용된다.

32. 어떤 화장품에서 납(Pb)과 비소(As)가 규정치 이상으로 검출이 되었다. 이것은 화장품의 품질 특성 중 무엇이 문제인가?

33. 다음 화장품의 완제품 보관 방법으로 올바른 것을 모두 고르시오.

| 보 기 |

ㄱ. 적절한 조건하의 정해진 장소에 보관하되, 주기적으로 재고 점검 수행
ㄴ. 시험 결과 부적합이어도 품질보증부서 책임자가 승인하면 제품 출고
ㄷ. 출고는 선입선출 방식으로 하되, 타당한 사유가 있는 경우 예외
ㄹ. 출고할 제품은 원자재, 부적합품 및 반품된 제품과 구획된 장소에서보관

34. 다음 〈보기〉에서 (   ) 에 들어갈 용어를 쓰시오.

| 보 기 |

(   )란 화장품에 존재하는 위해요소로부터 인체가 노출되었을 때 발생 가능한 유해 영향과 발생 확률을 과학적으로 예측하는 과정으로 4단계인 위험성 확인, 위험성 결정, 노출 평가, 그리고 위해도 결정의 단계에 따라 수행된다.

35. 다음 〈보기〉에서 (   ) 에 들어갈 용어를 작성하시오.

| 보 기 |

위해 화장품의 회수 의무자는 회수 계획서 작성 시 회수 종료일을 다음의 구분에 따라 정해야 한다. 다만, 해당 등급별 회수기한 이내에 회수 종료가 곤란하다고 판단되는 경우에는 지방식품의약품안전처장에게 그 사유를 밝히고 그 회수기한을 초과하여 정할 수 있다.
1. 1등급 위해성: 회수를 시작한 날로부터 (   ) 이내
2. 2등급 위해성 또는 3등급 위해성: 회수를 시작한 날로부터 (   ) 이내

3과목 　유통화장품의 안전관리 (36~60번) 　　선다형 25문항

36. 직원의 위생에 관한 설명으로 <u>틀린</u> 것은?

① 작업 전에 복장 점검을 하고 적절하지 않을 경우는 시정한다.

② 작업복 등은 목적과 오염도에 따라 세탁을 하고 필요에 따라 소독한다.

③ 신규 직원에 대하여 위생교육을 실시하며, 기존 직원에 대해서도 정기적으로 교육을 시행한다.

④ 방문객은 안전위생교육을 받고 손 소독 후 기존 복장으로 화장품 제조, 관리·보관 구역을 출입할 수 있다.

⑤ 음식, 음료수 및 흡연 구역 등은 제조 및 보관 지역과 분리된 지역에서만 섭취하거나 흡연하여야 한다.

37. 아래의 설명 중 직원의 위생에 관한 준수사항이 <u>아닌</u> 것은?

① 적절한 위생관리 기준 및 절차가 마련되고, 이를 준수하고 있는가?

② 새로 채용된 직원들이 업무를 적절히 수행할 수 있도록 기본 교육훈련 외에 추가 교육훈련이 실시되고 있고 이와 관련한 문서화된 절차가 마련되어 있는가?

③ 제조 구역별 접근 권한이 없는 작업원 및 방문객은 가급적 출입을 제한한 규정과 질병에 걸린 직원이 작업에 참여하지 못하게 하는 규정이 있는가?

④ 각 부서의 책임자는 항상 작업자의 건강 상태를 파악하고 있는가?

⑤ 작업소 및 보관소 내의 모든 직원은 화장품의 오염을 방지하기 위해 규정된 작업복을 착용하고 있는가?

38. 직원의 위생관리 기준 및 절차에 포함되어야 하는 것으로 <u>틀린</u> 것은?

① 직원의 작업 시 복장과 주의사항

② 직원에 의한 제품의 오염 방지에 관한 사항

③ 직원의 건강 상태 확인

④ 직원의 손 씻는 방법

⑤ 직원의 영양 상태 확인

39. 화장품 제조 시 작업자의 위생관리를 위한 내용으로 <u>틀린</u> 것은?

① 규정된 작업복을 착용하고 일상복이 작업복 밖으로 노출되지 않도록 한다.

② 손 소독은 40% 에탄올을 이용한다.

③ 작업자가 해당 작업실 외의 작업장으로 출입하는 것을 통제한다.

④ 개인 사물을 작업장 내로 반입하지 않는다.

⑤ 작업 전 지정된 장소에서 손 소독을 실시한다.

40. 직원의 건강 상태를 파악하기 위하여 정기 및 수시로 확인하여야 하는 것이 <u>아닌</u> 것은?

① 정기적인 건강진단

② 작업 중에 수시 건강진단

③ 일상생활의 수면 시간

④ 화장품을 오염시킬 수 있는 질병

⑤ 업무 수행을 할 수 없는 질병

41. 제조 위생관리 기준서에 포함되어야 하는 사항으로 옳은 것은?

① 시험 검체 채취 방법 및 채취 시의 주의사항과 채취 시의 오염 방지 대책

② 제품명, 제조번호 또는 관리번호, 제조연월일

③ 시설 및 주요 설비의 정기적인 점검 방법

④ 세척 방법과 세척에 사용되는 약품 및 기구

⑤ 사용하고자 하는 원자재의 적합 판정 여부를 확인하는 방법

42. 화장품 제조 시 작업복의 조건으로 옳지 <u>않은</u> 것은?

① 각 작업소, 제품, 청정도 및 용도에 맞게 구분되어야 한다.

② 작업원을 보호할 수 있어야 하며 작업하기에 편리하여야 한다.

③ 일반 세탁물과 세탁할 수 있다.

④ 세탁에 훼손되지 않아야 한다.

⑤ 먼지, 이물 등을 발생시키지 않고 막을 수 있는 재질이어야 한다.

43. 다음 중 기능성화장품 심사에 관한 규정상 자외선A(UVA)의 파장을 나타낸 것으로 옳은 것은?

① 200~290nm　　　② 260~320nm　　　③ 320~400nm

④ 360~420nm　　　⑤ 380~440nm

44. 작업장 내에서 복장 착용 관리에 대한 내용으로 **틀린** 것은?

① 무진화는 작업장 안에서만 사용하는 것으로 외부로 신고 나가지 않아야 한다.

② 외부인이 작업장을 출입할 때에는 직원과 동일하게 작업복을 착용한 후 입실하여야 한다.

③ 무진장갑은 상의 소매 끝이 덮이는 것으로 피부가 노출되지 않아야 한다.

④ 위생모는 귀를 덮도록 최대한 깊게 눌러써서 머리카락이 밖으로 나오지 않도록 하여야 한다.

⑤ 복장 착용 순서는 위생모 → 무진복 하의 → 무진복 상의 → 무진화 → 위생장갑 순으로 한다.

45. 다음 중 화장품법령상 화장품제조업자, 화장품책임판매업자 또는 연구기관 등이 원료의 사용기준 지정 및 변경을 신청하려는 경우 식품의약품안전처장에게 제출하여야 하는 서류를 모두 선택한 것은?

| 보기 |

ㄱ. 원료의 특성에 관한 자료

ㄴ. 원료의 기원 및 사용 현황에 관한 자료

ㄷ. 원료의 구입비용에 관한 자료

ㄹ. 원료의 기준 및 시험 방법에 관한 시험 성적서

ㅁ. 제출 자료 전체의 원본

ㅂ. 원료의 개발 경위에 관한 자료

① ㄱ, ㄴ, ㄹ, ㅁ   ② ㄴ, ㄹ, ㅂ   ③ ㄱ, ㄴ, ㄹ, ㅂ

④ ㄴ, ㄷ, ㅁ, ㅂ   ⑤ ㄱ, ㄴ, ㄷ, ㄹ, ㅁ, ㅂ

46. 다음 중 기능성화장품 심사에 관한 규정상 〈보기〉의 빈칸에 들어갈 내용으로 옳은 것은?

| 보기 |

'최소 홍반량(MED, Minimum Erythema Dose)'이라 함은 UVB를 사람의 피부에 조사한 후 ( )의 범위 내에, 조사 영역의 전 영역에 홍반을 나타낼 수 있는 최소한의 자외선 조사량을 말한다.

① 2~6시간   ② 6~12시간   ③ 12~18시간

④ 14~20시간   ⑤ 18~24시간

47. 제품의 종류별 포장 방법에 관한 기준에 따라 화장품류 중 인체 및 두발 세정용 제품류의 포장 공간 비율은 몇% 이하인가?

① 5% 이하   ② 10% 이하   ③ 15% 이하

④ 20% 이하   ⑤ 30% 이하

48. 품질에 문제가 있어 회수 · 반품된 제품의 폐기 또는 재작업 여부의 승인권자는 누구인가?

① 사업장 대표　　　　　　　　　② 생산 책임자

③ 재활용 책임자　　　　　　　　④ 품질보증 책임자

⑤ 맞춤형화장품조제관리사

49. 포장재 입고 시 처리사항에 대한 설명 중 틀린 것은 ?

① 구매부서는 부적합 포장재에 대한 기준 일탈 조치를 하고, 관련 내용을 기록하여 품질보증팀에 회신한다.

② 자재 담당자는 발주서와 거래명세포를 참고하여 청결 여부 등을 확인한다.

③ 품질보증팀은 포장재 입고 검사 절차에 따라 검체를 체취하고, 외관 검사 및 원료 심사를 하는 동안 외부에 보관하고 적합 시 창고로 입고한다.

④ 시험 결과를 포장재 검사 기록서에 기록하여 별도의 승인 절차에 따라, 입고된 포장재에 적합 라벨을 부착하고, 부적합 시에는 부적합 라벨을 부착한 후 기준 일탈 조치서를 작성하여 해당 부서에 통보한다.

⑤ 확인 후 이상이 없으면 업체의 포장재 성적서를 지참하여 품질보증팀에 검사 의뢰를 한다.

50. 포장재의 보관 장소 및 보관 방법에 관한 내용 중 옳지 않은 것은?

① 누구나 명확히 구분할 수 있게 혼동될 염려가 없도록 구분하여 보관한다.

② 방서 · 방출 시설을 갖춘 곳에서 보관한다.

③ 보관 장소는 항상 청결하여야 하며, 출고 시에는 선입선출을 원칙으로 한다.

④ 직사광선, 습기, 발열체를 피하여 보관한다.

⑤ 보관 상태를 누가 언제든 확인할 수 있도록 장소를 개방한다.

51. 화장품 설비와 기구의 세척제에 사용 가능한 원료로 틀린 것은?

① 소듐하이드록사이드　　② 열수와 증기　　　　③ 인산

④ 식물성 비누　　　　　　⑤ 과초산

52. 작업장의 공기 조절의 4대 요소가 아닌 것은?

① 공기정화기　　　　　　② 실내온도　　　　　③ 청정도

④ 습도　　　　　　　　　⑤ 기류

53. 제조시설의 세척 및 평가 사항에 해당하는 것은?

　　① 시험시설 및 시험기구의 점검

　　② 곤충, 해충이나 쥐를 막는 방법

　　③ 작업복장의 규격

　　④ 제조시설의 청소 상태 확인 방법 및 절차

　　⑤ 이전 작업 표시 제거 방법

54. 다음은 〈보기〉는 포장재의 용기 소재에 관한 설명이다. 해당하는 것을 고르시오.

> **|보기|**
>
> ・변형 가능성이 있으므로 처방 및 목적에 따라 적용해야 한다.
> ・변취 가능성으로 인해 첨가제 및 오일 등의 적용에 주의해야 한다.
> ・그 외 대전성으로 인한 오염 발생 가능성을 고려해야 한다.

　　① 종이　　　　② 금속　　　　③ 세라믹　　　　④ 유리　　　　⑤ 플라스틱

55. 제조실, 성형실, 충전실 등의 작업실은 몇 등급의 청정도를 유지하여야 하는가?

　　① 청정도 1등급　　　　　　　② 청정도 2등급

　　③ 청정도 3등급　　　　　　　④ 청정도 4등급

　　⑤ 청정도 5등급

56. 청정도 기준에 따라 청정도 1등급의 대상 시설에 해당하는 것은?

　　① 화장품 내용물이 노출 안 되는 곳

　　② 화장품 내용물이 노출되는 작업실

　　③ 포장실

　　④ 청정도 엄격 관리실

　　⑤ 일반 작업실

57. 설비를 세척한 후에 반드시 실시해야 하는 판정 방법으로 옳은 것은?

　　① 분해 판정　　　　　　　② 미생물 판정

　　③ 육안 판정　　　　　　　④ 화학반응 판정

　　⑤ 오염 판정

58. 화장품 생산시설의 유지관리에 대한 내용으로 옳은 것은?

① 결함 발생 및 정비 중인 설비는 고장으로 표시하여야 한다.

② 모든 제조 관련 설비는 접근·사용이 개방되어야 한다.

③ 세척 전 설비는 다음 사용 시까지 오염되지 아니하도록 관리하여야 한다.

④ 건물, 시설 및 주요 설비는 정기적으로 점검하여 화장품의 제조 및 품질관리에 지장이 없도록 유지·관리·기록하여야 한다.

⑤ 유지관리 작업이 제품의 품질에 영향을 줄 수 있다.

59. 제품의 오염을 방지하고 적절한 온도 및 습도를 유지할 수 있는 공기 조절과 그 대응 설비가 잘못 짝지어진 것은?

① 분진–혼합분쇄기　　　　② 청정도–공기정화기

③ 실내온도– 열 교환기　　　④ 습도–가습기

⑤ 기류–송풍기

60. 작업장의 위생 유지를 위한 세제로 사용 가능한 것은?

① 유동 파라핀　　　　　　② 락틱애씨드

③ 페놀　　　　　　　　　④ 폴레에톡실레이티드레틴아마이드

⑤ 염소화페놀

4과목 **맞춤형화장품의 이해 (61~100번)** 선다형 28문항
단답형 12문항

61. 맞춤형화장품에 대한 설명 중 Ⓐ~Ⓔ의 밑줄 친 부분이 옳지 않은 것은?

┌─|보 기|─────────────────────────────────────
맞춤형화장품이란 개인의 Ⓐ 피부 타입, Ⓑ 선호도 등을 반영하여 Ⓒ 즉석으로 Ⓓ 판매장에서 제품
을 Ⓔ 제조한 제품을 말한다.
└──

① Ⓐ   ② Ⓑ   ③ Ⓒ   ④ Ⓓ   ⑤ Ⓔ

62. 맞춤형화장품판매업의 신고 시 필요한 서류로 다음 중 생략 가능한 것은?

① 맞춤형화장품판매업 신고서

② 소비자 피해 보상을 위한 보험계약서 사본

③ 책임판매업자와 맞춤형화장품판매업자가 동일한 경우 계약서 사본

④ 맞춤형화장품조제관리사의 자격증

⑤ 책임판매업자와 맞춤형화장품판매업자가 동일한 경우 혼합 또는 소분에 사용되는 내용물 및
원료 제공 계약서 사본

63. 맞춤형화장품판매업자가 맞춤형화장품조제관리사를 변경하는 경우 제출해야 되는 서류로
알맞은 것은?

① 맞춤형화장품조제관리사의 자격증

② 양도·양수의 경우에는 이를 증명하는 서류

③ 책임판매업자와 체결한 계약서 사본

④ 소비자 피해 보상을 위한 보험계약서 사본

⑤ 상속의 경우에는 가족관계의 등록 등에 관한 법률 제15조 제1항 제1호의 가족관계증명서

64. 피지와 땀의 분비 저하로 유·수분의 균형이 맞지 않아, 피부결이 얇아지고 탄력이 저하되어
주름이 쉽게 형성되는 피부는?

① 중성 피부   ② 지성 피부   ③ 복합성 피부

④ 민감성 피부   ⑤ 건성 피부

65. 다음 중 맞춤형화장품판매업자가 준수하여야 할 사항으로 <u>틀린</u> 것은?

① 맞춤형화장품판매업자는 여러 매장을 관리 시 대표 맞춤형화장품조제관리사를 둘 수 있다.

② 맞춤형화장품판매업자는 책임판매업 신고필증을 보관하고 있어야 한다.

③ 맞춤형화장품 판매 내역(전자문서 형식으로 공유한다)을 작성·보관하여야 한다.

④ 보건위생상 위해가 없도록 맞춤형화장품 혼합·소분에 필요한 장소, 시설 및 기구를 정기적으로 점검하여 작업에 지장이 없도록 위생적으로 관리·유지하여야 한다.

⑤ 혼합·소분 시 오염 방지를 위하여 안전관리기준을 준수하여야 한다.

66. 맞춤형화장품과 조제를 위한 혼합·소분의 행위 관련 규제사항의 설명 중 <u>틀린</u> 것은?

① 맞춤형화장품조제관리사 자격증을 가진 자가 수행

② 화장품책임판업자로부터 받은 내용물 및 원료 사용

③ 모든 화장품의 원료는 사용 가능

④ 화장품책임판매업자와 계약한 사항 준수

⑤ 내용물은 유통화장품 안전관리기준에 적합해야 함

67. 화장품의 1차 포장 또는 2차 포장에 기재·표시는 누구령에 따라야 하는가?

① 대통령령   ② 총리령

③ 행정안전부령   ④ 식품의약품안전처부령

⑤ 보건복지부령

68. 다음은 맞춤형화장품판매업을 하는 소모임에서 나온 대화 내용이다. 대화의 내용 중 옳게 말한 사람을 모두 고른 것은?

┤보 기├

· 지영: 맞춤형화장품 판매 시 해당 맞춤형화장품의 혼합 또는 소분에 사용되는 내용물 및 원료, 사용 시의 주의사항에 대하여 소비자에게 설명을 해야 합니다.

· 정희: 맞춤형화장품 혼합과 제조에 필요한 장소, 시설 및 기구는 보건위생상 위해가 없도록 위생적으로 관리하고 제품마다 미생물 검사를 실시해야 합니다.

· 세연: 맞춤형화장품의 사용기한 또는 개봉 후 사용기간은 맞춤형화장품의 혼합 또는 소분에 사용되는 내용물의 사용기간 또는 개봉 후 사용기간을 초과해서는 안 됩니다.

① 지영   ② 정희   ③ 지영, 세연

④ 정희, 세연   ⑤ 지영, 정희, 세연

69. 프리셰이브 로션(preshave lotions), 애프터셰이브 로션(aftershave lotions) 등은 어느 제품류에 속하는가?

① 기초화장용 제품류　　　　　　　　② 체모 제거용 제품류
③ 면도용 제품류　　　　　　　　　　④ 체취 방지용 제품류
⑤ 목욕용 제품류

70. 보기 중 맞춤형화장품판매업 신고대장에 포함되어야 할 내용을 모두 고른 것은?

|보기|

ㄱ. 신고번호 및 신고연월일
ㄴ. 맞춤형화장품조제관리사의 성명 및 생년월일
ㄷ. 맞춤형화장품판매업자의 허가 번호
ㄹ. 맞춤형화장품판매업자의 상호(법인인 경우에는 법인의 명칭)
ㅁ. 맞춤형화장품판매업소의 소재지

① ㄱ, ㄴ, ㄷ　　② ㄴ, ㄷ, ㄹ　　③ ㄷ, ㄹ, ㅁ　　④ ㄱ, ㄴ, ㄷ, ㄹ　　⑤ ㄱ, ㄴ, ㄹ, ㅁ

71. 식품의약품안전처장은 보존제, 색소, 자외선차단제 등과 같이 특별히 사용상의 제한이 필요한 원료에 대하여는 그 사용 기준을 지정하여 고시하였다. 화장품 배합한도에 관한 한도로 맞지 않는 것은?

① 살리실릭애씨드 및 그 염류−사용한도는 살리실릭애씨드로서 0.5%, 영유아용 제품류 또는 만 13세 이하 어린이가 사용할 수 있음을 특정하여 표시하는 제품에는 사용금지(다만, 샴푸는 제외)
② 징크피리치온−사용 후 씻어내는 제품에 15%, 기타 제품에는 사용금지
③ 트리클로산−사용 후 씻어내는 인체세정용 제품류, 데오도런트(스프레이제품 제외), 페이스파우더, 피부결점을 감추기 위해 국소적으로 사용하는 파운데이션(예:블레미쉬컨실러)에 0.3%, 기타 제품에는 사용금지
④ 페녹시에탄올−1.0%
⑤ 자외선차단제 중 티타늄디옥사이드 25%, 징크옥사이드 25%

72. 다음 중 피지선이 분포되어 있지 않은 부위는 어디인가?

① 발바닥　　　② 코　　　③ 다리　　　④ 가슴　　　⑤ 두피

73. 다음 〈보기〉에서 맞춤형화장품판매업자가 작성하고 보관해야 하는 맞춤형화장품 판매 내역에 포함되는 것을 모두 고르면?

|보기|

ㄱ. 맞춤형화장품 식별번호(식별번호는 맞춤형화장품의 혼합 또는 소분에 사용되는 내용물 및 원료의 제조번호와 혼합·소분 기록을 포함하여 맞춤형화장품판매업자가 부여한 번호를 말한다)

ㄴ. 위해성 등급

ㄷ. 판매일자·판매량

ㄹ. 판매 가격

ㅁ. 사용기한 또는 개봉 후 사용기간(맞춤형화장품의 사용기한 또는 개봉 후 사용기간은 맞춤형화장품의 혼합 또는 소분에 사용되는 내용물의 사용기한 또는 개봉 후 사용기한을 초과할 수 없다)

① ㄱ, ㄴ, ㄷ ② ㄱ, ㄷ, ㅁ ③ ㄴ, ㄷ, ㄹ ④ ㄴ, ㄷ, ㅁ ⑤ ㄷ, ㄹ, ㅁ

74. 화장품의 제조 등에 사용할 수 없는 원료를 지정하여 고시하는 사람은 누구인가?

① 대통령 ② 총리 ③ 행정안전부 장관
④ 식품의약품안전처장 ⑤ 보건복지부장관

75. 화장품 원료의 구비 조건에 대한 설명으로 틀린 것은?

① 사용 목적에 따른 기능이 우수하여야 한다.
② 안전성이 양호하여야 한다.
③ 산화 안정성 등의 안정성이 우수하여야 한다.
④ 원료 수급이 일정하여야 한다.
⑤ 냄새가 나고 품질이 일정하여야 한다.

76. 맞춤형화장품조제관리사 자격시험의 시험 방법 및 시험 과목에 대한 설명으로 옳은 것은?

① 시험운영기관의 장은 자격시험을 실시하려는 경우 미리 식품의약품안전처장의 승인을 받아 자격시험의 실시에 필요한 사항들을 시험 실시 30일 전까지 공고하여야 한다.
② 자격시험은 필기시험과 실기시험으로 나누어 실시한다.
③ 시험 과목은 화장품법의 이해, 화장품 제조 및 원료관리, 우수화장품의 안전관리, 맞춤형화장품의 이해로 구성되어 있다.
④ 대리시험 등 부정한 방법으로 자격시험에 응시한 사람이나 자격시험에서 부정행위를 한 사람에 대해서는 그 시험의 응시를 정지시키고 시험을 무효로 한다.
⑤ 자격시험 합격자는 전 과목 총점의 70% 이상, 매 과목 만점의 50% 이상을 득점하여야 한다.

77. 맞춤형화장품판매업의 신고 방법에 대한 설명으로 <u>틀린</u> 것은?

① 신고서를 받은 지방식품의약품안전처장은 전자정부법 제36조 제1항에 따른 행정정보의 공동 이용을 통하여 법인 등기사항 증명서(법인인 경우만 해당한다)를 확인하여야 한다.

② 신고서(전자문서로 된 신고서를 포함한다)와 규정된 일정 서류(전자문서를 포함한다)를 첨부하여 맞춤형화장품판매업소의 소재지를 관할하는 지방식품의약품안전청장에게 제출하여야 한다.

③ 맞춤형화장품판매업 신고를 하려는 자는 소재지별로 맞춤형화장품판매업 신고서(전자문서로 된 신고서는 제외한다)에 규정된 일정한 서류(전자문서는 제외한다)를 첨부한다.

④ 지방식품의약품안전청장은 신고가 요건을 갖춘 경우에는 맞춤형화장품판매업 신고대장에 다음 각 호의 사항을 적고, 별지 제4호의 2서식의 맞춤형화장품판매업 신고필증을 발급하여야 한다.

⑤ 신고대장에는 신고번호 및 신고연월일, 맞춤형화장품판매업자(맞춤형화장품판매업을 신고한 자)의 성명 및 생년월일(법인인 경우에는 대표자의 성명 및 생년월일), 맞춤형화장품판매업자의 상호(법인인 경우에는 법인의 명칭) 등의 사항을 적는다.

78. 다음 맞춤형화장품의 설명으로 적절하지 <u>않은</u> 것은?

① 제조된 화장품의 내용물에 식품의약품안전처장이 정하는 원료를 추가하거나 다른 화장품의 내용물을 혼합한 화장품

② 제조된 화장품의 내용물을 소분(小分)한 화장품

③ 맞춤형화장품조제관리사 요구에 따라 베이스 화장품에 특정 성분을 혼합한 화장품

④ 수입된 화장품의 내용물에 다른 화장품의 내용물이나 식품의약품안전처장이 정하는 원료를 추가하여 혼합한 화장품

⑤ 수입된 화장품의 내용물을 소분(小分)한 화장품

79. 다음 중 맞춤형화장품판매업자의 변경신고를 해야 하는 경우가 <u>아닌</u> 것은?

① 맞춤형화장품판매업자의 변경(법인인 경우에는 대표자의 변경)

② 맞춤형화장품조제관리사의 변경

③ 맞춤형화장품 사용 계약을 체결한 책임판매업자의 변경

④ 맞춤형화장품판매업자의 상호 변경(법인인 경우에는 명칭 변경)

⑤ 맞춤형화장품조제관리사의 주소 변경

80. 다음 중 맞춤형화장품조제관리사 자격시험에 대한 설명으로 틀린 것은?

① 자격시험의 시기, 절차, 방법, 시험과목, 자격증의 발급, 시험 운영기관의 지정 등 자격시험에 필요한 사항은 총리령으로 정한다.

② 식품의약품안전처장은 맞춤형화장품조제관리사가 거짓이나 그 밖의 부정한 방법으로 시험에 합격한 경우에는 자격을 취소할 수 있다.

③ 자격이 취소된 사람은 취소된 날부터 3년간 자격시험에 응시할 수 없다.

④ 맞춤형화장품조제관리사가 되려는 사람은 화장품과 원료 등에 대하여 총리가 실시하는 자격 시험에 합격하여야 한다.

⑤ 식품의약품안전처장은 자격시험 업무를 효과적으로 수행하기 위하여 필요한 전문 인력과 시설을 갖춘 기관 또는 단체를 시험 운영기관으로 지정하여 시험 업무를 위탁할 수 있다.

81. 피부의 면역에 관한 설명으로 맞는 것은?

① 세포성 면역에는 항원에 대한 보체, 항체 등이 있다.

② B림프구는 면역글로불린이라고 불리는 항체를 생성한다.

③ 투명층에서 랑게르한스세포가 피부를 통해 들어오는 세균이나 바이러스로 부터 면역을 담당한다.

④ T림프구는 항원 전달 세포로 세포를 복사한다.

⑤ 표피에 존재하는 각질형성세포는 면역 조절을 할 수 없다.

82. 자외선의 영향 중 긍정적인 효과가 아닌 것은?

① 비타민 D 형성　　　　② 면역 강화　　　　③ 살균 효과
④ 홍반 반응　　　　　　⑤ 혈액순환 촉진

83. 맞춤형화장품의 혼합·소분 시 오염을 방지하기 위하여 준수하여야 하는 안전관리기준으로 옳지 않은 것은?

① 혼합·소분 전에는 손을 소독 또는 세정하거나 일회용 장갑을 착용한다.

② 혼합·소분에 사용되는 장비 또는 기기 등은 사용 전에 세척한다.

③ 혼합·소분에 사용되는 장비 또는 기기 등은 사용 후에 세척한다.

④ 혼합·소분된 제품을 용기에 담고 제품의 오염 여부를 확인 후 판매한다.

⑤ 보건위생상 위해가 없도록 맞춤형화장품 혼합·소분에 필요한 장소, 시설 및 기구를 작업에 지장이 없도록 위생적으로 관리·유지해야 한다.

84. 화장품의 기재사항 중 1차 포장에 표시하여야 하는 내용이 <u>아닌</u> 것은?

① 영업자의 상호   ② 해당 화장품 제조에 사용된 모든 성분

③ 화장품의 명칭   ④ 제조번호

⑤ 사용기한 또는 개봉 후 사용기간

85. 세안용 화장품의 구비 조건으로 <u>부적당한</u> 것은?

① 안정성 – 물이 묻거나 건조해질 때 변색, 변질, 변취, 미생물 오염이 되지 않아야 한다.

② 용해성 – 냉수나 온수에 잘 풀려야 한다.

③ 기포성 – 거품이 잘나고 세정력이 있어야 한다.

④ 자극성 – 피부를 자극시키지 않고 쾌적한 방향이 있어야 한다.

⑤ 유지성 – pH는 수소 이온 농도의 지수로 피부는 약알칼리성을 유지해야 한다.

86. 다음은 맞춤형화장품판매업 준수사항에 대한 설명이다. 아래 설명의 ㄱ ~ㄷ에 들어갈 내용을 순서에 맞게 〈보기〉에서 고른 것은?

|보 기|

· 맞춤형화장품판매업소마다 (ㄱ)를(을) 두어야 한다.

· 판매 중인 맞춤형화장품이 (ㄴ)의 기준에 해당함을 알게 된 경우 신속히 책임판매업자에게 보고하고, 해당 화장품을 구입한 소비자에게 적극적으로 회수 조치를 취해야 한다.

· 맞춤형화장품과 관련하여 안전성 정보(부작용 발생 사례를 포함한다)에 대하여 신속히 책임판매업자에게 보고한다.

· 맞춤형화장품의 내용물 및 원료의 입고 시 품질관리 여부를 확인하고 책임판매업자가 제공하는 (ㄷ)를(을) 구비한다(다만, 책임판매업자와 맞춤형화장품판매업자가 동일한 경우에는 제외한다).

---

① 회수 대상 화장품 – 품질 성적서 – 맞춤형화장품조제관리사

② 회수 대상 화장품 – 맞춤형화장품조제관리사 – 품질성적서

③ 품질 성적서 – 맞춤형화장품조제관리사 – 회수 대상 화장품

④ 맞춤형화장품조제관리사 – 회수 대상 화장품 – 품질 성적서

⑤ 맞춤형화장품조제관리사 – 품질 성적서 – 회수 대상 화장품

87. 모발의 구성 중 모발의 가장 바깥 부분을 둘러싸고 있어 우리가 손으로 만질 수 있는 부분은 어디인가?

① 피지선   ② 모표피   ③ 모피질   ④ 모수질   ⑤ 모수선

88. 모발의 결합 중 수분에 의해 일시적으로 변형되며, 드라이어의 열을 가하면 다시 재결합되어 형태가 만들어지는 결합은 무엇인가?

① 콜라겐 결합   ② 염 결합   ③ 시스테인 결합

④ 펩타이드 결합   ⑤ 수소 결합

89. 다음은 착향제의 구성 성분 중 알레르기 유발 성분에 관한 설명이다. 괄호 안에 알맞은 한도를 쓰시오.

┤보기├

착향제의 구성 성분 중 알레르기 유발 성분은 사용 후 씻어내는 제품에는 (ㄱ)% 초과, 사용 후 씻어내지 않는 제품에는 (ㄴ)% 초과 함유하는 경우에 한한다.

90. 가용화 기술에서 계면활성제 양을 증가시켜 가면서 물에 녹일 때 처음에는 물 표면으로 계면활성제가 배열되다가 포화 농도 이상이 되면 작은 집합체가 형성되는데 이를 무엇이라고 하는가?

91. 다음 〈보기〉의 ( )에 들어갈 적합한 용어를 쓰시오.

┤보기├

맞춤형화장품 혼합 후 새로운 용기에 담는 경우와 베이스 화장품 용기에 성분을 첨가하여 용기를 그대로 사용할 경우의 라벨링으로 구분한다. 만약, 베이스 화장품 용기에 성분을 첨가하여 용기를 그대로 사용하는 경우에는 기존 라벨과의 혼동을 방지하기 위하여 기존 라벨을 제거 후 라벨을 부착하거나 ( )방식을 사용할 수 있다.

92. 다음에서 설명하는 유화 기기는 무엇인지 쓰시오.

┤보기├

· 크림이나 로션 타입의 제조에 주로 사용된다.
· 균일하고 미세한 유화 입자를 만든다.
· 터빈형의 회전 날개를 원통으로 둘러싼 구조를 가지고 있다.

93. 다음 설명에 해당하는 용어를 쓰시오.

|**보기**|

맞춤형화장품의 혼합 또는 소분에 사용되는 내용물 및 원료의 제조번호와 혼합·소분 기록을 포함하여 맞춤형화장품판매업자가 부여한 번호이다.

94. 다음 〈보기〉의 ⊙과 ⓒ에 들어갈 알맞은 숫자를 쓰시오.

|**보기**|

인체 및 두발 세정용 화장품류의 포장 공간 비율은 (⊙)% 이하이고, 포장 횟수는 (ⓒ)차 이내이다.

95. 다음 〈보기〉의 화장품 포장의 표시기준 및 표시 방법에 대해 바르게 설명한 것을 모두 고르시오.

|**보기**|

ㄱ. 화장품 성분은 화장품 제조에 사용된 함량이 많은 것부터 표시한다.
ㄴ. 화장품 제조에 사용된 성분을 표시할 때 글자의 크기는 7포인트 이상으로 한다.
ㄷ. 사용기한은 "사용기한" 또는 "까지" 등의 문자와 "연월일"을 소비자가 알기 쉽도록 표시해야 한다.
ㄹ. 내용물의 용량 또는 중량 중 포장은 화장품 무게의 15%를 초과할 수 없고 1차 포장의 무게를 포함하여 용량 또는 중량을 표시해야 한다.
ㅁ. 화장품의 명칭은 다른 제품과 구별할 수 있도록 표시된 것으로서 같은 화장품책임판매업자의 여러 제품에서 공통으로 사용하는 명칭을 포함한다.

96. 자외선으로부터 피부를 보호하는 데 도움을 주는 제품의 자외선 차단지수(SPF)가 50 이상인 경우의 표기를 적으시오.

97. 방향제를 포함한 화장품류(인체 및 두발 세정용 제품류 제외, 향수 제외)의 포장 공간 비율은 몇 % 이하인가?

99. 진피의 섬유아세포에서 만들어진 섬유로 피부의 탄력과 관계가 있고 신축성이 있어 원래의 길이보다 1.5배 정도 늘어나는 섬유를 무엇이라 하는가?

98. 다음 〈보기〉의 (　　)에 들어갈 알맞은 숫자를 쓰시오.

┤보 기├

맞춤형화장품조제관리사 자격시험에서 시험 운영기관의 장은 자격시험을 실시하려는 경우 미리 식품의약품안전처장의 승인을 받아 시험 일시, 시험 장소, 응시원서 제출기간, 응시 수수료의 금액 및 납부방법, 그밖에 자격시험의 실시에 필요한 사항을 시험 실시 (　　)일 전까지 공고하여야 한다.

100. 다음 〈보기〉에서 (　　)에 적합한 용어를 쓰시오.

┤보 기├

여러 가지 품질을 인간의 오감에 의하여 평가하는 제품검사로, 화장품 (　　)란 화장품의 적합한 관능 품질을 확보하기 위한 외관·색상 검사, 향취 검사, 사용감 검사 평가 방법이다.

→ 맞춤형화장품조제관리사

제2회

핵심 모의고사

| 1과목 | 화장품법의 이해 (1~10번) | 선다형 7문항
단답형 3문항 |

1. 다음 중 화장품법 제2조의 2 영업의 종류에서 제조 또는 수입된 화장품의 내용물을 소분(小分)한 화장품을 유통·판매하려는 경우로 옳은 것은?

① 제조업
② 화장품책임판매업
③ 화장품판매업
④ 맞춤형화장품판매업
⑤ 화장품제조판매업

2. 화장품제조업 등록 시 필요한 사항으로 옳은 것은?

① 변경등록 신청서
② 제조업자(법인대표자) 변경
③ 시설 명세서
④ 상호(법인 명칭 변경)
⑤ 소재지 변경

3. 화장품 기재사항 중 1차 포장에 반드시 표시해야 하는 사항이 <u>아닌</u> 것은?

① 사용기한
② 영업자의 상호
③ 제조번호
④ 화장품의 명칭
⑤ 내용물의 용량

4. 개인정보처리법 제23조에서 명시하고 있는 민감 정보에 해당하지 <u>않는</u> 것은?

① 사상 · 신념　　　　　　　② 노동조합 · 정당의 가입 · 탈퇴
③ 출신 학교　　　　　　　　④ 건강 · 성생활 등에 대한 정보
⑤ 정치적 견해

5. 화장품 제조 시 지정된 성분 중 0.5% 이상 함유하는 제품의 경우에는 해당 품목의 안정성 시험 자료를 최종 제조된 제품의 사용기한이 만료되는 날부터 1년간 보존해야 한다. 다음 중 이에 해당하는 성분은?

① 히아루론산　　　　　　　② 레티놀(비타민A) 및 그 유도체
③ 나이아신아마이드　　　　④ 징크옥사이드
⑤ 세라마이드

6. 화장품 영업자의 과징금 산정의 일반 기준에 대한 내용으로 옳은 것은?

① 영업자가 신규로 품목을 제조 또는 수입하여 1년간의 총 생산금액 및 총 수입금액을 기준으로 과징금을 산정하는 것이 불합리하다고 인정되는 경우에는 일별 생산금액 및 수입금액을 기준으로 산정한다.
② 광고업무의 정지 처분을 갈음하여 과징금처분을 하는 경우에는 처분일이 속한 연도의 해당 품목의 총 생산금액 및 총 수입금액을 기준으로 한다.
③ 영업자가 휴업 등으로 1년간의 총 생산금액 및 총 수입금액을 기준으로 과징금을 산정하는 것이 불합리하다고 인정되는 경우에는 분기별 또는 월별 제조금액 및 판매액을 기준으로 산정한다.
④ 제조업무의 정지 처분을 갈음하여 과징금 처분을 하는 경우에는 처분일이 속한 연도를 기준으로 3년도 내의 모든 품목의 총 생산금액 및 총 수입금액을 기준으로 한다.
⑤ 업무정지 1개월은 30일을 기준으로 한다.

7. 개인정보보호법 제2조 및 시행령 제2조에 따라 업무를 목적으로 개인정보 파일을 운용하기 위하여 스스로 또는 다른 사람을 통하여 개인정보를 처리하는 공공기관, 법인, 단체 및 개인 등을 무엇이라 칭하는가?

① 개인정보 관리자　　　　　② 개인정보 판매자
③ 개인정보 처리자　　　　　④ 개인정보 보호자
⑤ 개인정보 이용자

8. 다음 빈칸에 알맞은 내용을 쓰시오.

┤보기├

화장품( )는 제조번호별로 품질검사를 철저히 한 후 제품을 유통시켜야 한다. 다만, 화장품제조업자와 화장품 ( )가 같은 경우 화장품법에서 지정한 기관 등에 품질검사를 위탁하여 제조번호별 품질검사가 있는 경우에는 품질검사를 하지 않을 수 있다(화장품법 시행규칙 제6조 제2항).

9. 다음 중 위반사항에 대한 벌칙의 내용이다. 〈보기〉의 내용 중 하나라도 위반한 경우의 행정처분이 무엇인지 쓰시오.

┤보기├

① 영업자 준수사항을 위반한 경우
② 화장품 기재사항을 위반한 경우
③ 보고 및 검사, 시정명령, 검사명령, 개수명령, 회수폐기명령 위반 또는 관계 공무원의 검사수거 또는 처분을 거부·방해·기피한 경우

10. 다음 〈보기〉에서 괄호 안에 들어갈 알맞은 말을 쓰시오.

┤보기├

식품의약품안전처장은 화장품제조업자 또는 화장품책임판매업자가 「부가가치세법」 제8조에 따라 ( )에게 폐업 신고를 하거나 ( )이 사업자 등록을 말소한 경우, 등록을 취소할 수 있다.

2과목 **화장품 제조 및 품질관리 (11~35번)**

11. 다음 중 자외선에 대한 설명으로 옳지 <u>않은</u> 것은?

① 오전 10시~오후 2시가 자외선의 강도가 가장 높다.

② 자외선의 종류로는 UVA, UVB, UVC가 있다.

③ 자외선의 파장은 X-ray보다 짧고 가시광선보다는 길다.

④ 눈으로 볼 수 없지만 피부의 진피층까지 영향을 미친다.

⑤ 일광화상, 피부염증 및 광노화 등을 일으킨다.

12. 다음 중 화장품에서 가장 많이 사용되는 고급알코올로 세틸알코올과 스테아릴알코올이 약 1:1 비율로 섞인 혼합물의 이름은 무엇인가?

① 에탄올   ② 이소스테아릴알코올   ③ 글리세롤

④ 세테아릴알코올   ⑤ 1,2-헥산디올

13. 다음 중 천연계면활성제로 사용되는 천연물질로 가장 널리 사용되며 대두에 많이 함유되어 있는 것으로 리포좀 제조에 사용되는 이 성분은 무엇인가?

① 콜레스테롤   ② 레시틴

③ 사포닌   ④ SLS(소듐라우릴설페이트)

⑤ 글리세린

14. 다음 〈보기〉에 해당하는 내용의 비타민은 무엇인가?

┤보기├

수용성 비타민으로 영양학적으로 가장 널리 알려진 비타민이다. 결핍되면 신체 면역력이 떨어지고 괴혈병이 생기는 것으로 알려져 있다. 화장품에서도 강력한 항산화작용과 콜라겐 생합성을 촉진하는 것으로 알려져 미백 제품 등에 널리 사용된다. 그러나 빛과 열에 노출 시 쉽게 산화되는 단점이 있어 비교적 안정된 지용화한 아스코빌팔미테이트가 개발되어 사용되었고, 이 후 아스코빌포스페이트마그네슘염이 개발되었다.

① 비타민 A   ② 비타민 B   ③ 비타민 C

④ 비타민 E   ⑤ 비타민 F

15. 다음 중 퍼머넌트 웨이브 시 환원제로 환원되어 절단된 시스테인 상태에서 다시 시스틴 결합의 상태로 돌아가기 위한 산화작용을 하는 제2액의 산화제로 옳은 것은?

① 브롬산나트륨　　　　　　　② 모노에탄올아민
③ 시스테인　　　　　　　　　④ 치오글라이콜릭애씨드
⑤ 아르기닌

16. 다음 중 기능성화장품의 범주에 속하지 <u>않는</u> 것은?

① 미백에 도움을 주는 크림
② 주름 개선에 도움을 주는 에센스
③ 여드름 치유에 도움을 주는 로션
④ 튼 살로 인한 붉은 선 완화에 도움을 주는 오일
⑤ 화학적 작용으로 체모를 제거하는 데 도움을 주는 크림

17. 다음 〈보기〉에서 제시하는 내용으로 옳은 것은?

┌─**보 기**─────────────────────────────────┐

– 알코올 수용액에 혈액순환 촉진제와 같은 약용 성분, 보습제, 등을 첨가한 외용제이다
– 두피에 사용하여 헤어 사이클 기능의 정상화를 돕고 혈액순환을 원활하게 한다.
– 모공의 기능을 향상시켜 육모를 촉진하거나 탈모를 방지한다.
– 비듬이나 가려움을 방지하는 제품이다.

└──────────────────────────────────────┘

① 육모제　　　　　　② 체모 제거제　　　　　③ 염모제
④ 자외선차단제　　　⑤ 미백제

18. (　　　)란, 유해 사례와 화장품 간의 인과관계 가능성이 있다고 보고된 정보로서 그 인과관계가 알려지지 아니하거나 그 인과관계를 배제할 수 없어서 계속적인 관찰이 요구되는 정보로 입증 자료가 불충분한 것을 말한다. 괄호 안에 알맞은 용어는?

① 위해평가 정보　　　　　　　② 실마리 정보
③ 속성 정보　　　　　　　　　④ 유전자 관계 정보
⑤ 신용주의 정보

19. 다음 중 무스를 제외한 고압가스를 사용하는 에어로졸 제품의 주의사항으로 옳지 <u>않은</u> 것은?

① 같은 부위에 연속해서 3초 이상 분사하지 말 것

② 눈 주위 또는 점막 등에 분사하지 말 것

③ 자외선 차단제의 경우 얼굴에 직접 분사할 것

④ 분사 가스는 직접 흡입하지 않도록 주의할 것

⑤ 가능한 인체에서 20cm 이상 떨어져서 사용할 것

20. 화장품 배합 시 사용 재료에 따라 공정 방법이 달라진다. 다음 중 〈보기〉의 재료를 이용한 화장품 제조 시 어떤 공정이 필요한가?

───|보 기|───

고급지방산, 유지, 왁스 에스테르, 고급알코올, 탄화수소, 계면활성제, 방부제, 합성 에스테르, 실리콘 오일, 산화방지제, 보습제, 점증제, 중화제, 금속이온 봉쇄제, 첨가제, 향료, 색소, 정제수

① 분산 공정　　　　② 유화 공정　　　　③ 가용화 공정

④ 혼합 공정　　　　⑤ 분쇄 공정

21. 화장품, 의약외품, 의약품을 비교하여 설명한 내용이다. 옳지 <u>않은</u> 것은?

① 화장품은 지속적으로 사용 가능하고 부작용이 없어야 한다.

② 의약품의 목적은 환자의 진단, 치료 및 예방이다.

③ 의약품은 부작용이 있을 수 있으므로 허가를 받고 사용한다.

④ 화장품의 목적은 일반인의 청결 및 미화하여 매력을 더한다.

⑤ 의약외품은 인체에 대한 약리학적 영향이 있어야 한다.

22. 다음 중 미백화장품에 사용되는 고시 원료와 함량으로 옳은 것은?

① 에칠헥실메톡시신나메이트 – 0.5~7.5%

② 징크옥사이드 – 25%

③ 레티닐팔미테이트 – 10,000 IU/g

④ 알파–비사보롤 – 0.5%

⑤ 부틸메톡시디벤조일메탄 – 0.5~5%

23. 아로마테라피에 사용되는 에센셜 오일에 대한 설명 중 옳지 <u>않은</u> 것은?

① 방향욕, 입욕, 마사지, 스킨케어 등 목적에 따라 효과 성분을 선택하여 사용할 수 있다.

② 에센셜 오일을 사용할 때 안전성 확보를 위하여 사전에 패치테스트를 실시하여야 한다.

③ 에센셜 오일의 효과를 높이기 위해 원액을 복용하거나 그대로 피부에 사용하는 것이 좋다.

④ 에센셜 오일은 산소, 빛 등에 의해 변질될 수 있으므로 갈색병에 보관하여 사용한다.

⑤ 에센셜 오일은 꽃, 줄기, 열매, 뿌리, 수지 등에서 추출된다.

24. 화장품의 '품질관리'에 대한 설명으로 옳지 <u>않은</u> 것은?

① 화장품제조업장에 대한 관리 · 감독

② 시험 · 검사 등의 업무는 제외

③ 화장품의 시장 출하의 관한 관리

④ 화장품의 책임판매 시 필요한 제품의 품질을 확보

⑤ 제조에 관계된 업무에 관한 관리 · 감독

25. 맞춤형화장품의 내용물 및 원료에 대한 품질검사 결과를 확인해 볼 수 있는 서류로 옳은 것은?

① 칭량지시서   ② 품질규격서   ③ 포장지시서

④ 품질성적서   ⑤ 제조공정도

26. 화장품의 유형 중 눈화장용 제품류에 해당하지 <u>않는</u> 것은?

① 아이브로펜슬   ② 눈 주위 제품   ③ 아이섀도

④ 아이메이크업 리무버   ⑤ 마스카라

27. 탈염 · 탈색제의 사용 시 주의사항으로 옳지 <u>않은</u> 것은?

① 제품 또는 머리 감는 동안 제품이 눈에 들어가지 않도록 주의해야 한다.

② 사용 중에 목욕을 하거나 사용 전에 머리를 적시거나 감지 말아야 한다.

③ 만일 눈에 들어갔을 때는 손이나 기구를 사용하여 이물질을 제거한다.

④ 손가락이나 손톱을 보호하기 위하여 장갑을 끼고 사용해야 한다.

⑤ 환기가 잘 되는 곳에서 사용해야 한다.

28. 화장품의 유형 중 두발 염색용 제품류에 해당하지 <u>않는</u> 것은?

① 염모제
② 탈염 · 탈색용 제품
③ 헤어 토닉(hair tonics)
④ 헤어 컬러스프레이(hair color sprays)
⑤ 헤어 틴트(hair tints)

29. 화장품 사용 시의 공통적인 주의사항이다. 옳지 <u>않은</u> 것은?

① 보관 및 취급 시 어린이의 손이 닿지 않는 곳에 보관할 것
② 상처가 있는 부위 등에는 사용을 자제할 것
③ 화장품 사용 시 이상이 있는 경우 맞춤형화장품조제관리사와 상담할 것
④ 보관 및 취급 시 직사광선을 피해서 보관할 것
⑤ 화장품 사용 시 눈에 들어갔을 때에는 즉시 씻어 낼 것

30. 유해 사례 중 '중대한 유해 사례(Serios AE)'에 해당하는 경우가 <u>아닌</u> 것은?

① 사망을 초래하거나 생명을 위협하는 경우
② 기타 의학적으로 중요한 상황
③ 지속적 또는 중대한 불구나 기능 저하를 초래하는 경우
④ 부작용으로 질환이나 질병이 예상되는 경우
⑤ 입원 또는 입원 기간의 연장이 필요한 경우

31. 인체 적용 제품의 위해성 평가를 수행하기 위한 〈보기〉의 위해성 평가 방법을 순서대로 나열하여 쓰시오.

> |보 기|
>
> ㄱ. 위해요소의 인체 내 독성 등을 확인하는 과정
> ㄴ. 위해요소가 인체에 미치는 위해성을 종합적으로 판단하는 과정
> ㄷ. 인체가 위해요소에 노출되어 있는 정도를 산출하는 과정
> ㄹ. 인체가 위해요소에 노출되었을 경우 유해한 영향이 나타나지 않는 것으로 판단되는 인체 노출 안전기준을 설정하는 과정

32. 화장품 안전기준 등에 관한 규정에서 허용하는 영양크림 제품의 총 호기성 생균수 한도를 쓰시오.

33. 다음은 화장품 원료에 대한 설명이다. ( ) 안에 들어갈 알맞은 용어를 쓰시오.

┤보 기├

한 분자에 함유되어 있는 탄소 수가 6개 이상인 지방족 알코올이다. 천연으로는 고급지방산의 에스테르(ester)로서 존재한다. ( )의 대표적인 성분은 스테아릴알코올과 세틸알코올이다. 스테아릴알코올은 크림, 로션의 유화 안정제로 사용되며 세틸알코올은 양이온성 계면활성제와 겔을 형성하여 린스, 컨디셔너에 사용한다.

34. 다음은 천연화장품에 대한 설명이다. ( ) 안에 들어갈 알맞은 숫자를 쓰시오.

┤보 기├

천연화장품은 동·식물 및 그 유래 원료 등을 함유한 화장품으로서 식품의약품안전처장이 정하는 기준에 맞는 화장품을 말한다. 천연화장품은 중량 기준으로 천연 함량이 전체 제품에서 ( )% 이상으로 구성되어야 한다.

35. 화장품 안정성 정보를 보고하는 방법 중 신속 보고에 대한 설명이다. ( ) 안에 들어갈 알맞은 숫자를 쓰시오.

┤보 기├

화장품책임판매업자는 정보를 알게 된 날로부터 ( )일 이내에 신속 보고
1. 중대한 유해 사례 또는 이와 관련하여 식약처장이 보고를 지시한 경우
2. 판매 중지나 회수에 준하는 외국 정부의 조치 또는 이와 관련하여 식약처장이 보고를 지시한 경우

36. 제조 및 품질관리에 필요한 설비의 요건으로 적합한 설명은?

① 시설 및 기구에 사용되는 소모품은 사용 목적에 적합하여 제품의 품질에 영향이 잘 미치도록 해야 한다.

② 사용하지 않는 연결 호스와 부속품은 완전히 비워져서 깨끗한 상태로 보관되어야 하고 건조한 상태로 유지시키는 것이 중요하다.

③ 천정 주변의 대들보, 파이프, 덕트 등은 가급적 노출되게 하여 청소가 용이하도록 설계하는 것이 좋다.

④ 파이프는 받침대 등으로 고정하고 벽에 붙게 설치하여 먼지나 이물질이 끼지 않도록 한다.

⑤ 설비는 제품 및 청소 소독제와 화학반응을 잘 일으킬 수 있어야 한다.

37. 설비 및 기구의 폐기 검토 대상으로 적합하지 <u>않은</u> 경우는?

① 정기 점검 결과 설비의 신뢰성은 유지되나 내구연한이 종료된 상태

② 설비의 성능 및 상태가 현저하게 나쁜 상태

③ 생산되던 제품이 단종되어 용도가 소멸된 상태

④ 부품 단종으로 설비를 수리할 수 없는 경우

⑤ 수리 빈도가 높아 설비 가동률 저하로 생산에 기여하지 못하는 상태

38. 다음은 원료의 입고관리에 대한 내용이다. (   ) 안에 들어갈 용어는 무엇인가?

| 보기 |

제조업자는 원자재 공급자에 대한 관리 감독을 적절히 수행하여 입고관리가 철저히 이루어지도록 하여야 한다. 원자재의 입고 시에는 구매 요구서, 원자재 공급업체 성적서 및 현품이 서로 일치하여야 한다. 또한, 원자재 용기에 제조번호가 없는 경우에는 (   )를 부여하여 보관하여야 한다.

① 제품번호   ② 원료번호   ③ 검체번호
④ 품목번호   ⑤ 관리번호

39. 다음은 〈보기〉는 포장재의 용기 소재에 관한 설명이다. 어떤 소재에 관한 내용인지 고르시오.

|보 기|

- 변형 가능성이 있으므로 처방 및 목적에 따라 적용해야 한다.
- 변취 가능성으로 인해 첨가제 및 오일 등의 적용에 주의해야 한다.
- 그 외 대전성으로 인한 오염 발생 가능성을 고려해야 한다.

① 종이   ② 금속   ③ 세라믹   ④ 유리   ⑤ 플라스틱

40. 작업소의 시설 기준에 대한 설명으로 옳지 <u>않은</u> 것은?

① 바닥, 벽, 천장은 가능한 청소하기 쉽게 매끄러운 표면을 지닐 것
② 제품의 품질에 영향을 주지 않는 소모품을 사용할 것
③ 조명이 파손될 경우를 대비하여 조명 바로 아래나 주변에는 제품을 두지 않을 것
④ 천정 주위의 대들보, 파이프, 덕트 등은 가급적 노출되지 않도록 설계할 것
⑤ 제품과 설비가 오염되지 않도록 배관 및 배수관을 설치할 것

41. 작업자의 작업 중 위생관리에 대한 내용으로 옳지 <u>않은</u> 것은?

① 머리카락은 짧게 하거나, 길면 묶은 후 모자 밖으로 나오지 않게 한다.
② 작업 시작 전 손은 반드시 수세하고, 지정된 소독액으로 소독 후 완전히 건조시킨다.
③ 장신구는 소독을 통해 오염 관리 후 착용한다.
④ 라이터, 담배, 열쇠 등의 소지를 금한다.
⑤ 신발은 바로 신고 꺾어서 신지 않는다.

42. 다음 중 출하를 위해 제품의 포장 및 첨부 문서에 표시 공정 등을 포함한 모든 제조 공정이 완료된 화장품을 무엇이라 하는가?

① 반제품   ② 벌크제품   ③ 완제품   ④ 소모품   ⑤ 위생품

43. 필터의 종류 중 반도체 공장, 병원, 의약품 등에 사용되며, 분진 99.97%가 제거되고 포집 성능을 장시간 유지할 수 있는 필터는 무엇인가?

① MEDIUM Filter   ② HEPA Filter
③ PRE BAG Filter   ④ PRE HEPA Filter
⑤ MEDIUM BAG Filter

44. 다음 중 설비 세척의 원칙 중 올바르지 <u>않은</u> 방법은?

① 세척의 유효기간을 설정한다.

② 브러시 등으로 문질러 지우는 것을 고려한다.

③ 분해할 수 있는 설비는 분해해서 세척한다.

④ 설비는 세제를 사용하여 확실히 세척한다.

⑤ 세척 후는 반드시 "판정"한다.

45. 설비 세척 후 "판정" 시 판정 방법의 순서로 옳은 것은?

① 육안 판정 → 닦아내기 판정 → 린스 정량

② 린스 정량 → 닦아내기 판정 → 육안 판정

③ 닦아내기 판정 → 육안 판정 → 린스 정량

④ 육안 판정 → 린스 정량 → 닦아내기 판정

⑤ 린스 정량 → 육안 판정 → 닦아내기 판정

46. 생산시설과 관련하여 다음 설명 중 바르지 <u>않은</u> 것은?

① 예방적 활동은 주요 설비 및 시험 장비에 대하여 실시한다.

② 화장품을 생산하는 설비와 기기가 들어 있는 건물, 작업실 등을 포함한다.

③ 유지관리는 예방적 활동, 유지 보수, 정기 검교정으로 나눌 수 있다.

④ 제품 품질에 영향을 미칠 경우, 유지 보수하여 기능의 변화와 품질을 다시 정상화한다.

⑤ 제품의 품질에 영향을 줄 수 있는 계측기에 대하여 정기적으로 계획을 수립, 실시한다.

47. 다음 제조 설비 중 탱크(TANKS)에 관한 설명으로 <u>틀린</u> 것은?

① 온도/압력 범위가 조작 전반과 모든 공정 단계의 제품에 적합해야 한다.

② 제품에 해로운 영향을 미쳐서는 안 된다.

③ 세제 및 소독제와 반응해서는 안 된다.

④ 스테인리스스틸은 탱크의 제품에 접촉하는 표면 물질로 일반적으로 선호된다.

⑤ 유리섬유 폴리에스터의 플라스틱으로 안을 댄 탱크는 사용할 수 없다.

48. 펌프는 다양한 점도의 액체를 이동하기 위해 사용된다. 다음 중 물이나 청소 용제처럼 낮은 점도의 액체에 사용하는 설비는 어떤 것 인가?

① 열린 날개 차　　　　② 개스킷　　　　③ 기어

④ 2중 돌출부(Duo Lobe)　　⑤ 피스톤

49. 포장재 설비는 제품이 닿는 포장 설비와 제품이 닿지 않는 포장 설비가 있다. 다음 중 포장기와 함께 제품이 닿지 않는 포장 설비는 무엇인가?

① 제품 충전기   ② 봉인 장치   ③ 코드화기기
④ 용기 공급 장치   ⑤ 용기 세척기

50. 〈보기〉가 설명하는 관능평가에 사용되는 평가방법은 무엇인가?

│보 기│

원자재나 제품을 사용할 때 피부에서 느끼는 감각으로 매끄럽게 발리거나 바른 후 가볍거나 무거운 느낌, 촉촉함, 산뜻함 등을 말하며, 화장품을 도포하기 전후의 감촉 중심 평가. 시각, 후각으로 인식되는 화장품의 색이나 향기, 용기 디자인에 관한 기호성 평가로 척도는 일반적으로 5~9단계 정도의 척도가 이용된다.

① 사용성 평가   ② 성상 평가   ③ 색상 평가
④ 향취 평가   ⑤ 안정성 평가

51. 다음 중 화장품 안전기준 등에 관한 규정상 유통화장품의 안전관리 기준에서 점토를 원료로 사용한 분말 제품 이외의 제품에 대한 납의 검출 허용한도기준으로 옳은 것은?

① $10\mu g/g$ 이하   ② $20\mu g/g$ 이하   ③ $30\mu g/g$ 이하
④ $40\mu g/g$ 이하   ⑤ $50\mu g/g$ 이하

52. 다음 중 우수화장품 제조 및 품질관리기준상 동일한 조건 아래에서 만들어진 균일한 특성 및 품질을 갖는 제품군을 말하는 용어는 무엇인가?

① 벌크제품   ② 반제품   ③ 완제품
④ 소모품   ⑤ 배치(Batch)

53. 다음 중 유통화장품 안전기준 등에 관한 규정에 따른 유해물질로써 디아졸리디닐우레아, 디엠디엠하이단토인 등 일부 보존제에서 검출되는 것은?

① 페닐파라벤   ② 수은   ③ 카드뮴
④ 포름알데하이드   ⑤ 디옥산

54. 다음 중 화장품 안전기준 등에 관한 규정상 메이크업 리무버 제품을 제외한 기초화장용 제품류로써 로션, 크림 및 이와 유사한 제형의 액상 제품의 pH 기준은 얼마인가?

① pH 기준 4.0~6.0
② pH 기준 4.0~8.0
③ pH 기준 3.5~8.5
④ pH 기준 3.0~9.0
⑤ pH 기준 3.0~6.5

55. 화장품 안전기준 등에 관한 규정상 설정되어 있는 검출허용한도 기준에 적합하지 <u>않은</u> 제품은?

① 마스카라에 총 호기성 생균수가 200개/g(mL) 검출
② 영·유아용 제품에 총 호기성 생균수가 500개/g(mL) 검출
③ 물휴지에 세균이 100개/g(mL) 검출
④ 아이라이너에 총 호기성 생균수가 600개/g(mL) 검출
⑤ 영양크림에 총 호기성 생균수가 600개/g(mL) 검출

56. 다음 중 〈보기〉의 빈칸에 들어갈 내용으로 옳은 것은?

┤보 기├

화장품 위해평가에서 최종 제품의 안전성 평가는 (   )가 원칙이지만, 제품의 제조, 유통 및 사용 시 발생할 수 있는 미생물의 오염에 대해 고려할 필요가 있다.

① 기능성 평가
② 상태 평가
③ 함량 평가
④ 성분 평가
⑤ 효능 평가

57. 우수화장품 제조 및 품질관리기준상 품질의 시험관리에 대한 설명으로 옳은 것은?

① 반제품은 적합 판정이 된 원자재가 아니더라도 사용할 수 있다.
② 시험 기록은 검토한 후 '적합', '부적합', '검사 중'으로 판정하여야 한다.
③ 시험 결과는 적합 또는 부적합인지 분명히 기록하여야 한다.
④ 정해진 보관 기간이 경과된 원자재 및 반제품은 반드시 폐기하여야 한다.
⑤ 모든 표준품과 주요 시약의 용기에는 반드시 제조자의 성명과 원료명을 기재하여야 한다.

58. 우수화장품 제조 및 품질관리기준상 적합 판정의 사후관리와 관련하여 〈보기〉의 빈칸에
들어갈 내용으로 옳은 것은?

┤보 기├

식품의약품안전처장은 우수화장품 제조 및 품질관리기준 적합 판정을 받은 업소에 대해 우수화장품
제조 및 품질관리기준 실시 상황 평가표에 따라 (   ) 실태조사를 실시하여야 한다.

① 5년에 1회 이상　　　　　　　　② 4년에 1회 이상
③ 3년에 1회 이상　　　　　　　　④ 2년에 1회 이상
⑤ 1년에 1회 이상

59. 우수화장품제조 및 품질관리에서 기준 일탈 제품의 처리 과정이다. 다음 중 올바른
순서대로 나열한 것은?

┤보 기├

ㄱ. 기준 일탈의 조사
ㄴ. 기준 일탈의 처리와 연락
ㄷ. 기준 일탈 제품에 불합격 라벨 첨부
ㄹ. 격리 보관
ㅁ. 폐기 처분, 재작업 또는 반품
ㅂ. "시험, 검사, 측정이 틀림없음"을 확인

① ㄱ→ㄴ→ㄷ→ㄹ→ㅁ→ㅂ
② ㄱ→ㄴ→ㄹ→ㄷ→ㅂ→ㅁ
③ ㄴ→ㅂ→ㄱ→ㄷ→ㄹ→ㅁ
④ ㄴ→ㅂ→ㄱ→ㄹ→ㄷ→ㅂ
⑤ ㄱ→ㅂ→ㄴ→ㄷ→ㄹ→ㅁ

60. 다음 포장 작업 중 포장지시서에 포함되는 사항이 <u>아닌</u> 것은?

① 포장 생산 수량　　　　　　　　② 포장 설비명
③ 포장재 리스트　　　　　　　　④ 상세한 포장 공정
⑤ 포장 생산자

61. 위반사항에 대한 행정처분으로서 맞춤형화장품 사용계약을 체결한 책임판매업자를 변경하고도 신고하지 않는 경우 3차 위반의 처분기준은?

① 경고
② 판매 업무정지 15일
③ 판매 업무정지 1개월
④ 판매 업무정지 3개월
⑤ 판매 업무정지 6개월

62. 표피(epidermis)의 구성 세포와 특징이 아닌 것은?

① 섬유아세포와 콜라겐 생성작용
② 머켈세포와 촉각작용
③ 필라그린과 보습작용
④ 랑게르한스세포와 면역작용
⑤ 멜라닌형성세포와 자외선 차단작용

63. 다음 중 모발에서 80% 이상을 차지하는 가장 두꺼운 부분으로 과립상의 멜라닌을 함유하며 그 양에 따라 모발의 색이 결정되는 부분은 어디인가?

① 모표피
② 모피질
③ 모수질
④ 엑소큐티클
⑤ 엔도큐티클

64. 맞춤형화장품 사용 후 문제 발생에 대비한 사전관리 문제 발생 시 추적이나 보고가 용이하도록 판매자는 개인정보 수집 동의하에 고객카드 등을 만들어 정보를 기록하고 관리해야 한다. 다음 중 고객카드에 기록해야 할 사항으로 옳지 않은 것은?

① 판매 고객 성명
② 판매 고객 유전정보
③ 판매 고객 진단 내용
④ 혼합에 사용한 특정 성분의 로트(lot)번호
⑤ 혼합에 사용한 베이스 화장품의 로트(lot)번호

65. 모든 원료와 포장재는 화장품책임판매업자가 정한 기준에 따라서 품질을 입증할 수 있는 검증 자료를 공급자로부터 공급받아야 한다. 따라서 공급자 선정 시 정보 제공의 여부가 중요하다. 다음 중 정보 제공에 포함되지 <u>않는</u> 것은?

① 원료의 안정성 정보
② 원료·포장재 상세 정보
③ 원료의 안전성 정보
④ 원료의 사용기한 정보
⑤ 시험 기록

66. 다음 중 원료, 포장재의 검체 채취 시 필요한 내용이 <u>아닌</u> 것은?

① 배치를 대표하는 부분에서 검체 채취를 한다.
② 미리 정해진 장소에서 실시한다.
③ 검체 채취한 용기에는 "시험 완료" 라벨을 부착한다.
④ 검체 채취 절차를 정해 놓는다.
⑤ 오염이 발생하지 않는 환경에서 실시한다.

67. 맞춤형화장품 판매 후 제품이 위해화장품에 해당함을 발견하면 회수 대상 화장품이라는 사실을 안 날부터 며칠 이내에 회수계획서를 지방식품의약품안전청장에게 제출하여야 하는가?

① 5일　　　② 10일　　　③ 15일　　　④ 20일　　　⑤ 30일

68. 다음 관능 용어를 검증하는 대표적인 물리화학적 평가법 중 물리적 관능 요소에 의한 평가법은 무엇인가?

① 변색분광 측정계　　　　　② 광택계
③ 클로스메터　　　　　　　④ 비디오마이크로스코프
⑤ 마찰감 테스터

69. 품질보증 활동은 기업 활동의 모든 단계에서 확실하고 체계적으로 실시해야 한다. 다음 중 품질보증의 단계에 속하지 <u>않는</u> 것은?

① 구매·제조 단계　　　　　② 설계 개발 단계
③ 판매, 서비스 단계　　　　④ 혼합 단계
⑤ 검사 단계

70. 화장품 검출 허용한도 성분 중 납의 허용기준은 20μg/g 이하지만, 점토를 원료로 사용한 분말 제품의 경우 납의 허용한도는 몇 μg/g 이하 인가?

① 30μg/g 이하   ② 35μg/g 이하   ③ 50μg/g 이하

④ 70μg/g 이하   ⑤ 100μg/g 이하

71. 화장품 검출 허용한도 성분 중 포름알데하이드의 허용기준은 물휴지의 경우 얼마인가?

① 10μg/g 이하   ② 20μg/g 이하   ③ 30μg/g 이하

④ 40μg/g 이하   ⑤ 50μg/g 이하

72. 다음 〈보기〉의 ( ) 안에 들어갈 적합한 용어로 옳은 것은?

|보기|

( )은 두피에서 쌀겨 모양으로 표피 탈락이 발생하여 각질이 눈에 띄게 나타나는 현상이다. 피지선의 과다 분비, 호르몬의 불균형, 두피 세포의 과다 증식 등이 ( )의 발생에 관여한다. 피부의 정상 세균 중의 하나인 피티로스포룸 오발레(Pityrosporum ovale)라는 곰팡이의 과다 증식이 원인이 될 수 있다. 최근에는 스트레스, 환경오염, 과도한 다이어트 등이 원인이 될 수 있다는 연구 결과가 있다.

① 건선   ② 비듬   ③ 여드름   ④ 홍반   ⑤ 아토피

73. 충진 및 포장 공정 시 제품에 맞는 충진 방법으로 옳지 <u>않은</u> 것은?

① 화장수나 유액은 병에, 크림상의 내용물은 입구가 넓은 병 또는 튜브를 사용한다.

② 분체 상태의 내용물은 유리 용기나 플라스틱 용기를 이용하는 것이 적당하다.

③ 충진 작업은 청결하며 위생 상태가 좋은 환경에서 시행한다.

④ 충진기는 정밀도가 좋고 충진 속도가 빠르며 세정이 용이한 것이 좋다.

⑤ 화장품에 사용되는 충진기로는 크림 충진기, 튜브 충진기, 액체 충진기가 있다.

74. 다음 중 맞춤형화장품의 내용물에 대한 설명으로 옳지 <u>않은</u> 것은?

① 1차 포장 이전의 제조 단계까지 끝낸 화장품을 벌크제품이라 한다.

② 원료는 맞춤형화장품의 내용물의 범위에 해당하지 않는다.

③ 반제품은 소비자용 최종 맞춤형화장품이 유통화장품 안전관리기준에 적합해야 한다.

④ 맞춤형화장품 혼합에 사용되는 내용물은 유통화장품 안전관리기준에 적합해야 한다.

⑤ 원료와 원료를 혼합하는 것은 맞춤형화장품을 혼합한 것이다.

75. 다음 중 맞춤형화장품 혼합·판매의 원칙으로 옳지 <u>않은</u> 것은?

① 베이스 화장품 제조는 소비자 요구에 따라 생산되어야 한다.

② 기본 제형(유형 포함)이 정해져 있어야 한다.

③ 기본 제형의 변화가 없는 범위 내에서 혼합이 이루어져야 한다.

④ 맞춤형화장품의 '브랜드명(제품명 포함)'이 정해져 있어야 한다.

⑤ 매장에서 판매자가 임의로 브랜드명을 변경하여 판매해서는 안 된다.

76. 맞춤형화장품을 판매하려는 자는 상호, 대표자, 소재지, 조제관리사 등의 변경으로 변경신고를 해야 하는 경우 변경사항이 발생한 날부터 며칠 이내에 소재지 관할 지방식약청장에게 신고해야 하는가?

① 10일 이내   ② 15일 이내   ③ 30일 이내   ④ 60일 이내   ⑤ 90일 이내

77. 다음 중 맞춤형화장품 판매 시설기준의 권장사항으로 옳지 <u>않은</u> 것은?

① 판매 장소와 구분, 구획된 조제실 및 원료, 내용물 보관소

② 적절한 환기시설

③ 작업자의 손 조제 설비, 기구 세척시설

④ 판매자 및 작업자들의 휴식이 필요한 휴게시설

⑤ 맞춤형화장품 간 혼입이나 미생물 오염을 방지할 수 있는 시설

78. 다음 중 작업장 및 시설 기구의 위생관리로 옳지 <u>않은</u> 것은?

① 작업장과 시설, 기구를 정기적으로 점검한다.

② 혼합·소분에 사용되는 시설, 기구 등은 사용 전에만 충실히 세척한다.

③ 세제, 세척제는 잔류하거나 표면에 이상을 초래하지 않는 것을 사용한다.

④ 세척한 시설, 기구는 잘 건조하여 다음 사용 시까지 오염을 방지하도록 한다.

⑤ 작업장과 시설, 기구를 위생적으로 관리 및 유지하도록 한다.

79. 다음 중 작업원의 위생관리로 옳지 <u>않은</u> 것은?

① 혼합·소분 전에는 손을 소독 또는 세정

② 혼합·소분 전에 일회용 장갑 착용

③ 혼합·소분 시에는 위생복 및 마스크 착용

④ 혼합·소분 시에는 앞치마 착용

⑤ 피부 외상이나 질병이 있는 경우 회복 전까지 혼합·소분 행위 금지

80. 맞춤형화장품 사후관리를 위해 안전성 정보(부작용 발생 사례 포함)를 인지한 경우 신속히 누구에게 보고해야 하는가?

① 맞춤형화장품조제관리사

② 책임판매업자

③ 책임판매관리자

④ 식품의약품안전처장

⑤ 맞춤형화장품판매업자

81. 다음 중 표피의 유극층의 특징으로 옳지 <u>않은</u> 것은?

① 2~3층의 납작한 세포로 구성되어 있다.

② 표피에서 가장 두꺼운 층이다.

③ 손상 시 재생 능력이 있다.

④ 세포와 세포 사이에 림프액이 흐른다.

⑤ 피부의 면역기능을 담당하는 랑게르한스세포가 존재한다.

82. 피부의 진피에 대한 설명이다. (   ) 안에 들어갈 용어가 알맞게 짝지어진 것은?

┤보 기├

진피는 표피 아래에 있는 두꺼운 층으로 표피 두께의 약 15~40배 정도를 차지한다.
(   )과 (   )으로 구성되나 표피층처럼 명확하지는 않으며 그 조직 속에 혈관, 림프관, 신경, 땀샘, 피지샘, 입모근 등이 분포되어 있다.

① 유두층 – 망상층　　　　　　② 기저층 – 유두층

③ 유극층 – 과립층　　　　　　④ 각질층 – 투명층

⑤ 망상층 – 유극층

83. 다음은 〈보기〉는 피부의 생리작용 중 어떤 작용에 대한 설명인가?

┤보 기├

더울 때는 모세혈관이 넓어지고 혈액순환이 활발해져 열이 배출된다.
추울 때는 모세혈관이 수축되어 혈액순환을 둔화시켜 발열을 억제한다.

① 보호작용　　　　　② 지각작용　　　　　③ 분비작용

④ 체온조절작용　　　⑤ 호흡작용

84. 다음 중 모발의 성장 사이클을 바르게 나타낸 것은?

① 성장기→ 퇴행기→ 휴지기→ 탈모

② 퇴행기→ 성장기→ 휴지기→ 탈모

③ 휴지기→ 퇴행기→ 성장기→ 탈모

④ 휴지기→ 성장기→ 퇴행기→ 탈모

⑤ 성장기→ 휴지기→ 퇴행기→ 탈모

85. 다음 중 화장품 원료 보관관리의 방법이 <u>아닌</u> 것은?

① 기구 세척 시설 구비

② 분리 또는 구획

③ 선입 또는 선출

④ 합격품 사용

⑤ 적절한 보관 조건 유지

86. 다음 중 피부 자극성, 감작성, 경구독성, 이물 혼입, 파손 등이 없어야 하는 것은 화장품의 품질 특성 중 어느 것에 해당하는가?

① 안전성   ② 안정성   ③ 사용성   ④ 유용성   ⑤ 감각성

87. 다음 중 화장품 원료를 보관할 때 화장품 용기의 조건으로 옳지 <u>않은</u> 것은?

① 기밀 용기   ② 밀폐 용기   ③ 밀봉 용기

④ 투명 용기   ⑤ 차광 용기

88. 다음 중 천연보습인자(NMF)의 특징으로 옳지 <u>않은</u> 것은?

① 필라그린(filaggrin)이 분해될 때 생성되는 부산물이다.

② 각질층의 유연성을 높여 주는 역할을 한다.

③ 피부 활성에 관여하는 중요한 요소이다.

④ 아미노산, 젖산, 피롤리돈 카르복실산 등으로 구성되어 있다.

⑤ 세포막에 다량으로 존재하는 지방산으로 이루어진 분자이다.

89. 다음 〈보기〉가 설명하는 모발의 생리 구조를 읽고 (   )에 적합한 용어를 쓰시오.

┤보 기├

· 모발은 피부의 각질층이 변화해서 생긴 것으로, 주로 섬유성 단백질인 (   )으로 구성된 조직
· (   )은 18가지 아미노산으로 조성되어 있는데 그중에서도 시스틴(cystine)이 14~18%로 다량 함
  유되어 있음

90. 다음은 화장품법 제9조에 명시된 안전 용기 · 포장 등에 관한 내용이다. (   ) 안에 들어갈
내용으로 알맞은 숫자를 쓰시오.

┤보 기├

화장품책임판매업자 및 맞춤형화장품판매업자는 화장품을 판매할 때에는 어린이가 화장품을 잘못
사용하여 인체에 위해를 끼치는 사고가 발생하지 아니하도록 안전 용기 · 포장을 사용하여야 한다.
이에 따른 안전 용기 · 포장은 성인이 개봉하기는 어렵지 아니하나 만 (   )세 미만의 어린이가 개봉
하기는 어렵게 된 것이어야 한다.

91. 다음 〈보기〉의 (   ) 안에 들어갈 적합한 용어를 쓰시오.

┤보 기├

(   )은 흰머리에 색을 입혀 눈에 잘 띄지 않게 하여 젊어 보이는 인상을 주거나, 모발색을 변화시켜
유행을 따르는 인상을 주는 데 유용한 시술이다. 최근 이러한 특징이 널리 인식되어 (   )을 즐기는
사람들이 많아졌고, 그에 따라서 (   ) 손상으로 인한 의식도 고조되었다.

92. 맞춤형화장품조제관리사가 정기교육을 이수하지 않은 경우 과태료가 얼마인지 쓰시오.

93. 다음은 모발의 구조 중 모근부에 대한 설명이다. (   ) 안에 들어갈 알맞은 용어는?

┤보 기├

(   )는 모유두를 둘러싸고 있다. 모발의 어머니라는 의미를 가지는 (   )는 모낭 밑에 있는 모유두
에 흐르는 모세혈관으로부터 영양분을 흡수하여 세포분열을 통해 모발을 형성한다.

94. 다음에 설명된 내용으로 알 수 있는 화장품 성분의 명칭은?

┤보 기├

- 하이드로퀴논에서 파생된 성분이다.
- 백색, 미황색의 가루로 특이한 냄새가 난다.
- 월귤나무열매에서 추출이 가능하다.
- 티로시나아제의 활성을 저해하여 멜라닌 생성을 감소시키는 식약처의 미백 기능성화장품 고시 성분이다.

95. 피부는 체외에서부터 표피, 진피, 피하조직으로 구성된다. 표피는 총 5개의 층으로 관찰되며 멜라닌형성세포와 각질형성세포도 존재한다. 이 두 개의 세포가 존재하는 표피층의 이름은 무엇인가?

96. 다음은 1차 포장 용기의 재질 및 특성에 관한 설명이다. 〈보기〉에서 설명하는 용기의 재질을 쓰시오.

┤보 기├

- 기계적인 강도가 강해서 얇아도 충분한 강도가 있으며 가스 투과는 안 된다.
- 내용물의 성분 또는 대기 중의 수분, 가스 등에 의한 부식, 변색이 가능하다.
- 코팅, 도금, 산화 피막 등의 부식 방지된 것을 사용한다.
- 다른 용기에 비해 단가가 비싸다.

97. 다음 〈보기〉는 맞춤형화장품 안전성 평가 항목 중 어떤 시험에 관한 내용인지 쓰시오.

┤보 기├

- 사람이 피부에 시험 물질을 일회 적용한 후, 자외선에 노출된 것에 의해 생기는 피부 반응의 정도를 예측하기 위해 실시되는 시험이다.
- 자외선을 받는 조건에서 시험 물질을 피부에 일회 접촉시켜 광여기에 의해 변화된 자극 물질에 의해 생기는 홍반, 부종 등의 변화를 지표로 하는 피부 반응이다.

98. 다음 〈보기〉는 계면활성제를 이용한 기술에 관한 내용이다. (   )에 공통으로 들어갈 적합한
용어를 쓰시오.

┤보 기├

(   )은(는) 물 또는 오일 성분에 미세한 고체 입자가 계면활성제에 의해 균일하게 분포된 상태를 뜻
한다. 도료, 잉크, 고무, 화장품, 의약품 등 여러 공업 분야에서 널리 이용하는 기술이다. 고체 입자의
크기에 따라 대략 1~10㎛ 정도의 입자가 (   )된 계를 콜로이드(colloid), 100㎛ 상의 입자가 (   )
된 계를 서스펜션(suspension)이라 부른다. 이러한 기술이 적용된 예로 네일 에나멜, 마스카라, 파운
데이션 등이 있다.

99. (   )에 공통으로 들어갈 적합한 용어를 쓰시오.

┤보 기├

보존제 성분은 원료마다 (   )가 규정되어 있으며, 사용량 초과 시 대부분 피부 자극 및 부작용을 줄
수 있는 원료이다. 자외선 차단 성분도 각 원료마다 (   )가 규정되어 있으며, 보존제 성분과 마찬가
지로 몇몇 원료의 경우는 사용하면 안 되는 원료로 취급되고 있다. 그 외에 향료와 색소 등의 원료들
역시 (   )가 규정되어 있다.

100. 다음 〈보기〉는 화장품책임판매업 등록 및 변경에 관한 내용이다. (   )에 공통으로 들어갈
적합한 용어를 쓰시오.

┤보 기├

화장품법 제3조 및 시행규칙 제4조에 근거하여 화장품책임 판매업의 등록은 (   )으로 정하는 바
에 따라 화장품판매업 등록신청서와 함께 화장품 품질관리 및 제조판매 후 안전관리에 적합한 기준
에 관한 규정(전자상거래 수입 대행 제외), 책임판매자 자격 확인 서류(전자상거래 수입 대행자 제
외)를 준비하여 식품의약품안전처에 등록하며 역시 (   )으로 정하는 화장품의 품질관리 및 책임
판매 후 안전관리에 관한 기준을 갖추어야 하며, 이를 관리할 수 있는 관리자(책임판매 관리자)를 두
어야 한다.

제3회

핵심 모의고사

1과목	화장품법의 이해 (1~10번)	선다형 7문항 단답형 3문항

1. 화장품법 제3조 맞춤형화장품조제관리사 자격시험과 관련된 내용이 <u>아닌</u> 것은?

① 거짓이나 그 밖의 부정한 방법으로 시험에 합격한 경우에는 자격이 취소된다.

② 맞춤형화장품조제관리사가 되려는 사람은 화장품과 원료 등에 대하여 보건복지부 장관이 실시하는 자격시험에 합격하여야 한다.

③ 식품의약품안전처장은 필요한 전문 인력과 시설을 갖춘 기관 또는 단체를 시험기관으로 지정하여 시험업무를 위탁할 수 있다.

④ 자격시험의 시기, 절차, 방법, 시험과목, 자격증의 발급, 시험 운영기관 지정 등 자격시험에 필요한 사항은 총리령으로 정한다.

⑤ 자격이 취소된 사람은 취소된 날부터 3년간 자격시험에 응시할 수 없다.

2. 다음 중 개인정보의 파기에 대한 설명으로서 <u>잘못된</u> 것은?

① 다른 법령에 따라 개인정보를 보존해야 하는 경우에는 파기하지 않고 보존할 수 있다.

② 보유기간의 경과 등 그 개인정보가 불필요하게 되었을 시 지체 없이 그 개인정보를 파기하여야 한다.

③ 개인정보를 파기하지 아니하고 보존하는 경우 해당 개인정보 또는 개인정보 파일을 다른 개인정보들과 함께 안전하게 저장·관리하여야 한다.

④ 전자적 파일 형태인 경우 복원이 불가능한 방법으로 영구 삭제하여 복구 또는 재생되지 아니하도록 조치하여야 한다.

⑤ 기록물, 인쇄물, 서면, 그 밖의 기록 매체인 경우에는 파쇄 또는 소각하여 복구 또는 재생되지 아니하도록 조치한다.

3. 다음 중 개인정보의 열람 요구에 대한 설명으로서 <u>틀린</u> 것은?

① 정보주 체는 자신의 개인정보에 대한 열람을 해당 개인정보 처리자에게 요구할 수 있다.

② 개인정보 처리자가 공공기관인 경우에는 행정안전부를 통하여만 열람 청구를 할 수 있다.

③ 개인정보 열람을 요구받았을 때에는 10일 이내에 열람할 수 있도록 조치해야 한다.

④ 다른 사람의 신체를 해할 우려가 있는 경우 개인정보 열람이 제한되거나 거절될 수 있다.

⑤ 다른 사람의 재산을 부당하게 침해할 우려가 있는 경우 개인정보 열람이 거절될 수 있다.

4. 유기농화장품이 기준 제8조에서 규정한 원료의 조성에 관한 설명으로 보기의 (   ) 안에 들어갈 함량의 순서로 옳은 것은?

> **┤보 기├**
>
> 유기농화장품은 별표 7에 따라 중량 기준으로 계산하였을 때 유기농 함량이 전체 제품에서 (   ) 이상 이어야 하며, 유기농 함량을 포함한 천연 함량이 전체 제품에서 (   ) 이상이어야 한다.

① 20% 80%   ② 30% 90%   ③ 10% 95%

④ 10% 90%   ⑤ 5% 95%

5. 다음 중 화장품제조업자 준수사항에서 작성 보관하도록 규정하고 있는 서류에 해당하지 <u>않는</u> 것은?

① 제조관리 기준서   ② 제품 표준서   ③ 시설설비기록서

④ 제조관리 기록서   ⑤ 품질관리 기록서

6. 맞춤형화장품판매업자가 폐업신고를 하지 <u>않은</u> 경우의 처벌규정은 무엇인가?

① 과태료 50만 원   ② 과태료 100만 원

③ 과태료 200만 원   ④ 벌금 50만 원

⑤ 벌금 100만원

7. 화장품의 전성분 정보 표기에 대한 기재 원칙으로 옳지 <u>않은</u> 것은?

① 전성분을 표기하는 글자의 크기는 5포인트 이상으로 한다.

② 화장품 성분은 원료명이나 원어를 그대로 사용해야 한다.

③ 혼합 원료는 혼합된 개별 성분의 명칭을 기재·표시한다.

④ 전성분이라 함은 제품 표준서에 의해 사용된 성분들의 명칭이다.

⑤ 1% 이하로 사용된 성분, 착향제 및 착색제는 순서에 상관없이 기재할 수 있다.

8. 화장품법은 약사법에서 분리되어 2000년 7월부터 시행, 보건복지부에서 담당하다가 2013년 3월부터 소관 부처가 변경되었다. 현재 우리나라의 화장품에 대한 업무를 담당하는 소관 부처는 어디인가?

9. 다음은 화장품법에 규정된 화장품 산업의 지원에 대한 설명이다. 괄호 안에 들어갈 행정부처 장관을 쓰시오.

|보 기|

화장품제조업자 또는 화장품책임판매업자가 폐업 또는 휴업하거나 휴업 후 그 업을 재개하려는 경우에는 폐업, 휴업 또는 재개 신고서(전자문서로 된 신고서를 포함한다)에 화장품제조업 등록필증 또는 화장품책임판매업 등록필증을 첨부하여 (   )에게 제출해야 한다.

10. 다음은 화장품법에 규정된 화장품 기재사항 중 1차 포장에 반드시 표시해야 하는 사항이다. 괄호 안에 들어갈 표시사항을 쓰시오.

|보 기|

화장품법 제10조 제2항에 화장품의 1차 포장 표시사항은 화장품의 명칭, (   ), 제조번호, 사용기한 또는 개봉 후 사용기간이다.

11. 다음 중 화장품 위해 평가의 대상이 <u>아닌</u> 것은?

① 현재 사용한도 성분의 기준이 적정한지 평가
② 비의도적 오염 물질에 대한 기준 설정이 적정한지 평가
③ 화장품 안전과 관련한 이슈 성분의 위해성을 평가
④ 위험에 대한 충분한 정보가 부족한 경우의 평가
⑤ 인체 위해의 유의한 증거가 없음을 검증하기 위한 평가

12. 화장품 사용 시의 공통적인 주의사항에 해당하지 <u>않는</u> 설명은?

① 직사광선을 피하고 서늘한 곳에 보관한다.
② 뚜껑을 항상 닫아서 보관하고 어린이의 손에 닿지 않도록 한다.
③ 제품을 덜어낼 때에는 도구를 사용하여 손의 접촉을 최소화한다.
④ 상처가 있는 부위에는 사용량을 최소한으로만 도포하고 주의하여 사용한다.
⑤ 화장품의 사용 부위에 가려움증 등의 이상 증상이 있는 경우 전문의와 상담하도록 한다.

13. 화장품 사용 시의 주의사항으로 <u>잘못된</u> 것은?

① 팩은 눈 주위를 피하여 사용하도록 한다.
② 외음부 세정제는 임신 중에는 사용하지 않도록 하는 것이 바람직하다.
③ 고압가스를 사용하는 에어로졸 제품은 같은 부위에 연속해서 3초 이상 분사하지 않는다.
④ AHA가 0.5% 이하로 함유된 제품은 피부 이상 확인시험 사용을 생략해도 무방하다.
⑤ 체취 방지용 제품은 털을 제거한 직후에 사용하는 것이 효과적이다.

14. 여드름을 완화하는 데 도움을 주는 화장품은 씻어내는 제품만이 기능성화장품에 해당한다. 다음 중 여드름 완화 성분으로 옳은 것은?

① 덱스판테놀(Dexpanthenol)
② 비오틴(Biotin)
③ 살리실릭애씨드(Salicylic acid)
④ 엘-멘톨(l-Menthol)
⑤ 징크피리치온(Zinc Pyrithione)

15. 화장품 원료의 제조 및 품질관리의 적합성을 보장하는 기본 요건들을 충족하고 있음을 보증하기 위하여 제품 표준서, 제조관리 기준서, 품질관리 기준서 및 제조위생관리 기준서를 작성하고 보관하여야 한다. 다음 중 제조관리 기준서에 포함되어야 하는 사항이 <u>아닌</u> 것은?

① 시설 및 기구 관리에 관한 사항
② 작업원의 위생에 관한 사항
③ 제조 공정관리에 관한 사항
④ 원자재 관리에 관한 사항
⑤ 완제품 관리에 관한 사항

16. 기능성화장품 기준 및 화장품에서 규정하고 있는 pH에 대한 설명으로 <u>잘못된</u> 것은?

① pH는 물의 산성이나 알칼리성의 정도를 나타내는 수치로서 수소이온 농도의 지수이다.
② pH의 범위가 약 3~5인 경우 약산성이라고 한다.
③ 기초화장용 제품류의 액상제품은 pH 기준이 4.5~7.0이어야 한다.
④ 액성을 구체적으로 표시할 때에는 pH값을 쓴다.
⑤ 따로 규정이 없는 한 리트머스지를 써서 액성을 검사한다.

17. 화장품의 원료 보관 시, 필요한 환경에 대한 내용이 <u>아닌</u> 것은?

① 출입 제한, 오염 방지를 위한 시설 및 시스템, 필요 항목을 설정한 온도
② 방충 대책, 필요 항목을 설정한 온도, 필요한 조건의 습도
③ 안정성 시험결과에 따른 습도, 제품 표준서를 토대로 한 차광 조건
④ 필요한 조건의 습도, 상온 보관 원칙, 필요한 조건의 차광
⑤ 오염 방지를 위한 동선 관리, 방서 대책, 방충 대책

18. 제품의 입고, 보관 및 출하의 과정을 순서대로 올바르게 나열한 것은?

① 포장공정→ 임시보관→ 시험 중 라벨 부착→ 제품시험합격→ 합격라벨부착→ 보관→ 출하
② 임시보관→ 포장공정→ 시험 중 라벨 부착→ 제품시험합격→ 합격라벨부착→ 보관→ 출하
③ 포장공정→ 시험 중 라벨 부착→ 제품시험합격→ 임시보관→ 합격라벨부착→ 보관→ 출하
④ 임시보관→ 시험 중 라벨 부착→ 포장공정→ 제품시험합격→ 합격라벨부탁→ 보관→ 출하
⑤ 포장공정→ 시험 중 라벨 부착→ 임시보관→ 제품시험합격→ 합격라벨부착→ 보관→ 출하

19. 위해 여부 판단에 대한 설명으로 옳지 <u>않은</u> 것은?

① 위해요소가 인체에 노출되는 양을 산출하는 노출 평가에 대한 자료는 90일 이상 사용 후, 연구소로부터 심사결과 통지서를 받아야 한다.

② 위해 평가는 화장품 성분의 특성에 따라 과학적인 방법으로 평가하는 것이 바람직하다.

③ 해당 원료가 국내외의 연구기관에서 이미 위해 평가를 실시했다면 그를 근거로 판단할 수 있다.

④ 위해 평가의 기준, 방법 등에 관한 세부사항은 식품의약품안전처장이 정하여 고시한다.

⑤ 위해요소의 인체 독성을 확인하는 위험성 확인 과정을 거쳐 실시한다.

20. 다음 화장품 원료 중 왁스류에 속하는 것으로 옳은 것은?

① 올리브유 　　　　② 유칼립투스 오일 　　　　③ 바세린
④ 스쿠알란 　　　　⑤ 호호바 오일

21. 다음 중 퍼머넌트 웨이브 시 제1액의 환원제로서 치오글라이콜릭애씨드계의 펌제에 비하여 모발 손상은 적지만 강한 웨이브력을 내지는 못하는 성분은 무엇인가?

① 브롬산나트륨 　　　　② 모노에탄올아민 　　　　③ 시스테인
④ 과산화수소 　　　　⑤ 아르기닌

22. 이 원료는 주로 고분자 화합물(Polymers)을 이용한 것으로 도포 후 시간이 경과하면 굳게 되는 성질을 가진다. 주로 팩, 네일 에나멜, 헤어 코팅제 등에 사용되는 원료는 무엇인가?

① 점증제 　　　　② 계면활성제 　　　　③ 보습제
④ 피막 형성제 　　　　⑤ 왁스

23. 다음 중 화장품에 고분자 화합물을 사용하는 목적으로 옳지 <u>않은</u> 것은?

① 제품의 점성을 높이기 위한 목적
② 물에 용해되지 않는 물질을 용해
③ 사용감을 개선시키기 위한 목적
④ 유화 안전성을 크게 향상
⑤ 피막을 형성하기 위한 목적

24. 다음 중 물질이 피부를 통과하는 일련의 과정인 피부 흡수율 평가 단계의 국제적인 용어와 설명이 옳게 짝지어진 것은?

① 통과(penetration)는 물질이 전신으로 흡수되는 것을 말한다.

② 흡수(resorption)는 물질이 특정 층이나 구조로 들어가는 것을 말한다.

③ 침투(permeation)는 한 층에서 기능 및 구조적으로 다른 층으로 통과하는 것이다.

④ 흡수(resorption)는 한 층에서 기능 및 구조적으로 다른 층으로 통과하는 것이다.

⑤ 침투(permeation)는 물질이 특정 층이나 구조로 들어가는 것을 말한다.

25. 퍼머넌트웨이브 제품 및 헤어스트레이트너 제품 사용 시 주의사항으로 옳지 <u>않은</u> 것은?

① 특이 체질, 생리 또는 산전후이거나 질환이 있는 사람 등은 사용을 피할 것

② 머리카락의 손상 등을 피하기 위하여 용법·용량을 지킬 것

③ 색이 변하거나 침전된 경우에는 사용하지 말 것

④ 얼굴 등에 약액이 묻었을 때에는 즉시 물로 씻어 낼 것

⑤ 섭씨 20도 이상의 어두운 장소에 보존할 것

26. 피부의 주름 개선에 도움을 주는 화장품의 식약처 고시 원료로 옳은 것은?

① 살리실릭애씨드   ② 레티놀

③ 징크피리치온   ④ 징크옥사이드

⑤ 에칠아스코빌에텔

27. 다음 중 기능성화장품의 범위에 속하지 <u>않는</u> 것은?

① 곱게 태워 주는 화장품

② 일시적 모발 염모 화장품

③ 자외선으로부터 보호해 주는 화장품

④ 인체 세정용 여드름 완화 화장품

⑤ 미백에 도움을 주는 화장품

28. 다음 중 착색이 목적이 아닌 제품의 적절한 제형을 갖추게 하기 위해 사용되는 안료로 마이카, 세리사이트, 카올린 등의 점토 광물과 무수규산 등의 합성 무기 분체 등이 대표적인 무기 안료를 무엇이라 하는가?

① 백색 안료   ② 착색 안료   ③ 체질 안료

④ 진주 광택 안료   ⑤ 특수 기능 안료

29. 다음 〈보기〉에 해당하는 내용의 비타민은 무엇인가?

|보 기|

지용성 물질의 강한 항산화 효과 때문에 지질 물질의 과산화 생성 예방에 효과가 있다. 화장품에서는 주로 토코페릴아세테이트의 유도체 형태로 사용되고 있으며, 화장품에는 피부 유연 및 세포의 성장 촉진, 항산화 작용 등의 목적으로 사용된다.

① 비타민 A   ② 비타민 B   ③ 비타민 C   ④ 비타민 E   ⑤ 비타민 F

30. 다음 중 피부 자극이 비교적 적어 피부 안전성이 높고, 유화력, 습윤력, 가용화력, 분산력 등이 우수하여 세정제를 제외한 대부분의 화장품에서 사용되는 계면활성제의 종류는 무엇인가?

① 양이온 계면활성제   ② 음이온 계면활성제
③ 세정제 계면활성제   ④ 비이온 계면활성제
⑤ 한쪽성 계면활성제

31. 다음 보기의 (   )에 맞는 맞춤형화장품의 내용물 및 원료에 대한 품질검사 결과를 확인해 볼 수 있는 서류를 쓰시오.

|보 기|

맞춤형화장품판매업자는 맞춤형화장품의 내용물 및 원료의 입고에 대한 품질관리 여부를 확인하고 책임판매업자가 제공하는 (   )를 구비해야 한다. 책임판매업자와 맞춤형화장품판매업자가 동일한 경우에는 제외한다.

32. 화장품의 사용상 제한이 필요한 보존제 성분의 사용한도 중 페녹시에탄올의 한도는 몇 %인지 쓰시오.

33. 다음은 미백 기능성화장품 고시 성분 중 하나에 대한 설명이다. 다음 〈보기〉는 의 (   )에 맞는 성분의 이름을 쓰시오.

|보 기|

진달래과의 월귤나무의 잎에서 추출한 하이드로퀴논에 클리커실기를 반응시켜 얻은 배당체이다. (   )은(는) 멜라닌 활성을 도와주는 티로시아나제 효소의 활성작용을 억제하여 피부의 미백을 돕는다.

34. 다음 〈보기〉에서 (   )에 들어갈 용어를 작성하시오.

┤보기├

(   )(이)란 화장품의 사용 중 발생한 바람직하지 않고 의도되지 않은 징후, 증상 또는 질병을 말하며 해당 화장품과 반드시 인과관계를 가지는 것은 아니다.

35. 다음 〈보기〉에서 (   )에 들어갈 용어를 작성하시오.

┤보기├

비누, 샴푸, 클렌징폼 등에 주로 사용되며 세정작용과 기포 형성작용이 우수한 계면활성제는 (   ) 계면활성제이다.

36. 다음 중 작업소의 시설기준에 대한 설명으로 옳지 <u>않은</u> 것은?

① 외부와 연결된 창문은 가능한 열리지 않도록 할 것

② 수세실과 화장실은 생산 구역과 공간을 분리하여 생산 과정에서는 접근에 제한을 둘 것

③ 작업소 내의 외관 표면은 가능한 매끄럽게 설계하고, 청소, 소독제의 부식성에 저항력이 있을 것

④ 각 제조 구역별 청소 및 위생관리 절차에 따라 효능이 입증된 세척제 및 소독제를 사용할 것

⑤ 환기가 잘 되고 청결할 것

37. 다음 중 작업소의 위생에 대한 내용으로 옳지 <u>않은</u> 것은?

① 곤충, 해충이나 쥐를 막을 수 있는 대책을 마련하고 정기적으로 점검·확인하여야 한다.

② 제조, 관리 및 보관 구역 내의 바닥, 벽, 천장 및 창문은 항상 청결하게 유지되어야 한다.

③ 제조시설이나 설비의 세척에 사용되는 세제 또는 소독제는 효능이 입증된 것을 사용하고 잔류하거나 적용하는 표면에 이상을 초래하지 아니하여야 한다.

④ 필요한 경우 위생관리 프로그램을 운영하여야 한다.

⑤ 제조시설이나 설비는 1주일에 1회 이상 전문 업체에서 청소와 점검을 해야 한다.

38. 다음 중 설비 세척의 원칙으로 옳지 <u>않은</u> 것은?

① 위험성이 없는 용제(물이 최적)로 세척한다.

② 증기 세척은 좋은 방법이다.

③ 설비에 묻은 원료는 세제를 사용하여 산패를 막는다.

④ 분해할 수 있는 설비는 분해해서 세척한다.

⑤ 판정 후의 설비는 건조·밀폐해서 보존한다.

39. 다음 중 원료 및 포장재의 관리 시 주의할 사항으로 옳지 <u>않은</u> 것은?

① 보관 조건은 각각의 원료와 포장재에 적합하여야 한다.

② 특수한 보관 조건은 적절하게 준수, 모니터링되어야 한다.

③ 원료와 포장재가 재포장될 경우, 재포장임을 알 수 있도록 별도의 표시를 해야 한다.

④ 특별한 경우를 제외하고, 가장 오래된 재고가 제일 먼저 불출되도록 처리해야 한다.

⑤ 원료 및 포장재는 정기적으로 재고조사를 실시한다.

40. 화장품 생산 시설의 유지관리에 대한 내용으로 옳은 것은?

① 결함 발생 및 정비 중인 설비는 고장으로 표시하여야 한다.

② 모든 제조 관련 설비는 접근·사용이 개방되어야 한다.

③ 제조 후 설비는 다음 사용 시까지 오염되지 않도록 관리하여 다시 사용한다.

④ 건물, 시설 및 주요 설비는 정기적으로 점검하여 화장품의 제조 및 품질관리에 지장이 없도록 유지·관리·기록하여야 한다.

⑤ 유지관리 작업이 제품의 품질에 영향을 줄 수 있다.

41. 작업장의 청량실 위생 유지를 위한 세제로 옳은 것은?

① 중성세제   ② 크레졸   ③ 승홍산

④ 치아염소산 나트륨   ⑤ 클로헥시티딘

42. 작업장의 공기 조절의 4대 요소가 <u>아닌</u> 것은?

① 공기정화   ② 실내온도   ③ 청정도

④ 습도   ⑤ 기류

43. 다음 중 Clean Bench의 작업실은 청정도 몇 등급이어야 하는가?

① 청정도 1등급   ② 청정도 2등급

③ 청정도 3등급   ④ 청정도 4등급

⑤ 청정도 5등급

44. 다음 〈보기〉에서 보관중인 포장재의 출고 시 유의사항으로 옳은 것을 모두 고르시오.

| 보 기 |

ㄱ. 포장 재료 출고의 경우 포장 단위의 묶음 단위를 풀어 적격 여부와 매수를 확인한다.

ㄴ. 낱개 출고는 계수 및 계량하여 출고하고, 문안 변경이나 규격 변경을 확인한다.

ㄷ. 출고 자재가 선입선출 순으로 출고되는지 확인한다.

ㄹ. 시험 번호순은 확인 사항에서 제외한다.

ㅁ. 포장재 수령 시, 출고 의뢰서와 포장재명, 코드번호, 규격, 수량, '적합' 라벨 부착 여부, 포장 상태 등을 확인한다.

① ㄱ ㄴ ㄷ ㄹ   ② ㄱ ㄴ ㄷ ㅁ   ③ ㄴ ㄷ ㄹ ㅁ

④ ㄱ ㄴ ㄹ ㅁ   ⑤ ㄱ ㄷ ㄷ ㄹ ㅁ

45. 세척제로 사용하는 계면활성제의 작용 기능으로 옳은 것은?

① 산화에 의한 세포 기능장애

② 단백질 응고 또는 변경에 의한 세포 기능장애

③ 효소계 저해에 의한 세포 기능장애

④ 세포벽과 세포막 파괴에 의한 세포 기능장애

⑤ 원형질 중의 단백질과 결합하여 세포 기능장애

46. 직원의 위생관리 기준 및 절차에 포함되어야 하는 것으로 <u>틀린</u> 것은?

① 직원의 작업 시 복장과 주의사항

② 직원에 의한 제품의 오염 방지에 관한 사항

③ 직원의 건강 상태 확인

④ 직원의 손 씻는 방법

⑤ 직원의 영양 상태 확인

47. 화장품을 포장하는 용기에 주로 이용되는 소재로 대표적인 것은 플라스틱, 유리 및 금속이다. 다음 중 유백색으로 광택이 없고 수분 투과율이 낮아 화장수, 유약, 샴푸 린스 등의 용기 및 튜브 등에 사용되는 플라스틱 소재로 옳은 것은?

① 저밀도 폴리에틸렌(Low Density Polyethylene)

② 고밀도 폴리에틸렌(High Density Polyethylene)

③ 폴리프로필렌(Polypropylene)

④ 폴리스티렌(Polystyrene)

⑤ 폴리염화비닐(Polyvinyl Chloride)

48. 다음은 〈보기〉는 보관 중인 포장재의 어느 항목의 기준에 관한 관련 내용이다. (   ) 안에 공통적으로 들어갈 적합한 용어로 옳은 것은?

|보 기|

포장재의 관리 및 출고에 있어 선입선출에 따랐음에도 보관 기간이나 또는 유효기간이 지났을 경우에는 규정에 따라 (   )하여야 한다.
포장재 보관관리 담당자는 불량 포장재에 대해 부적합 처리하여 부적합 창고로 이송한 후, 이를 (   ) 조치 후 해당 업체에 시정 조치 요구를 한다.

① 폐기　　　② 반송　　　③ 반품　　　④ 재활용　　　⑤ 재사용

49. 다음의 포장재 폐기 절차 및 관련 내용에 대하여 옳지 <u>않은</u> 것은?

① 사업장의 폐기물 배출자는 폐기물의 상태를 정확히 파악하여 적정하게 처리하여야 한다.

② 일정한 폐기물을 배출·운반 처리하는 자는 폐기물 인계서를 작성해야 한다.

③ 폐기물은 반드시 분리해서 보관해야 한다.

④ 폐기물 보관 장소는 지붕이 있는 것과는 상관이 없다.

⑤ 폐기물 보관소로 운반하여 담당 작업자와 분리 수거를 확인하고 중량을 측정하여 폐기물대장에 기록한 후 인계한다.

50. 품질에 문제가 있거나 회수·반품된 제품을 폐기하지 않고 재작업할 수 있는 요건은 무엇인가?

|보기|

ㄱ. 변질 또는 변패되지 않은 경우

ㄴ. 병원성미생물에 오염되지 아니한 경우

ㄷ. 제조일로부터 1년이 경과하지 않았거나 사용기한이 1년 이상 남아 있는 경우

① 기준 일탈 처리된 완제품 또는 벌크제품은 재작업을 할 수 없다.

② ㄱ과 ㄴ에 해당하면 재작업이 가능하다.

③ ㄴ과 ㄷ에 해당하면 재작업이 가능하다.

④ ㄱ과 ㄷ에 해당하면 재작업이 가능하다.

⑤ ㄱ과 ㄴ과 ㄷ에 모두 해당하면 재작업이 가능하다.

51. 화장품 제조 시 작업자의 위생관리를 위한 내용으로 옳지 <u>않은</u> 것은?

① 규정된 작업복을 착용하고 일상복이 작업복 밖으로 노출되지 않도록 한다.

② 손 소독은 40% 에탄올을 이용한다.

③ 작업자가 해당 작업실 외의 작업장으로 출입하는 것을 통제한다.

④ 개인 사물을 작업장 내로 반입하지 않는다.

⑤ 작업 전 지정된 장소에서 손 소독을 실시한다.

52. 작업장의 공기 조절의 요소와 대응 설비가 맞게 짝지어진 것은?

① 청정도 – 공기정화기

② 실내온도 – 송풍기

③ 기류 – 가습기

④ 습도 – 공기정화기

⑤ 기류 – 열 교환기

53. 우수화장품 제조 및 품질관리기준 적합 판정을 받고자 하는 업소는 별표 1에 따른 공정별 분류(일부 공정 제조업체만 해당)로 별지 제1호 서식에 따른 신청서(전자문서를 포함한다)에 각호의 서류를 첨부하여 식품의약품안전처장에게 제출하여야 한다. 다음 중 제출하는 서류로 옳지 <u>않은</u> 것은?

① 공조 또는 환기시설 계통도　　　② 품질보증 책임자의 이력서

③ 제조관리 기준서　　　　　　　　④ 용수처리 계통도

⑤ 매출 내역서

54. 다음 〈보기〉를 설명하는 화장품 생산의 기구는 무엇인가?

> **│보 기│**
>
> 온도, 압력, 흐름, 점도, pH, 속도, 부피 그리고 다른 화장품의 특성을 측정 및 기록하기 위해 사용되는 기구이다. 이들 기구들은 화장품제조업자들 사이에 다양하게 보유할 수 있는데 약간은 정교하고 자세한 전자적 설비가 있을 수 있고, 표준 pH 미터와 비수은 온도계 같은 전통적인 장치나 설비를 갖고 있을 수 있다.

① 버킷 컨베이어　　　② 칭량 장치　　　③ 게이지와 미터

④ 교반 장치　　　　　⑤ 라벨기기

55. 피부의 병변 중 구진(papule)에 대한 설명으로 옳은 것은?

① 직경 1cm 이상의 맑은 액체가 포함된 물집

② 직경이 1cm 미만으로 고름(농, pus)이 차있는 경계가 있는 병변(예) 여드름

③ 직경 1cm 미만의 피부 표면이 붓고 융기된 부위, 주위 피부보다 붉고 경계가 명확함

④ 체내 세포 또는 조직의 과잉성장에 의해 비정상적으로 자라나 덩어리. 양성과 악성이 있음

⑤ 액체나 반고형 물질이 들어있는 주머니. 진피나 피하조직까지 침범한 결절의 한 형태

56. 다음 중 보관 중인 포장재의 출고기준의 내용으로 옳지 <u>않은</u> 것은?

① 검토 결과 기록 문서 비치(절차서, CGMP문서 등) - 출고 전 설정된 시험 방법에 따라 관리

② 유통을 보장하는 절차 수립 - 합격 판정 기준에 부합하는 포장재만 출고

③ 관리 상태를 쉽게 파악할 수 있는 방식으로 수행 - 추적이 용이하도록 한다.

④ 후입선출 출고 - 출고 후에는 재확인 과정 무시

⑤ 적재된 자재에 명칭, 확인코드 등을 표시 - 승인된 자만이 포장재의 출고 절차 수행

모의고사 3

57. 설비를 세척한 후에 반드시 실시해야 하는 판정 방법으로 옳은 것은?

① 분해 판정　　　　　　② 미생물 판정　　　　　　③ 육안 판정

④ 화학반응 판정　　　　⑤ 오염 판정

58. 다음 중 특수화장품의 제조실에서 일하는 작업자의 작업 복장의 종류는 무엇인가?

① 실험복　　　② 작업복　　　③ 실습복　　　④ 방진복　　　⑤ 방수복

59. 다음 중 화장품 안전기준 등에 관한 규정상 유통화장품의 안전관리 기준이다. 디옥산의 검출 허용한도기준으로 옳은 것은?

① $10\mu g/g$ 이하　　　　　　　② $20\mu g/g$ 이하

③ $50\mu g/g$ 이하　　　　　　　④ $100\mu g/g$ 이하

⑤ $120\mu g/g$ 이하

60. 화장품 안전기준 등에 관한 규정상 유통화장품의 안전관리 기준이다. 다음 중 미생물의 검출 허용한도기준에 대한 설명으로 **틀린** 것은?

① 물휴지의 세균 및 진균 수는 각각 100개/g(mL) 이하이다.

② 물휴지의 대장균 수는 100개/g(mL) 이하이다.

③ 눈 화장용 제품류의 총 호기성생균 수는 500개/g(mL) 이하이다.

④ 영·유아용 제품류의 총 호기성생균 수는 500개/g(mL) 이하이다.

⑤ 색조 화장용 제품류의 총 호기성생균 수는 1,000개/g(mL) 이하이다.

61. 다음 중 색소침착 피부의 관리에 대한 기본 원리에 해당하지 <u>않는</u> 것은?

① 멜라닌 생성의 억제　　　　　② 자외선 차단제의 사용

③ 티로시나제의 활성화 촉진　　④ 미백 성분의 사용

⑤ 생성된 멜라닌의 배출 촉진

62. 다음 중 백색 안료에 해당하는 것은?

① 징크옥사이드　　　② 탈크　　　　③ 마이카

④ 카올린　　　　　　⑤ 탄산마그네슘

63. 맞춤형화장품의 혼합·소분 시의 주의사항으로 <u>잘못된</u> 것은?

① 혼합하는 장비 또는 기기는 사용 전·후에는 세척 등을 통하여 오염을 방지한다.

② 제품·원료의 입고 시 품질관리 여부를 확인하고 필요한 경우 품질 성적서를 구비한다.

③ 완제품·원료의 입고 시 사용기한을 확인하고 사용기한이 지난 제품은 사용하지 않는다.

④ 사용하고 남은 제품이나 원료는 교차오염의 방지를 위하여 재사용을 하지 않는다.

⑤ 혼합 후에는 물리적 현상(층 분리 등)에 대하여 육안으로 이상 유무를 확인 후 판매한다.

64. 화장품 기재사항 중 착향제 구성 성분을 기재해야 하는 경우 기준이 되는 함량이 바르게 기재된 것을 고른다면?

> **│보 기│**
>
> ㄱ. 사용 후 씻어내는 제품 : 0.1% 초과
>
> ㄴ. 사용 후 씻어내는 제품 : 0.01% 초과
>
> ㄷ. 사용 후 씻어내지 않는 제품 : 0.01% 초과
>
> ㄹ. 사용 후 씻어내지 않는 제품 : 0.001% 초과
>
> ㅁ. 사용 후 씻어내지 않는 제품 : 0.005% 초과

① ㄱ, ㄷ　　　② ㄱ, ㄹ　　　③ ㄱ, ㅁ　　　④ ㄴ, ㄹ　　　⑤ ㄴ, ㅁ

65. 다음 중 맞춤형화장품에 혼합할 수 있는 내용물이나 원료가 <u>아닌</u> 것은?

① 라벤더 오일을 첨가하여 혼합한 제품

② 유용성 감초 추출물을 첨가하여 혼합한 제품

③ 히알루론산을 첨가하여 혼합한 제품

④ 글리세린을 첨가하여 혼합한 제품

⑤ 올리브 오일을 첨가하여 혼합한 제품

66. 화장품 제조 시 착향제로 사용되는 원료 중에서 알레르기(allergy) 유발 물질로 고시되어 구체적인 명칭을 포장재에 표기해야 하는 성분이 <u>아닌</u> 것은?

① 리날롤   ② 신나밀알코올   ③ 에탄올

④ 벤질알코올   ⑤ 참나무 이끼 추출물

67. 위반사항에 대한 벌칙으로서 1년 이하의 징역 또는 1천만 원 이하의 벌금에 해당하는 사항이 <u>아닌</u> 것은?

① 어린이 안전용기포장 규정을 위반한 경우

② 맞춤형화장품판매업으로 신고하지 않거나 변경신고를 하지 않은 경우

③ 기재 표시 주의사항 위반 화장품을 판매, 판매 목적으로 보관 또는 진열한 경우

④ 의약품 오인 우려 기재 표시 화장품의 판매, 판매 목적으로 보관 또는 진열한 경우

⑤ 부당한 표시 광고 행위 등의 금지 규정을 위반한 경우

68. 맞춤형화장품으로 판매하거나 진열할 수 없는 경우에 해당하지 <u>않는</u> 것은?

① 책임판매업 등록을 하지 아니한 자가 유통한 화장품

② 맞춤형화장품판매업 신고를 하지 않은 자가 판매한 맞춤형화장품

③ 화장품의 포장 및 기재·표시 사항을 훼손한 화장품

④ 맞춤형화장품조제관리사를 두지 아니하고 판매한 맞춤형화장품

⑤ 맞춤형화장품조제관리사에 의해 소분되어 사용기한을 수정한 화장품

69. 맞춤형화장품판매업자에게 금지되는 맞춤형화장품 광고에 해당하지 <u>않는</u> 것은?

① 의약품으로 잘못 인식할 우려가 있는 표시·광고

② 기능성화장품의 안전성·유효성에 관한 심사 결과와 다른 내용의 경우

③ 사실과 다르게 소비자를 속이거나 잘못 인식할 우려가 있는 표시·광고

④ 화장품 전성분 표시제에 의한 성분 표시와 업체 전화번호와 홈페이지 주소

⑤ 기능성화장품이 아닌 제품을 기능성화장품으로 잘못 인식할 우려가 있는 경우

70. 맞춤형화장품판매업의 재고관리를 위한 발주 준수사항으로 옳지 <u>않은</u> 것은?

① 화장품 원료의 적정 재고를 유지하기 위하여 원료의 재고량을 파악한다.

② 재고량과 구입량의 파악 후 부족한 원료나 신규 원료에 대해 거래처에 발주한다.

③ 취급하는 원료의 물질 안전보건자료(MSDS/GHS, 화학물질 정보)를 확인한다.

④ 원료 재고량과 신규 구입량을 파악하여 원료를 후입 선출하는 자료로 활용한다.

⑤ 생산 계획서 및 제조 지시서를 확인하고 원료의 총 소요량을 산출한다.

71. 다음 중 화장품 원료의 보관 및 관리에 대한 설명으로 옳지 <u>않은</u> 것은?

① 입고 시 품명, 규격, 수량 및 포장의 상태를 잘 확인 하고 보관해야 한다.

② 취급 시의 혼동 및 오염 방지 대책을 숙지하고 재고 처리하는데 그 목적이 있다.

③ 원료의 훼손 여부 확인 및 훼손되었을 때 처리 방법을 숙지하고 있어야 한다.

④ 원료의 적합한 보관 장소와 환경 및 조건을 알고 있어야 한다.

⑤ 원료의 시험 결과 확인 및 부적합품에 대한 처리 방법을 알고 있어야 한다.

72. 다음 중 천연보습인자(NMF)의 성분으로 옳은 것은?

① 세라마이드(Ceramides)

② 콜레스테롤(Cholesterol)

③ 콜레스테롤 에스터(Cholesterol Esters)

④ 지방산(Fatty acids)

⑤ 아미노산(Amino acids)

73. 다음 중 진피의 망상층에 대한 설명으로 옳지 <u>않은</u> 것은?

① 유두층 위에 위치하며 진피의 대부분을 차지한다.

② 혈관, 림프관, 피지선 등 피부의 부속기관이 존재한다.

③ 콜라겐, 엘라스틴, 섬유아세포 등이 존재한다.

④ 치밀하고 불규칙한 그물 모양의 결합조직이다.

⑤ 약 90% 정도의 콜라겐으로 구성되어 있다.

74. 다음 중 자외선이 피부에 미치는 영향이 <u>아닌</u> 것은?

① 대상포진　　　　② 홍반　　　　③ 색소침착
④ 피부암　　　　　⑤ 비타민 D 합성

75. 1차 포장 작업이란, 화장품 내용물과 직접 접촉하는 포장 용기로 1차 포장 시 필수 기재사항이 <u>아닌</u> 것은?

① 화장품의 명칭   ② 제조번호

③ 사용기한 또는 개봉 후 사용기한   ④ 포장 제조업체

⑤ 영업자의 상호

76. 손톱의 구조 중 눈에 보이는 부분으로 반투명하고 단단한 사각형 모양의 판으로 손톱 바닥이라는 표피의 한 부분을 덮고 있는 부위의 이름은 무엇인가?

① 프리엣지(free edge)   ② 네일바디(nail body)

③ 루눌라(lunula)   ④ 큐티클(cuticle)

⑤ 네일루트(nail root)

77. 진피에 존재하는 섬유성 결합조직의 중요한 성분을 이루는 세포로 콜라겐, 엘라스틴, 기질 등 조직 성분을 합성하는 세포는 무엇인가?

① 섬유아세포   ② 비만세포

③ 대식세포   ④ 멜라닌형성세포

⑤ 각질형성세포

78. 피부의 부속기관 중 다음 설명에 해당하는 용어는 무엇인가?

> ┤보 기├
>
> 모낭의 측면에 위치한 작은 근육이다. 자신의 의지로는 움직일 수 없는 불수의근이다. 이것이 수축되면 모근부를 잡아당기게 되고 털이 수직으로 일어난다. 속눈썹, 코털, 액와 부위의 털에는 없는 근육이다.

① 피지선   ② 모유두   ③ 모구   ④ 모피질   ⑤ 입모근

79. 다음 중 지성 피부의 특징으로 옳지 <u>않은</u> 것은?

① 유분이 많다.

② 피부결이 거칠다.

③ 모공이 좁다.

④ 면포 형성이 생길 수 있다.

⑤ 피부가 두꺼워 보인다.

80. 관능 용어를 검증하는 물리화학적 평가 중 광학적 관능 요소에 포함되는 것은?

① 투명감이 있음 ⇔ 매트함

② 뽀드득함 ⇔ 매끄러움

③ 가볍게 발림 ⇔ 뻑뻑하게 발림

④ 빠르게 스며듦 ⇔ 느리게 스며듦

⑤ 촉촉함 ⇔ 보송보송함

81. 다음 〈보기〉에서 설명하는 원료의 명칭으로 옳은 것은?

| 보기 |

화장품 배합 시 물 또는 각종 원료에는 미량의 철, 구리 등을 함유하게 된다. 이 물질들은 산화에 의해 산패작용을 촉진시키는 촉매로 작용하게 되어 유상 원료의 산패를 촉진시켜 화장품의 냄새가 이상하거나 색이 변하게 되는데 이를 방지하기 위해 사용되는 성분이다.

① 보존제   ② 산화방지제   ③ 금속봉쇄제

④ 불순물제거제   ⑤ 산패방지제

82. 다음 중 식약처에서 고시한 피부의 주름 개선에 도움을 주는 제품의 성분인 것은?

① 알부틴 2~5%   ② 닥나무 추출물 2%

③ 나이아신아마이드 2~5%   ④ 유용성 감초 추출물 0.05%

⑤ 아데노신 0.04%

83. 다음 중 화장품 원료의 보관 조건으로 옳지 <u>않은</u> 것은?

① 겨울에 동결 또는 동파되지 않을 것

② 사용하고 남은 원료 및 반제품은 오염 가능성이 있으니 폐기할 것

③ 적합한 용기(기밀 용기, 밀폐 용기, 차광 용기, 밀봉 용기)에 보관할 것

④ 여름에 온도가 너무 높거나 습도가 너무 높지 않도록 관리할 것

⑤ 바닥과 벽 사이에 공간을 두어 통풍을 원활히 하여 변질을 방지할 것

84. 다음 중 화장품 원료의 구비 조건이 <u>아닌</u> 것은?

① 안전성이 양호할 것

② 향이 좋고 사용성 우수할 것

③ 냄새가 적고 품질이 일정할 것

④ 산화 안정성 등의 안정성이 우수할 것

⑤ 사용 목적에 따른 기능이 우수할 것

85. 다음 중 맞춤형화장품의 기재사항으로 바르게 연결된 것은?

① 화장품의 명칭– 맞춤형화장품의 식별번호–조제관리사의 주소

② 맞춤형화장품판매업자의 주소–가격–화장품의 명칭

③ 원료의 사용기한– 맞춤형화장품판매업자의 주소– 화장품의 공통 주의사항

④ 맞춤형화장품의 포장 성분 – 가격– 기능성화장품의 글자

⑤ 화장품의 명칭– 조제관리사의 주소 – 맞춤형화장품판매업자의 주소

86. 다음 중 모발의 손상된 상태를 분석한 것으로 옳지 <u>않은</u> 것은?

① 염색으로 인한 손상– 단백질 분해 및 용출로 모발의 강도와 윤기 저하

② 펌으로 인한 손상– 알칼리 처리 액으로 인한 단백질 분해로 모발의 약화

③ 자외선으로 인한 손상– 빛에 의한 멜라닌색소 분해로 모발이 밝고 붉어지는 현상

④ 복합 손상– 젖은 상태에서의 염색과 펌, 탈색의 반복 및 그 외 이유로 인한 모발 약화

⑤ 물리적 손상– 고온의 열, 헤어 커팅, 백콤 등으로 큐티클이 벗겨져 모발이 결이 무너짐

87. 다음 중 모발의 생리 중 탈모에 대한 설명으로 옳은 것은?

① 탈모의 주요 원인은 주로 여성호르몬과 큰 연관이 있다.

② 남성보다는 여성에게 탈모가 더 많이 나타난다.

③ 펌, 염색 같은 시술의 화학적, 물리적 자극은 영향을 주지 않는다.

④ 유전적인 이유는 탈모와 상관이 없다.

⑤ 스트레스와 생활 습관, 환경오염, 자외선 등의 기후 조건들도 탈모에 영향을 준다.

88. 다음 중 모발 생리 및 구조에 대한 설명으로 옳은 것은?

① 모발은 크게 눈에 보이는 모근과 두피 안쪽에 위치한 모간으로 이루어져 있다.

② 모근은 다시 모낭, 모구, 모유두의 기관을 포함한다.

③ 모간은 가장 바깥쪽부터 모수질, 모피질, 모표피의 세층의 구조로 형성되어 있다.

④ 모유두는 모구로 부터 영양 공급을 받아 세포분열이 일어나며 모가 성장한다.

⑤ 모수질은 모간의 대부분을 차지하며 모발의 탄력과 강도를 결정한다.

89. 위반사항에 대한 행정 처분으로서 맞춤형화장품 사용 계약을 체결한 책임판매업자를 변경하고도 신고하지 않는 경우 1차 위반의 처분기준은?

90. 다음은 맞춤형화장품판매업자의 원료관리에 대한 사항이다. (   ) 안에 들어갈 알맞은 용어는?

|보 기|

원료의 (   )는 원료 규격에 따라 시험한 결과를 기록한 것으로, 화장품 원료가 입고될 때 원료의 품질 확인을 위한 자료로 첨부된다. (   )에는 일반적으로 물리 화학적 물성과 외관 모양, 중금속, 미생물에 관한 정보가 기재되어 있다. 이 (   )를 보고 자가 품질기준에 따라 원료의 첫 적합 여부를 판단한다.

91. 맞춤형화장품 제품의 사용 후 문제가 발생한 경우 판매자의 역할에 대한 설명이다. ㉠과 ㉡에 들어갈 용어는 무엇인가?

|보 기|

· 식약처가 제품 안전성을 평가할 수 있도록 정보(원료·혼합 등) 제공한다.
· 맞춤형화장품판매업자는 국민보건에 위해를 끼치거나 끼칠 우려가 있는 화장품이 유통 중인 사실을 알게 된 경우 (㉠) 맞춤형화장품의 내용물 등의 계약을 체결한 (㉡)에게 보고한다.
· 소비자 정보를 활용하여 회수 대상 제품을 구입한 소비자에게 회수 사실을 알리고 반품 조치를 취하는 등 적극적으로 회수 활동을 수행해야 한다.

92. 다음에서 설명하는 고객카드에 기록해야 할 사항들을 〈보기〉에서 모두 골라 쓰시오.

맞춤형화장품 사용 후 문제 발생에 대비한 사전관리 문제 발생 시 추적·보고가 용이하도록 판매자는 개인정보 수집 동의하에 고객카드 등을 만들어 정보를 기록하고 관리한다.

| 보 기 |

ㄱ. 판매 고객 정보(성명, 진단 내용 등)
ㄴ. 판매 고객 정보(유전정보 등의 민감 정보)
ㄷ. 혼합에 사용한 베이스 화장품 및 특정 성분의 로트(lot)번호
ㄹ. 혼합 정보

93. 다음 〈보기〉의 화장품 성분은 어떤 기능을 가지고 있는지 쓰시오.

| 보 기 |

·성분명 : 치오글라이콜릭애씨드 80%
·함량 : 치오글라이콜릭애씨드로서 3.0~4.5%

94. 다음 〈보기〉의 (   ) 안에 들어갈 적합한 용어를 쓰시오.

| 보 기 |

(   )(은)는 다른 화장품과 비교하였을 때 특징적인 부분은 원액과 가스의 충진이 각각 따로 이루어지는 점, 감압한 후에 밸브를 압착시키는 공정이 있는 점, 약 50℃의 온수 속에서 가스가 새어나오지 않는지 전부 검사하는 점을 들 수 있다. 필요에 따라서 내압검사, 웨이트 체크, 분사 검사 등을 공정 중에 넣는다.

95. 다음 〈보기〉에서 피부를 곱게 태워주거나 자외선으로부터 피부를 보호하는 데 도움을 주는 제품의 성분을 모두 고르시오.

| 보 기 |

에칠아스코르빌에텔, 에칠헥실메톡시신나메이트, 징크옥사이드, 알파비사보롤

96. 다음 〈보기〉의 ㉠, ㉡에 적합한 용어를 쓰시오.

| 보 기 |

화장품은 사용 원료나 작업자의 위생, 제조기기, 제품 용기 그리고 제품의 종류와 제형의 특성에 따라 제조 환경 및 제조 공정에서 발생할 수 있는 (㉠)(을)를 방지하기 위해 공정 전반에 걸친 철저한 멸균이 필요하다. 또한, 출고 후 소비자가 제품 사용 과정에서 일어나는 (㉡)은(는) 사전에 소비자에게 위생적 사용 방법을 알리거나 또는 항균력을 높이는 연구, 오염을 줄이는 효율적인 용기 디자인 등으로 이를 보완할 수 있도록 한다.

97. 다음 〈보기〉에서 설명하는 물질의 명칭을 쓰시오.

| 보 기 |

피부 구조 중 표피의 각질층에 있는 인체 구성 물질로 뛰어난 보습 능력이 있어서 촉촉하고 부드러운 피부를 유지할 수 있도록 하는 기능을 가지고 있다. 결핍 및 부족할 시에 피부가 거칠어지고 유연성을 잃게 된다.

98. 다음 〈보기〉에서 원료 발주의 준수사항으로 옳은 것은?

┤보 기├

ㄱ. 원료 규격서 내용을 확인한다.

ㄴ. 원료의 물질 안전 보건 자료를 확인한다.

ㄷ. 원료의 COA(시험 결과) 확인 및 규격서와 함께 검토한다

ㄹ. 원료 발주서를 작성한 후 입고되면 원료 규격서 내용을 확인 한다.

99. 맞춤형화장품의 혼합에 사용할 목적으로 화장품책임판매업자로부터 제공받는 제품으로 원료 혼합 등의 제조 공정 단계를 거친 것으로 벌크제품이 되기 위하여 추가 제조 공정이 필요한 화장품을 무엇이라 하는지 쓰시오.

100. 맞춤형화장품 혼합에 사용할 수 없는 원료의 사용은 예외적으로 맞춤형화장품을 기능성화장품으로 인정받아 판매하려는 경우 사용이 허용된다. 다음 〈보기〉의 괄호 안에 맞는 답을 쓰시오.

┤보 기├

맞춤형화장품을 기능성화장품으로 인정받아 판매하려는 경우, 맞춤형화장품판매업자에게 원료를 공급하는 화장품책임판매업자가 「화장품법」 제4조에 따라,

1) 해당 원료를 포함하여 기능성화장품에 대한 심사를 받거나 보고서를 제출한 경우

2) 대학·연구소 등이 품목별 안전성 및 유효성에 관하여 (   )의 심사를 받은 경우

1과목	화장품법의 이해 (1~10번)	선다형 7문항 단답형 3문항

1. 개인정보보호법 시행령 제18조에 따른 유전자, 범죄 경력 등 민감 정보의 범위로 올바르게 짝지어진 것은?

① 주민등록번호 – 유전자 검사에 따른 유전정보

② 유전자 검사에 따른 유전정보 – 범죄 경력 자료에 해당하는 정보

③ 범죄 경력 자료에 해당하는 정보 – 외국인 등록번호

④ 유전자 검사에 따른 유전정보 – 운전면허의 면허번호

⑤ 유전자 검사에 따른 유전정보 – 여권번호

2. 다음 중 개인정보보호법의 목적에 대한 내용으로 옳은 것은?

① 국민보건의 향상 및 증진시키기 위한 것이 목적이다.

② 개인의 취향을 보호하기 위한 것이다.

③ 국민의 건강을 보호하여 산업을 발전시키기 위한 것이다.

④ 개인의 자유와 권리를 보호하고 개인의 존엄과 가치 구현이 목적이다.

⑤ 개인을 통제하고 규제하기 위함이다.

3. 다음 중 화장품의 안전기준에 관한 내용이 <u>아닌</u> 것은?

① 국내 생산 화장품이 아닌 수입 화장품의 안전관리 기준에 관한 사항이다.

② 화장품법 제8조 제1항, 제2항 및 제5항 규정의 내용과 관련 있다.

③ 유통 화장품의 안전관리에 기준에 관한 사항을 정한 내용이다.

④ 화장품에 사용할 수 없는 원료와 사용상 제한이 필요한 원료의 사용기준을 지정하였다.

⑤ 화장품의 제조 또는 수입 및 안전관리에 적정을 기하는데 목적이 있다.

4. 다음 중 계면활성제에 따른 화장품에 적용되는 대표적인 기술로 올바른 것은?

① 검화, 유화, 분산　　　　　　　② 유화, 순화, 산화

③ 유화, 가용화, 분산　　　　　　④ 분산, 유화, 산화

⑤ 분리, 가용화, 유화

5. 다음 중 품질관리 업무 절차에 관한 문서 및 기록에 포함되는 사항이 <u>아닌</u> 것은?

① 적절한 제조관리 및 품질관리 확보에 관한 절차

② 품질 등에 관한 정보 및 품질 불량 등의 처리 절차

③ 위해화장품의 회수 처리 절차

④ 시장 출하에 관한 기록 절차

⑤ 제품 표준 및 제조관리기준에 대한 기록 절차

6. 다음 중 화장품의 정의에 대한 설명으로 <u>틀린</u> 것은?

① 인체에 대한 작용이 경미한 것

② 인체에 바르고 문지르거나 뿌리는 방법으로 사용되는 물품

③ 의약품 해당 물품 제외

④ 피부나 모발의 손상을 치유해 주는 물품

⑤ 용모를 밝게 변화시키기 위한 물품

7. 화장품법 제5조 유통화장품 안전관리기준과 관련하여 미생물 오염한도 내용이 <u>아닌</u> 것은?

① 물휴지의 경우, 세균 및 진균수는 각각 100개g/(ml) 이하

② 눈화장용 제품류의 경우 총 호기성 생균수 500개g/(ml) 이하

③ 영·유아용 제품류의 경우 총 호기성 생균수 100개/g(ml) 이하

④ 기타 화장품의 경우 1000개/g(ml) 이하

⑤ 대장균, 녹농균, 황색포도상구균은 불검출

8. (　㉠　)(이)란 살아 있는 개인에 관한 정보로서 성명, 주민등록번호 및 영상 등을 통하여 개인을 알아볼 수 있는 정보(해당 정보만으로는 특정 개인을 알아볼 수 없더라도 다른 정보와 쉽게 결합하여 알아볼 수 있는 것을 포함한다)를 말한다. ㉠에 들어갈 적합한 명칭을 쓰시오.

9. 다음 〈보기〉는 화장품법 제10조 화장품의 기재사항과 관련된 내용이다. 안전 용기·포장을 사용하여야 할 품목에 대한 설명이다. (   )에 들어갈 적합한 명칭을 쓰시오.

┤보기├

화장품의 1차 포장 또는 2차 포장에는 총리령으로 정하는 바에 따라 다음 사항을 기재·표시해야 한다. 다만, 내용량이 소량인 화장품의 포장 등 총리령으로 정하는 포장에는 화장품의 명칭, 화장품책임판매업자 및 맞춤형화장품판매업자의 상호, 가격, 제조번호와 사용기한 또는 개봉 후 사용기간[개봉 후 사용시간을 기재할 경우에는 (   )(을)를 병행 표기해야 한다]만을 기재·표시할 수 있다.

10. 다음은 화장품의 사후관리에 관한 내용이다. (   ) 안에 공통으로 들어갈 적합한 용어를 쓰시오.

┤보기├

책임판매업자는(   )(으)로 품질검사를 철저히 한 후 제품을 유통시켜야 한다. 다만, 화장품제조업자와 화장품책임판매업자가 같은 경우 또는 시행규칙 제6조의 예외사항에 해당하는 기관 등에 품질검사를 위탁하여 (   ) 품질검사가 있는 경우에는 품질검사를 하지 않을 수 있다.

11. 글리세린 원료에 관한 설명 중 <u>틀린</u> 것은?

① 무색, 무취이다.

② 비누나 지방산을 제조할 때 부산물로 얻어진다.

③ 물이나 알코올에 잘 녹지 않는다.

④ 오래 전부터 보습제로 널리 사용되어 오고 있다.

⑤ 점도를 장시간 일정하게 보존한다.

12. 다음 비타민의 종류와 기능으로 옳은 것은?

① 비타민 C는 지용성 비타민으로 항산화작용, 피지분비 억제 및 자외선 등에 효과가 있다.

② 비타민 A는 레티놀이라 부르며 화장품에서 피부분화 촉진 및 주름 완화 효과가 있다.

③ 비타민 E는 수용성 비타민이며 강력한 티로시나아제 억제작용으로 미백 효과가 있다.

④ 비타민 A는 불안정하여 주로 토코페릴아세테이트의 유도체 형태로 사용되고 있다.

⑤ 비타민 C는 자외선 차단 등에 효과가 있으며, 대략 사용량은 1,000~5,000 IU/g 정도이다.

13. 다음 중 눈 주위 화장품에 대한 요구 품질로 <u>틀린</u> 것은?

① 안점막 부위에 대한 안정성이 우수하여야 한다.

② 마스카라는 균일하게 발리며 속눈썹을 길고 풍성하게 만드는 효과가 있어야 한다.

③ 아이섀도는 그라데이션이 쉽고 밀착성이 좋아야 한다.

④ 미생물로 인한 오염이 없어야 한다.

⑤ 아이브로우 펜슬은 발분 현상이 없는 것이 좋다.

14. 다음 중 세안용 화장품 및 사용에 관한 내용으로 옳은 것은?

① 화장하지 않은 날은 피지와 땀이 피부를 보호해주므로 세안하지 않는 것이 좋다.

② 계면활성제형 세안제는 유성 성분으로 용해 혹은 분산시켜 닦아내거나 씻어내는 것이다.

③ 용제형 세안제는 사용 시, 물을 가해 거품을 내서 사용하는 타입이다.

④ 세안용 화장품은 피부에 남은 화장품 잔여물 등을 제거할 목적으로 사용된다.

⑤ 클렌징 크림, 클렌징 오일, 클렌징 밀크 등은 계면활성제형 세안제이다.

15. 다음 〈보기〉에서 식약처에서 고시하는 기능성화장품 원료로 옳은 것을 모두 고르시오.

> **|보기|**
>
> ㄱ. 미백제 – 자외선 차단제 – 주름 개선제
> ㄴ. 미백제 – 모발의 색상 변화제 – 피부 연화제
> ㄷ. 미백제 – 체모 제거제 – 각질 제거제
> ㄹ. 여드름 피부 완화제 – 체모 제거제 – 자외선 차단제
> ㅁ. 탈모 증상 완화제 – 미백제 – 주름 개선제

① ㄱ, ㄴ, ㄷ   ② ㄱ, ㄴ, ㄹ   ③ ㄱ, ㄹ, ㅁ
④ ㄴ, ㅁ, ㄹ   ⑤ ㄷ, ㅁ, ㄹ

16. 다음 중 모발용 화장품 원료의 대표적인 효과로 올바른 것은?

① 보습, 유연, 대전 방지, 세정
② 건조, 유연, 보습, 세정
③ 윤기 부여, 보습, 건조, 보습
④ 유연, 세정, 침전, 보습
⑤ 대전 방지, 보습, 건조, 세정

17. 다음 중 샴푸의 원료에 대한 설명으로 옳은 것은?

① 향료, 색소 약제 등은 첨가하지 않는다.
② 실리콘 오일은 거칠어 사용감이 좋지 않지만 안전성이 높다.
③ 음이온계면활성제 사용으로 세정 효과가 좋다.
④ 세정의 효과를 가지고 있는 원료들은 컨디셔닝제이다.
⑤ 기포 세정제의 대표적 원료가 양이온계면활성제이다.

18. 염모제에 대한 설명으로 옳은 것은?

① 영구 염모제의 경우 산화 염모제가 대부분이며 약 2~3개월 색상이 유지된다.
② 반영구 염모제는 주요 성분이 산성 염료로 약 1개월 지속된다.
③ 반영구 염모제는 모발의 표면에 부착되는 메커니즘을 갖고 있다.
④ 일시 염모제는 법정색소인 산성 염료를 사용하며 이온결합으로 염모된다.
⑤ 영구 염모제는 주로 카본블랙 안료를 사용하며 샴푸로 색상이 소실된다.

19. 다음 중 육모제에 대한 기능 및 설명이 <u>아닌</u> 것은?

① 알코올 수용액에 혈액순환 촉진제와 같은 약용 성분, 보습제 등을 첨가한 외용제이다.

② 두피에 사용하여 헤어 사이클 기능의 정상화를 돕고 혈액순환을 원활하게 한다.

③ 모공의 기능을 향상시켜 육모를 촉진하거나 탈모를 방지한다.

④ 원형탈모가 생겼을 경우 완치가 가능하다.

⑤ 비듬이나 가려움을 방지하는 제품이다.

20. 다음 중 제모제 관련 내용으로 올바른 것을 모두 고르시오.

┌─ㅣ보 기ㅣ─────────────────────────────────┐

ㄱ. 치오글라이콜릭애씨드를 함유하여 환원제의 작용을 이용하는 제모제는 물리적 제모제이다.

ㄴ. 제거 방법으로 물리적 제모제와 화학적 작용으로 제거하는 2가지 타입이 있다.

ㄷ. 제모 왁스, 젤, 테이프는 화학적 제모제에 해당한다.

ㄹ. 제모 왁스에는 수지, 비즈 왁스, 파라핀 등의 원료가 사용되며 잔털까지 제거되는 타입이다.

└───┘

① ㄱ, ㄴ   ② ㄱ, ㄹ   ③ ㄱ, ㄷ   ④ ㄴ, ㄷ   ⑤ ㄴ, ㄹ

21. 다음 중 유통화장품의 안전관리 기준에서 미생물 한도로 맞지 <u>않는</u> 것은?

① 총 호기성 생균수는 눈화장용 제품류의 경우 100개/g(mL)이하

② 물휴지의 경우 세균 및 진균수는 각각 100개/g(mL)이하

③ 총 호기성 생균수는 영·유아용 제품류의 경우 500개/g(mL)이하

④ 대장균(Escherichia Coli), 녹농균(Pseudomonas aeruginosa), 황색포도상구균(Staphylococcus aureus)은 불검출

⑤ 기타 화장품의 경우 1,000개/g(mL)이하

22. 다음 중 향수의 사용 방법으로 옳은 것은?

① 피부에 사용하면 자극이 있으므로 옷에만 도포하여 사용해야 한다.

② 좋은 향을 가지고 있으므로 땀이 흐르거나 할 때, 그 위에 도포하여 사용하면 효과적이다.

③ 퍼퓸은 부향률이 가장 낮으므로 자주 사용하여야 한다.

④ 천연에서 추출한 원료로 만들어지므로 다량으로 사용해도 무방하다.

⑤ 향을 테스트할 때는 알코올 향이 날아간 후에 향을 맡는 것이 바람직하다.

23. 다음 중 매장에서 맞춤형화장품조제관리사의 원료 사용 기준이 <u>아닌</u> 것은?

① 대학 및 연구소 등에서 품목별 안전성 및 유효성에 관하여 식약처장의 심사를 받은 경우, 맞춤형화장품을 기능성화장품으로 인정받아 판매하려는 경우, 그 원료를 사용할 수 있다.

② '화장품에 사용상의 제한이 필요한 원료'인 경우, 자체적으로 안전성을 검증하여 소량씩 사용할 수 있다.

③ 해당 원료를 포함하여 기능성화장품에 대한 심사를 받은 경우에는 맞춤형화장품을 기능성화장품으로 인정받아 판매하려고 할 때, 그 원료를 사용할 수 있다.

④ '화장품에 사용할 수 없는 원료' 목록에 포함된 경우에는 사용하지 않는다.

⑤ 식약처장이 고시한 기능성화장품의 효능 및 효과를 나타내는 원료들은 원칙적으로 사용할 수 없다.

24. 화장품 원료의 품질 성적서 기준 중에서 제조관리 기준서에 포함된 항목이 <u>아닌</u> 것은?

① 판매 및 매출관리에 관한 사항

② 시설 및 기구관리에 관한 사항

③ 원자재 관리에 관한 사항

④ 위탁 제조에 관한 사항

⑤ 완제품 관리에 관한 사항

25. 다음 중 판매 가능한 맞춤형화장품 내용물의 범위에 관한 설명이 <u>아닌</u> 것은?

① 충전(1차 포장) 이전의 제조 단계까지 끝낸 벌크제품

② 유통화장품 안전관리기준에 적합한 반제품

③ 안전기준에 적합한 원료와 원료를 혼합한 제품

④ 원료 혼합 등의 제조 공정 단계를 이미 마친 제품

⑤ 벌크제품이 되기 위한 추가 제조 공정이 필요한 반제품

26. 다음 착향제 구성 성분 중 알레르기 유발 성분으로 옳은 것은?

① 나무 이끼 추출물 – 리모넨

② 리모넨 – 히아루론산

③ 참나무 이끼 추출물 – 에탄올

④ 메칠2 – 옥티노에이트 – 아데노신

⑤ 벤질살리실레이트 – 나이아신아마이드

27. 다음은 〈보기〉는 화장품 원료의 품질 성적서 기준에 관한 내용이다. 관련 내용의 목적에 대하여 올바르게 설명한 것은?

|보 기|

해당 목록을 포함하고 있는 제품 표준서, 제조관리 기준서, 품질관리 기록서 및 제조관리 기록서를 작성하고 보관하여야 한다.

① 홍보를 위한 매출 전략을 위하여

② 제조 및 품질관리 적합성을 보장하는 요건 충족을 보증하기 위하여

③ 수입 대행 제품을 온라인에서 판매하기 위하여

④ 진열과 전시의 시각적 효과를 위하여

⑤ 제품 효능 효과를 더욱 돋보이게 하기 위하여

28. 다음은 〈보기〉는 배치(batch) 제조 문서의 내용이다. 순서에 따라 바르게 나열한 것을 고르시오.

|보 기|

ㄱ. 제조   ㄴ. 배치 기록서 완결   ㄷ. 제조 지시서 발행
ㄹ. 문서 보관   ㅁ. 제조 기록서 발행   ㅂ. 제조 기록서 완결

① ㄱ-ㄴ-ㄷ-ㄹ-ㅁ-ㅂ   ② ㅂ-ㄱ-ㄷ-ㄴ-ㄹ-ㅁ

③ ㄷ-ㄴ-ㄱ-ㄹ-ㅁ-ㅂ   ④ ㄷ-ㅁ-ㄱ-ㅂ-ㄴ-ㄹ

⑤ ㄷ-ㅁ-ㄱ-ㄴ-ㅂ-ㄹ

29. 화장품법 시행규칙 제18조 안전 용기·포장을 사용하여야 할 품목에 대한 설명이 <u>아닌</u> 것은?

① 아세톤을 함유하는 네일 에나멜 리무버

② 개별 포장당 메틸 살리실레이트를 10% 이상 함유하는 액체 상태의 제품

③ 어린이용 오일 등 개별 포장당 탄화수소류를 10% 이상 함유하고 있는 제품

④ 운동 점도가 21 센티스톡스(섭씨 40도 기준) 이하인 비에멀젼 타입의 액체 상태의 제품

⑤ 아세톤을 함유하는 네일 폴리시 리무버

30. 화장품 보관 시, 필요한 환경과 조건에 대한 내용이 <u>아닌</u> 것은?

① 출입 제한, 오염 방지를 위한 시설 및 시스템

② 방충 대책, 필요 항목을 설정한 온도

③ 안정성 시험 결과에 따른 습도, 제품 표준서를 토대로 한 차광 조건

④ 필요한 조건의 습도, 상온 보관 원칙

⑤ 오염 방지를 위한 동선관리, 방서 대책

31. 다음에서 설명하는 화장품의 원료는 무엇인지 쓰시오.

┤보 기├

화장품에서 사용되는 것은 주로 수용성 고분자 물질이며. 구아검, 아라비아검, 잔탄검 등 천연물질에서 추출한 것과 셀룰로오스 등의 반합성 천연 고분자 물질이 있고 가장 널리 이용되는 카복시비닐폴리머 등의 합성 물질 등이 있다.

32. 다음은 기초화장품에 관한 설명이다. (   )에 들어갈 적합한 용어를 쓰시오.

┤보 기├

(   )는 스킨과 달리 점성이 있으며 보습기능, 고농도 미용 성분 함유와 더불어 유연 기능도 지니므로 피부가 거칠어지는 것을 방지하고 피부를 건강하게 유지한다. 이와 같은 기능 외에도 기미, 주근깨를 방지하기 위한 미백 효과, 자외선으로부터 피부를 지키는 자외선 차단 효과, 그리고 나이가 들면서 발생하는 잔주름 개선 등 다양한 효과, 기능을 겸비한 제품이 있다.

33. 다음 〈보기〉에서 제시하는 것은 무엇에 관한 내용인가? 적합한 용어를 쓰시오.

┤보 기├

· 피부를 외부의 자극으로부터 보호
· 피부의 색이나 질감을 변화시킴
· 얼굴에 입체감을 부여함
· 피부의 결점 커버

34. 다음 보기와 같은 기능을 가지고 있는 화장품의 명칭을 쓰시오.

─┤보 기├─

- 땀을 억제하는 제한 기능
- 피부 상재균의 증식을 억제하는 항균 기능
- 발생한 체취를 억제하는 탈취 기능
- 향기를 통한 마스킹 기능

35. 다음은 착향제의 구성 성분 중 알레르기 유발 성분에 근거하여 화장품의 향료 중 알레르기 유발 물질 표시 지침의 내용이다. ㉠, ㉡ 에 적합한 용어를 쓰시오.

─┤보 기├─

- 착향제는 '향료'로 표시할 수 있다.
- 착향제 구성 성분 중 식약처장이 고시한 알레르기 유발 성분이(화장품 사용 시의 주의사항·알레르기 유발 성분 표시에 관한 규정에서 정한 25종) 있는 경우에는 향료로만 표시할 수 없으며 추가로 성분의 명칭을 기재해야 한다.
- 해당 25종의 경우 사용 후 씻어내는 제품에서 (㉠) 초과 시 기재해야 하며 사용 후 씻어내지 않는 제품에서 (㉡) 초과 시 반드시 기재해야 한다.

36. 다음 작업장의 위생기준에 대한 설명으로 옳지 <u>않은</u> 것은?

① 제조하는 화장품의 종류 · 제형에 따라 적절히 구획 · 구분되어 있어 교차 오염 우려가 없어야 한다.

② 바닥, 벽, 천장은 가능하면 소독제 등의 부식성에 저항력이 있어야 한다.

③ 공조 시스템 등에 사용된 필터는 규정에 따라 청소하고 교체한다.

④ 제조 · 포장 · 작업 중 청소를 하여 오염을 방지한다.

⑤ 세척실과 화장실은 접근이 쉬워야 하나 생산 구역과 분리되어 있어야 한다.

37. 다음 〈보기〉에서 작업장의 위생 상태 및 관리 내용으로 적합한 것을 모두 고른 것은?

---|보 기|---

ㄱ. 작업장의 통로는 이동에 불편함을 초래하거나 교차 오염의 위험이 없어야 한다.

ㄴ. 청정도 기준에 제시된 청정도 등급 이상으로 관리기준을 설정

ㄷ. 바닥의 폐기물은 모아 두었다가 폐기한다.

ㄹ. 원료 보관소와 칭량실은 구획되어 있어야 한다.

ㅁ. 포장 구역은 제품의 교차 오염과는 무관하다.

① ㄱ, ㄴ, ㄷ, ㄹ   ② ㄴ, ㄷ, ㄹ, ㅁ   ③ ㄱ, ㄷ, ㄹ, ㅁ

④ ㄱ, ㄴ, ㄷ, ㅁ   ⑤ ㄱ, ㄴ, ㄹ, ㅁ

38. 작업장 위생 유지를 위한 세제의 종류와 사용법으로 옳은 것은?

① 원료 창고의 제조실이나 충진실은 중성세제 및 70% 에탄올을 사용한다.

② 칭량실은 연 1회 정도 반드시 상수를 사용해 걸레로 닦는다.

③ 미생물 실험실은 작업 종료 후, 상수를 이용해 물걸레로 닦는다.

④ 반제품 보관실은 연 1회 중성세제만 사용하여 바닥 청소한다.

⑤ 칭량실은 40% 에탄올 묻힌 거즈로 클린벤치를 닦아 준다.

39. 다음 〈보기〉는 작업장 소독제 사용법에 관한 내용이다. ㉠, ㉡에 적합한 것을 고르시오.

┌─**|보 기|**─────────────────────────────────
│ 소독제는 각각의 특성에 따라 선택하고 적정한 농도로 희석하여 사용해야 하며, 작업장에서 사용 시
│ 실내에는 (㉠), 고정 비품이나 천정, 벽면 등에는 (㉡) 또한 소독 시에는 기계, 기구류, 내용물
│ 등에 오염되지 않도록 한다.
└───

① ㉠-진공청소기를 사용한다,   ㉡-공기 중에 분사한다.
② ㉠-공기 중에 분사한다,   ㉡-걸레로 닦아 낸다.
③ ㉠-공기 중에 분사한다,   ㉡-거즈에 묻혀서 닦아 낸다.
④ ㉠-진공청소기를 사용한다,   ㉡-공기 중에 분사한다.
⑤ ㉠-열탕소독한다,   ㉡-공기 중에 분사한다.

40. 다음 중 작업장 내 직원의 위생관리 기준 및 절차에 포함되지 <u>않는</u> 것은?

① 직원의 작업 시 복장
② 작업자의 건강 상태 확인
③ 작업자에 의한 오염 방지에 관한 사항
④ 작업자의 손 씻는 방법
⑤ 작업자의 구강 위생

41. 다음 중 작업장 내 직원의 위생 상태 판정을 위한 활동으로 옳지 <u>않은</u> 것은?

① 과도한 음주로 인한 숙취로 작업 중 과오를 일으킬 수 있는 자는 귀가 조치시킨다.
② 작업자의 질병이 법정 전염병일 경우, 의사의 지시에 따라 격리 또는 취업을 중단시킨다.
③ 질병에 걸린 직원은 책임판매관리자의 판단 아래 화장품과 접촉하는 작업이 가능하다.
④ 작업 중 발생하는 건강 이상에 대해 작업자는 즉시 인근 진료소에서 진료를 받아야 하고, 주관
부서는 이에 필요한 모든 편의를 제공한다.
⑤ 신입 사원 채용 시 종합병원의 건강진단서를 첨부하여야 한다.

42. 다음 중 작업자의 위생 유지를 위한 소독제 및 사용법으로 올바른 것은?

① 비누- 반드시 항균 성분을 함유한 비누여야만 균을 제거할 수 있다.
② 알코올- 10~15초 후 건조될 수 있도록 하여 골고루 손에 문지른다.
③ 클로르헥시딘- 양이온 항균제로 모든 소독제 중 가장 효과가 높다.
④ 아이오딘- 상용으로 사용되는 소독제로 살균력이 약해 손소독제로 적당하다.
⑤ 수돗물- 씻는 것만으로도 병원성 세균을 제거할 수 있다.

43. 화장품을 혼합하거나 소분 시 위생관리에 해당하는 것을 모두 고르시오

| 보기 |

ㄱ. 마스크만 착용하면 된다.

ㄴ. 일회용 장갑을 반드시 착용하고, 장갑 착용 후 손 소독을 해서는 안 된다.

ㄷ. 혼합 시, 도구가 작업대에 닿지 않도록 한다.

ㄹ. 작업대나 설비 및 도구는 소독제를 이용하여 소독한다.

ㅁ. 작업대나 작업자의 손 등에 용기 안쪽 면이 닿지 않도록 주의하여 교차 오염이 발생하지 않도록 주의한다.

① ㄱ, ㄴ, ㄷ, ㄹ   ② ㄴ, ㄷ, ㄹ, ㅁ   ③ ㄷ, ㄹ, ㅁ, ㅂ

④ ㄱ, ㄴ, ㅁ, ㅂ   ⑤ ㄱ, ㄹ, ㅁ, ㅂ

44. 다음 중 작업자의 복장 청결 상태 확인 사항으로 올바르게 나열된 것은?

① 규정 작업복 착용 – 청정도별 작업복, 작업모, 작업화와 보안경을 착용한다.

② 제품 품질에 영향을 주는 장신구는 착용하지 않는다 – 화장은 무조건 금지한다.

③ 손은 작업장에 들어가서 소독 – 70% 에탄올 사용한다.

④ 생산 구역에서는 먹기, 마시기, 껌 씹기 금지 – 개인 사물은 작업복 주머니에 보관한다.

⑤ 손톱 및 수염 정리 – 관리 구역에서 흡연은 안 되지만 개인 약품 보관은 가능하다.

45. 다음 중 설비·기구의 관리 점검 항목과 설명이 옳지 <u>않은</u> 것은?

① 외관 검사: 더러움, 녹, 이상 소음, 이취 등

② 작동 점검: 스위치, 연동성 등

③ 기능 측정: 회전수, 전압, 투과율, 감도 등

④ 청소: 내부는 상관없이 외부 표면만 해당

⑤ 개선: 제품 품질에 영향을 미치지 않는 일이 확인되면 적극적으로 개선한다.

46. 다음 중 설비 세척 원칙으로 바르게 연결된 것은?

① 위험성이 없는 용제(물)로 세척 – 성능 좋은 세제를 사용한다.

② 증기 세척은 좋은 방법이다 – 분해할 수 있는 설비는 분해해서 세척한다.

③ 브러시 등으로 문질러 지우는 것을 권장한다 – 증기 세척은 좋은 방법이다.

④ 세척 후에는 반드시 '판정'한다 – 판정 후의 설비는 바로 보존한다.

⑤ 판정 후의 설비는 그대로 보존한다 – 세척의 유효기간을 만든다.

47. 다음 〈보기〉에서 제조 설비·기구 세척 및 소독 관리 내용 중 올바른 것을 모두 고르시오.

|보기|

ㄱ. 제품 변경 또는 작업 완료 후에 세척 및 소독한다.

ㄴ. 설비 미사용 시 밀폐 상태가 아니더라도 제품 제조가 가능하다.

ㄷ. 세척 후 설비·기구를 필터를 통과한 깨끗한 공기로 건조시킨다.

ㄹ. 세척이 완료된 설비 및 기구를 70% 에탄올에 10분간 담가 소독한다.

ㅁ. 점검 책임자는 육안으로 세척 상태를 점검하고, 그 결과를 점검표에 기록한다.

① ㄱ, ㄴ, ㄷ, ㄹ　　　　　② ㄱ, ㄷ, ㄹ, ㅁ　　　　　③ ㄴ, ㄷ, ㄹ, ㅁ

④ ㄱ, ㄴ, ㄷ, ㅁ　　　　　⑤ ㄱ, ㄴ, ㄹ, ㅁ

48. 다음 중에서 설비·기구 구성 재질 구분의 중요성이 <u>아닌</u> 것은?

① 화장품 제조 시 제품에, 또는 제품 제조 과정에 다른 물질이 스며들면 안 되기 때문에

② 세제 및 소독제와 반응해서도 안 되기 때문에

③ 설비 세척이나 유지관리에 사용되는 다른 물질이 침투해서도 안 되기 때문에

④ 외관상 화려해 보이는 재질이 좋은 제품을 만들 수 있으므로

⑤ 설비 부품들 사이에 전기화학 반응이 최소화되도록 하는 재질이 사용되어야 하므로

49. 다음 중에서 설비·기구의 폐기 처분 판단 기준으로 옳은 것은?

① 설비 부품 수급 가능 여부

② 미적 수려함의 여부

③ 작업자 개인의 주관적 판단

④ 트렌드 부합성 여부

⑤ 애착심의 지속 여부

50. 다음 중에서 내용물 및 원료의 구매 시 고려사항으로 옳은 것은?

|보기|

ㄱ. 합격 판정 기준, 결함이나 일탈 발생 시의 조치에 대한 문서화된 기술 조항의 수립

ㄴ. 구매자의 선호 성향과 개인적인 견해로 판단

ㄷ. 협력이나 감사와 같은 회사와 공급자 간의 관계 및 상호작용의 정립

ㄹ. 무조건 타 회사보다 단가가 저렴한지의 여부

① ㄱ, ㄴ　　　② ㄴ, ㄷ　　　③ ㄷ, ㄹ　　　④ ㄱ, ㄹ　　　⑤ ㄱ, ㄷ

51. 다음 〈보기〉는 화장품 안전기준 등에 관한 규정의 내용이다. (   ) 안에 들어갈 적합한 용어로 옳은 것은?

|보 기|

- 제품 3개를 가지고 시험할 때 그 평균 내용량이 표기량에 대하여 (㉠   ) 이상(다만, 화장비누의 경우 건조 중량을 내용량으로 한다.)
- 영·유아용 제품류, 눈 화장용 제품류, 색조 화장용 제품류, 두발용 제품류, 면도용 제품류, 기초화장용 제품류 중 유액, 로션, 크림 및 이와 유사한 제형의 액상 제품은 pH 기준이 (㉡   )이어야 한다.

① ㉠ 90%　　　　㉡ 4.5∼5.5

② ㉠ 95%　　　　㉡ 4∼5

③ ㉠ 95%　　　　㉡ 3∼9

④ ㉠ 97%　　　　㉡ 3∼9

⑤ ㉠ 95%　　　　㉡ 4.5∼5.5

52. 다음 중 입고된 화장품 원료 개봉 시 주의할 점으로 옳지 <u>않은</u> 것은?

① 화장품 원료의 겉면에 표시된 주의사항을 자세히 읽어본다.

② 원료에 대한 지식과 경험이 풍부한 관리자는 개인의 경험을 근거로 취급한다.

③ 캔의 경우 뚜껑 개봉 시 손에 손상을 입지 않도록 조심한다.

④ 질소가 충전된 드럼의 경우 천천히 뚜껑을 개봉한다.

⑤ 색조 제품의 파우더나 안료 등은 마스크를 착용한다.

53. 다음 〈보기〉에서 입고된 화장품 원료의 보관 방법으로 옳은 것은?

|보 기|

ㄱ. 판정 대기 장소와 부적합품 보관 장소는 따로 구획하지 않고 한 군데 보관한다.

ㄴ. 사용기한 설정 기능성화장품 원료는 품질 관리부서에서 정기적인 점검을 한다.

ㄷ. 원료의 보관 장소는 내용물에 따라 냉동(영하 5℃)/3∼5℃/상온(15∼25℃)/고온(40℃) 등으로 나누어서 보관한다.

ㄹ. 알코올, 폴리올, 휘발성 물질 등은 별도로 보관할 필요가 없다.

① ㄱ, ㄴ　　　　② ㄴ, ㄷ　　　　③ ㄷ, ㄹ　　　　④ ㄱ, ㄹ　　　　⑤ ㄱ, ㄷ

54. 다음은 CGMP 제12조 및 제13조 원료 및 내용물의 출고 및 보관관리 기준 관련하여 (   ) 안에 공통으로 들어갈 적합한 용어로 옳은 것은?

> **|보기|**
>
> · 원자재는 시험 결과 적합 판정된 것만을 (   )방식으로 출고해야 하고 이를 확인할 수 있는 체계가 확립되어 있어야 한다.
> · 원자재, 반제품 및 벌크제품은 바닥과 벽에 닿지 아니하도록 보관하고, (   )에 의하여 출고할 수 있도록 보관하여야 한다.

① 선입선출   ② 선입후출   ③ 후입선출
④ 단가 순서   ⑤ 무작위

55. 다음 중 내용물 및 원료의 폐기 기준에 대한 설명으로 옳지 <u>않은</u> 것은?

① 사용기한 내에서도 자체적인 재시험 기간과 최대 보관 기한을 설정·준수해야 한다.
② 원료의 허용 가능한 보관 기한을 결정하기 위한 문서화된 시스템을 확립해야 한다.
③ 원료가 사용기간(유효기간)을 넘겼을 경우 재설정 없이 바로 폐기한다.
④ 보관기간이 규정되어 있지 않은 원료는 품질 부분에서 적절한 보관 기한을 정할 수 있다.
⑤ 정해진 보관기간이 지나면, 해당 물질을 재평가하여 사용 적합성을 결정한다.

56. 다음 중 내용물 및 원료의 개봉 후 관리 내용과 관련된 설명으로 옳지 <u>않은</u> 것은?

① 경제적인 원료 보관관리를 위하여 사용하고 남은 원료는 다시 용기에 넣어 재사용한다.
② 원료가 산화되지 않도록 최소한의 공기만 들어갈 수 있도록 관리한다.
③ 원료가 오염되지 않도록 수시로 청결을 유지하도록 관리되어야 한다.
④ 원료가 칭량되는 동안에 교차 오염을 피하기 위한 적절한 조치가 마련되어야 한다.
⑤ 원료가 남은 경우에는 포장 용기를 집게로 막거나 비닐봉지에 넣어 밀봉한다.

57. 다음 중 포장재의 입고 기준과 관련하여 옳지 <u>않은</u> 것은?

① 포장재의 '표준품'이란 적정 조건에서 제작·수입 및 생산된 것을 말한다.
② 표준품은 해당 품질 규격을 만족하여 포장재 시험 검사 시 비교 시험용으로 사용된다.
③ 포장재는 1차, 2차 포장재가 있으며 각종 라벨, 봉함 라벨까지 포장재에 포함된다.
④ 포장재에는 운송을 위해 사용되는 외부 포장재까지 포함된다.
⑤ 라벨에는 제조번호 및 기타 관리번호를 기입하므로 실수 방지가 중요하다.

58. 다음은 〈보기〉는 내용물 및 원료의 폐기 절차 내용이다. (   ) 안에 공통으로 들어갈 적합한 용어로 옳은 것은?

┤보 기├

- 원료와 내용물, 벌크 제품과 완제품이 적합 판정 기준을 만족시키지 못할 경우에는 (   )으로 지칭한다.
- (   )이 발생했을 때는 미리 정한 절차를 따라 확실하게 처리하고 실시한 내용을 모두 문서에 남긴다.
- (   )의 발생 시에는 폐기하는 것이 가장 바람직하며, 폐기 원료는 폐기물처리법에 의거하여 폐기한다.

① 폐기 제품   ② 기준 폐기 제품   ③ 기준 일탈 제품
④ 기준 불량 제품   ⑤ 기준 미달 제품

59. 다음 〈보기〉에서 내용물 및 원료의 변질 상태 확인에 관한 내용으로 옳은 것은?

┤보 기├

ㄱ. 최대 보관 기간이 가까워진 반제품은 완제품을 제조하기 전에 품질 이상, 변질 여부 등을 확인한다.
ㄴ. 개봉 후 사용 기간을 기재하는 경우에는 제조일로부터 1년간 보관하여야 한다.
ㄷ. 원료별 기준치에는 반드시 범위를 만들고, 그 범위를 벗어난 데이터가 나왔을 때는 일탈 처리하도록 한다.
ㄹ. 화장품 제조 시 보관용 검체를 보관하는 것은 품질관리 프로그램에서 중요한 사항이다.
ㅁ. 검체를 보관할 때는 제조 단위별로 따로 보관할 필요는 없다.

① ㄱ, ㄴ, ㄷ   ② ㄴ, ㄷ, ㅁ   ③ ㄷ, ㄹ, ㅁ
④ ㄱ, ㄴ, ㄹ   ⑤ ㄱ, ㄷ, ㄹ

60. 다음 중 입고된 포장재의 올바른 관리 내용이 <u>아닌</u> 것은?

① 매 입고 시 육안 검사 실시 및 그 기록을 남긴다.
② 입고된 포장재의 보관에 있어서 계획의 수립은 필요하지 않다.
③ 일정 시점에서의 포장재 재고량 파악한다.
④ 포장재 관리를 위한 문서관리
⑤ 포장재 용기(병, 캔 등)의 청결성 확보

선다형 28문항
단답형 12문항

61. 맞춤형화장품의 정의에 대한 설명으로 옳은 것은?

① 매장에서 맞춤형화장품조제관리사가 엄선하여 제조한 화장품

② 맞춤형화장품조제관리사가 벌크제품에 좋은 원료를 첨가한 제품

③ 매장에서 판매자가 화장품의 내용물을 소분한 화장품

④ 매장에서 판매자가 화장품의 내용물에 다른 화장품의 내용물을 혼합한 화장품

⑤ 맞춤형화장품조제관리사가 화장품의 내용물을 소분한 화장품

62. 맞춤형화장품제도 관련 설명으로 옳지 않은 것은?

① 맞춤형화장품제도는 사회·문화적 환경 변화에 따라 개인 맞춤형 상품 서비스를 통해 다양한 소비 요구를 충족시키기 위해 도입되었다.

② 맞춤형화장품판매업자의 지식과 판단에 따라 매장에서 화장품과 원료를 혼합·소분할 수 있다.

③ 맞춤형화장품제도 도입에 따라 판매장에서 화장품을 혼합·소분 판매가 가능해졌다.

④ 맞춤형화장품판매업자는 반드시 맞춤형화장품조제관리사를 두어야 한다.

⑤ 맞춤형화장품제도는 화장품의 내용물에 다른 화장품의 내용물이나 식품의약품안전처장이 정하여 고시하는 원료를 추가하여 혼합한 화장품을 판매하는 영업이다.

63. 다음 〈보기〉는 맞춤형화장품의 품질 요소와 관련된 내용이다. 바르게 연결된 것을 고르시오.

|보 기|

ㄱ. 맞춤형화장품은 매장에서 제품이 오픈되어 혼합 및 소분이 이루어지므로 이로 인해 고객에게 미칠 수 있는 부작용 및 피부 자극 등과 관련하여 준수해야 할 여러 가지 규정들이 있다.

ㄴ. 사용 금지 원료와 제한 원료와 같은 규정을 바탕으로 맞춤형화장품조제관리사가 혼합 및 소분한 제품을 고객이 모두 소진할 때까지 변색, 변취 혹은 분리, 침전 등이 발생하지 않도록 해야 한다.

ㄷ. 맞춤형화장품은 고객의 피부 타입 및 특성에 따라 필요한 내용물을 선택하고 식약처에서 인정한 원료를 첨가하므로 제품의 효과에 대한 소비자 기대를 만족시킬 수 있다.

ㄹ. 맞춤형화장품은 판매장에서 고객이 원하는 향 및 색감을 제품에 반영할 수 있으므로 고객이 주관적으로 느껴지는 편리함과 만족감을 실현할 수 있다.

① ㄱ-사용성 ② ㄴ-안정성 ③ ㄷ-환경성 ④ ㄹ-기능성 ⑤ ㄷ-안전성

64. 다음 중 맞춤형화장품에서 품질관리의 안전성, 안정성 등을 고려하여 특히 신중하게 취급해야 할 원료가 <u>아닌</u> 것은?

① 보습제   ② 보존제   ③ 금속이온 봉쇄제
④ 산화방지제   ⑤ 자외선 흡수제

65. 다음의 인체 피부 구조 설명으로 옳은 것은?

① 진피는 맨 아래층부터 기저층, 유극층, 과립층, 각질층으로 이루어져 있다.
② 우리 피부는 크게 피부 바깥쪽에 위치한 진피와 그 아래 있는 표피로 나눌 수 있다.
③ 신체를 둘러싸고 있는 하나의 막으로 건강에 중요한 기능을 가진 기관이다.
④ 진피의 세포는 각질형성세포와 멜라닌세포 등의 유기적 결합으로 형성되어 있다.
⑤ 표피는 피부의 지지와 탄력에 관여하며 유두층과 망상층으로 이루어져 있다.

66. 다음 중 인체 피부의 주요 기능으로 올바르게 나열된 것은?

① 보호작용 – 장식작용 – 체온조절작용
② 분비·배설작용 – 보호작용 – 소화작용
③ 감각작용 – 체온조절작용 – 보호작용
④ 소화작용 – 재생작용 – 감각작용
⑤ 체온조절작용 – 분비·배설작용 – 장식작용

67. 다음 〈보기〉와 같이 피부 상태 및 피부 타입을 결정하는 데 중요한 역할을 하는 요인으로 옳은 것은?

|보 기|

피부 타입을 가장 크게 중성 피부, 지성 피부, 건성 피부, 복합성 피부로 나누며 그 외 민감성 혹은 예민성, 색소침착이나 주름 등으로 세분화하기도 한다. 유전적으로 또는 체질에 따라 타고나기도 하지만 내외적 원인들로 인해 고객마다 다양한 피부 타입이 있을 수 있기 때문에 맞춤형화장품 판매장에서는 이를 위한 여러 가지 방법들로 고객에게 적합한 제품 추천과 판매가 이루어질 수 있도록 해야 한다.

① 수분과 유분   ② 호르몬과 수분   ③ 유분과 모공
④ 수분과 땀   ⑤ 유분과 피지

68. 다음 중 모발 생리 및 구조에 대한 설명으로 옳지 <u>않은</u> 것은?

① 모발은 크게 눈에 보이는 모간과 두피 안쪽에 위치한 모근으로 이루어져 있다.

② 모근은 다시 모낭, 모구, 모유두의 기관을 포함한다.

③ 모간은 가장 바깥쪽부터 모표피, 모피질, 모수질의 세층의 구조로 형성되어 있다.

④ 모구에서 모유두로부터 영양 공급을 받아 세포분열이 일어나며 모가 성장한다.

⑤ 모수질은 모간의 대부분을 차지하며 섬유 모양으로 모발의 탄력과 강도를 결정한다.

69. 다음 중 모발의 기능 대한 설명으로 옳지 <u>않은</u> 것은?

① 모발에는 신체에 유해한 수은이나 비소 등 중금속을 배출하는 기능이 있다.

② 모발에는 비타민 D를 합성하는 기능이 있다.

③ 촉각이나 통각을 전달하는 지각 기능이 있다.

④ 장식 기능으로 자신을 꾸미는 미용적 효과를 제공한다.

⑤ 유해 물질의 침입을 방지하는 등 외부의 자극으로부터 피부를 보호한다.

70. 다음 중 화장품법에 의거해 회수해야 하는 경우가 <u>아닌</u> 것은?

① 유통화장품 안전관리 기준 위반

② 사용기한 위조 및 변조

③ 내용물에서 이물질이 검출된 경우

④ 내용량이 기준량보다 부족 경우

⑤ 내용물이 변패되었거나 병원미생물이 검출된 경우

71. 다음 중 주름이 많은 피부의 예방과 개선을 위해 추천할 수 있는 제품으로 옳지 <u>않은</u> 것은?

① 각질층을 유연하게 하는 물질이 배합된 제품

② 섬유아세포 부활 성분이 들어간 제품

③ 각질 박리제 혹은 피지 분비 억제제 함유 제품

④ 콜라겐 생성 촉진제, 콜라겐 분해효소 활성 저해제 제품

⑤ 엘라스틴 합성 촉진제, 엘라스틴 분해효소 활성 저해제 제품

72. 다음 중 식약처에서 고시한 피부의 미백에 도움을 주는 제품의 성분이 <u>아닌</u> 것은?

① 닥나무 추출물 2%

② 알부틴 2~5%

③ 나이아신아마이드 2~5%

④ 폴리에톡실레이티드레틴아마이드 0.05~0.2%

⑤ 유용성 감초 추출물 0.05%

73. 다음 중 맞춤형화장품의 효과 및 혜택에 대한 설명으로 옳지 <u>않은</u> 것은?

① 개인의 피부 유형과 특성에 따라 만들어진 제품을 사용하여 화장품의 기대 효과가 높아질 수 있다.
② 스스로 원하는 제품을 직접 생산에 참여하면서 긍정적인 만족감을 줄 수 있다.
③ 대량 생산이 아니므로 희소성의 제품 가치를 높일 수 있다.
④ 고객 맞춤화 과정을 통하여 제품에 대한 신뢰성을 더 높일 수 있다.
⑤ 소량 생산이기 때문에 단가가 훨씬 낮아져 가격이 저렴하다.

74. 다음 중 고객 만족을 위한 품질관리 및 품질보증의 내용으로 올바르지 <u>않은</u> 것은?

① 제조물 책임법(PL법)에 대한 대책으로 제품의 결함과 위험성을 제거하여 안전성 확보
② CGMP(우수화장품 품질관리기준)를 추진하여 확보
③ 환경, 경제 등 사회적 문제 등을 반영하여 제품 판매
④ SMK의 인증을 취득하는 품질 경영 실현
⑤ 관련 법령 준수뿐만 아니라 '기업의 사회적 책임(CSR)'의 일환으로 균형적 사업 활동 수행

75. 다음 중 맞춤형화장품의 내용물 및 원료의 사용 제한과 관련하여 올바르지 <u>않은</u> 것은?

① 화장품법에 따라 등록된 제조업체에서 공급된 특정 성분의 혼합이 이루어져야 한다.
② 타사 제품명에 특정 성분을 혼합하여 새로운 자사 제품명을 만들어 판매할 수 없다.
③ 기존 표시 · 광고된 화장품의 효능 · 효과에 변화가 없는 범위 내에서 특정 성분의 혼합과 제품명이 정해져야 한다.
④ 약간의 제형 변화가 있더라도 특정 성분이 들어간 내용물 간의 혼합은 가능하다.
⑤ 원료들만을 혼합하는 것은 제외한다.

76. 다음 중 맞춤형화장품 판매 시 소비자에게 정보를 제공하는 것으로 옳지 <u>않은</u> 것은?

① 맞춤형화장품의 내용물에 대한 설명
② 맞춤형화장품의 원료에 대한 설명
③ 매장에서 사용기한 표기가 어려운 경우 생략
④ 제품 사용 시 주의사항
⑤ 전성분 정보를 직접 표시하기 어려운 경우 첨부 문서 혹은 온라인을 활용

77. 다음 중 맞춤형화장품의 기재사항으로 바르게 연결된 것은?

① 화장품의 명칭– 가격–맞춤형화장품의 식별번호

② 상호– 조제관리사 주소–사용기간

③ 원료의 사용기한–판매업자 주소–맞춤형화장품의 식별번호

④ 사용기간– 가격–조제관리사의 주소

⑤ 화장품의 명칭–상호–원료의 사용기한

78. 다음 중 맞춤형화장품의 혼합·소분 시 오염 방지를 위한 안전관리기준 준수 내용이 <u>아닌</u> 것은?

① 혼합·소분 전에는 손 소독, 세정하거나 일회용 장갑을 착용한다.

② 혼합·소분에 사용되는 장비 또는 기기 등은 사용 전에만 세척하면 된다.

③ 혼합·소분된 제품을 담을 용기의 오염 여부를 사전에 확인한다.

④ 혼합·소분 전에 청결한 작업복과 마스크를 착용한다.

⑤ 혼합·소분 시 오염에 노출되지 않도록 내용물 마개 및 뚜껑 처리에 주의한다.

79. 다음 중 화장품 원료의 구비 조건이 <u>아닌</u> 것은?

① 사용 목적에 따른 기능이 우수할 것

② 안전성이 양호할 것

③ 산화 안정성 등의 안정성이 우수할 것

④ 냄새가 적고 품질이 일정할 것

⑤ 원료의 수급이 어려울 것

80. 다음 중 맞춤화장품 영업의 금지 항목이 <u>아닌</u> 것은?

① 이물질이 혼입된 화장품, 변패된 화장품

② 미생물 오염된 화장품, 화장품에 사용할 수 없는 원료를 사용한 제품

③ 호랑이 뼈 추출물 사용 화장품, 유통화장품 안전관리기준에 적합하지 않은 제품

④ 용기나 포장이 불량한 제품, 심사를 받은 기능성화장품

⑤ 사용기한을 위조한 제품, 시설기준에 적합하지 않은 곳에서 제조된 제품

81. 다음 중 부작용의 원인이 될 수 있는 화장품이 <u>아닌</u> 것은?

① 수은, 중금속, 비소 등이 함유된 화장품

② 피부 친화력을 가진 성분 함유 화장품

③ 광독성 물질 함유 화장품

④ 여드름 등 면포를 일으키는 성분의 화장품

⑤ 홍반, 부종, 가려움 등 자극 유발 화장품

82. 다음 중 맞춤화장품의 표시 및 광고 시 주의사항이 <u>아닌</u> 것은?

① 의약품으로 잘못 인식할 우려가 있는 경우

② 기능성화장품이 아닌 화장품을 기능성화장품으로 잘못 인식할 우려가 있는 경우

③ 천연화장품 아닌 화장품을 천연화장품으로 잘못 인식할 우려가 있는 경우

④ 사실과 다르게 소비자를 속이거나 잘못 인식할 우려가 있는 경우

⑤ 사용기간 및 가격 표시를 명시하는 경우

83. 다음 중 화장품 원료의 보관 조건으로 옳지 <u>않은</u> 것은?

① 유료 보안 시스템 업체에 등록된 공간에 확보

② 고온다습하지 않으며 동결 또는 동파되지 않을 것

③ 적합한 용기(기밀 용기, 밀폐 용기, 차광 용기, 밀봉 용기)에 보관

④ 바닥과 벽 사이에 공간을 두어 통풍을 원활히 하여 변질 방지

⑤ 사용하고 남은 원료 및 반제품은 원래의 보관 조건으로 보관

84. 맞춤형화장품 사용 후 문제 발생 시 판매자의 역할로 옳지 <u>않은</u> 것은?

① 식약처가 제품 안전성을 평가할 수 있도록 해당 원료 및 혼합 등의 정보 제공

② 맞춤형화장품판매업자는 국민 보건에 위해를 끼칠 우려가 있는 화장품이 유통 중인 사실을 알게 된 경우 바로 해당 책임판매업자에게 보고한다.

③ 소비자 정보를 활용하여 해당 제품 구입 소비자에게 회수 사실을 알린다.

④ 맞춤형화장품판매업자는 국민 보건에 위해를 끼친 화장품이 유통 중인 사실을 알게 된 경우 바로 식약처에 보고한다.

⑤ 회수 대상 제품을 구매한 소비자에게 반품 조치를 취하는 등 적극적 회수 활동 수행

85. 다음 중 모발의 손상된 상태를 분석한 것으로 옳은 것은?

① 염색으로 인한 손상-드라이어의 고온에 의한 열이나 헤어 커팅, 볼륨을 주기 위한 백콤 등으로 큐티클이 벗겨져 모발이 결이 무너짐

② 펌으로 인한 손상-빛에 의한 멜라닌 색소 분해로 모발이 밝고 붉어지는 적색화 현상

③ 자외선으로 인한 손상-산화 및 중합 반응으로 인한 단백질 변형과 모발의 약화

④ 복합 손상-젖은 상태에서의 염색과 펌, 탈색의 반복 및 그 외 이유로 인한 모발 약화

⑤ 물리적 손상-알칼리 처리액과 단백질 분해 및 용출로 모발의 강도와 윤기 저하

86. 다음 중 화장품 용기 및 포장의 기능과 설명이 옳은 것은?

① 편리성-수송과 온습, 미생물, 빛 등의 보관 환경에서 내용물 품질의 안전 유지

② 판매 촉진성-제품의 취급에 편리한 중량, 치수, 형상이나 표기 및 용기 개폐의 쉬움 등이 목적

③ 보호성-수송과 온습도, 미생물, 빛 등의 보관 환경에서 내용물 품질의 안전 유지

④ 편리성-용기, 포장은 상품의 일부로 그 자체가 세일즈맨이 되기도 하며, 기업의 이미지를 상징

⑤ 전달성-인체공학적으로 설계하여 수월하게 사용할 수 있도록 함

87. 다음 〈보기〉에서 설명하는 원료의 명칭으로 옳은 것은?

┌─|보기|
│ 화장품에는 여러 가지 다양한 성분이 함유되어 있어 있으므로 적절치 않은 조건에서 공기에 노출되
│ 거나 불순물이 침투하면 미생물의 작용으로 변질 및 부패가 발생하게 되는데 이를 방지하기 위해 사
│ 용되는 성분이다.

① 보존제   ② 산화방지제   ③ 금속봉쇄제

④ 불순물 제거제   ⑤ 산패방지제

88. 다음 중 원료의 규격에 대한 설명으로 옳지 <u>않은</u> 것은?

① 원료에 대한 여러 가지 정보를 확인할 수 있다.

② 원료의 성상, 시험 항목, 시험 방법 등이 기재되어 있다.

③ 원료의 보관 조건, 유통기한, 포장단위 등이 기록되어 있다.

④ 원료에 대한 물리 화학적 내용을 알 수 있다.

⑤ 원료의 단가와 매입량, 재고량을 알 수 있다.

89. 다음 〈보기〉의 피부 생리 구조와 관련된 내용 중 (   ) 안에 공통으로 들어갈 명칭으로 옳은 것은?

┌─ 보 기 ├─

기저층부터 끊임없는 세포분열과 효소 등의 작용을 통한 다양한 분화 과정을 거쳐서 각질층세포가 형성된다. 이러한 각질형성세포가 기저층에서 각질층까지 대략 14일, 체외로 떨어져나가는 데까지 14일로 정상적 피부는 분열을 시작한 후 각질층이 탈락하기까지의 시간을 총 28일로 보는데 이것을 (   )라 한다.
이러한 (   )가 짧거나, 길어지면 피부 항상성에 영향을 주게 된다.

90. 다음 〈보기〉와 같은 피부 특징에 해당하는 피부 유형을 쓰시오.

┌─ 보 기 ├─

· 모공이 넓고, 피부결이 거칠다.
· 유분이 많고, 번들거린다.
· 면포 형성이 눈에 띈다.

91. 다음 〈보기〉는 두피 및 모발의 생리 구조에 관한 내용이다. (   ) 안에 공통으로 들어갈 적합한 명칭을 쓰시오.

┌─ 보 기 ├─

(   )은(는) 두피에서 쌀겨 모양으로 표피 탈락이 발생하여 각질이 눈에 띄게 나타나는 현상이다. 피지선의 과다 분비, 호르몬의 불균형, 두피 세포의 과다 증식 등이 (   )의 발생에 관여한다. 가려움증을 동반하며 피부의 정상 세균 중의 하나인 피티로스포룸 오발레라는 곰팡이의 과다 증식이 원인이 될 수 있다. 또한, 샴푸 후 잔여물, 영양 불균형, 위장장애 등도 (   )과(와) 관련이 있다.

91. 다음 〈보기〉의 (   ) 안에 들어갈 적합한 명칭을 쓰시오.

┌─ 보 기 ├─

(   )란 인간의 오감을 측정 수단으로 하여 내용물의 품질 특성을 묘사, 식별, 비교 등을 수행하는 평가법이다. 촉감뿐만 아니라 시각, 후각과 같은 감성을 최대한 발휘하므로 그 복잡하고 미묘한 차이 때문에 타당성이나 신뢰성에 어려움이 있다. 화장품을 도포하기 전후의 변화 및 사용 감촉부터 화장품의 색이나 향기, 용기 디자인에 관한 기호성 등에 대해서도 이용된다.

92. 다음 〈보기〉의 (   ) 안에 들어갈 적합한 명칭을 쓰시오.

┤보기├

(   )는 안전성이 높은 우량한 품질의 화장품을 공급하기 위하여 원료 입수에서 최종 제품의 포장, 관리, 출하에 이르기까지의 생산 공정 전반에 걸친 관리 체제 확립을 목표로 한다. 즉 인위적인 과오를 최소화하고 미생물 오염 및 교차 오염으로 인한 품질 저하를 방지하여 고도의 품질관리 체계를 확립하는 것이다.

93. 다음 〈보기〉의 ㉠, ㉡에 적합한 용어를 쓰시오.

┤보기├

맞춤형화장품에 있어서 부작용은 품질 요소와 관련이 있다. 그러므로 품질관리에 주의를 기울이는 것은 매우 중요하다. 매장에서 혼합되어 구입한 맞춤형화장품이 시간이 지남에 따라 냄새가 변하고 색깔도 변했다면 이는 품질 요소 중 (㉠)에 문제가 있는 것이며 또한 이로 인해 피부 자극 같은 부작용으로 이어진다면 품질 요소 중 (㉡) 확보 및 관리에 신경을 써야 할 것이다.

94. 다음 〈보기〉에서 맞춤형화장품판매업자의 준수사항을 모두 고르시오.

┤보기├

ㄱ. 맞춤형화장품조제관리사 자격증을 가진 자가 수행
ㄴ. 화장품책임판매업자로부터 받은 내용물 및 원료 사용
ㄷ. 화장품책임판매업자와 계약한 사항 준수
ㄹ. 화장품제조업자의 지시 준수

95. 다음 〈보기〉는 화장품 검출 허용한도 원료에 관한 내용이다. ㉠, ㉡에 적합한 용어를 쓰시오.

┤보기├

· 납-점토를 원료로 사용한 분말 제품 (㉠)μg/g, 그 외 제품 (㉡)μg/g
· 비소, 안티몬- 10μg/g
· 수은 1μg/g

96. 다음 〈보기〉의 (   ) 안에 들어갈 적합한 용어를 쓰시오.

┤보기├

(   )란 화장품과 관련하여 국민 보건에 직접 영향을 미칠 수 있는 안전성·유효성에 관한 새로운 자료, 유해 사례 등을 말한다.

97. 다음 〈보기〉의 맞춤형화장품판매업자의 준수사항과 관련하여 ㉠, ㉡ 에 적합한 용어를 쓰시오.

┤보 기├

맞춤형화장품 내용물 및 원료의 입고 시 (㉠) 여부를 확인한다.

책임판매업자가 제공하는 (㉡)를(을) 구비해야 한다.

(다만, 책임판매업자와 맞춤형화장품판매업자가 동일한 경우 제외)

98. 다음 〈보기〉에서 맞춤형화장품판매업의 결격 사유를 모두 고르시오.

┤보 기├

ㄱ. 정신질환자

ㄴ. 피성년후견인 또는 파산신고를 받고 복권되지 않은 자

ㄷ. 마약류의 중독자

ㄹ. 화장품법 또는 보건 범죄 단속에 관한 특별 조치법을 위반하여 금고 이상 선고받은 자

ㅁ. 등록이 취소되거나 영업소가 폐쇄된 날부터 1년이 지나지 않은 자

99. 다음은 맞춤형화장품 고객의 피부 특징 정보이다. ㉠, ㉡ 에 맞춤형화장품조제관리사가 추천할 수 있는 적합한 원료를 〈보기〉에서 골라 쓰시오.

㉠ 면포가 보이는 여드름성 피부

㉡ 탄력이 저하되어 주름 개선이 필요함

┤보 기├

알부틴, 레티닐팔미테이트, p-페닐렌디아민, 살리실릭애씨드, 덱스판테놀

100. 다음 〈보기〉의 ( ) 안에 들어갈 적합한 용어를 쓰시오.

┤보 기├

( )(은)는 제품의 결함으로 인하여 생명, 신체 또는 재산에 손해를 입었을 때를 증명하여 피해자가 제조회사 등에 대해 손해배상을 청구할 수 있는 법률이다. 이러한 손해배상을 청구할 상황이 발생하지 않도록 맞춤형화장품조제관리사 및 판매업자 등의 사전, 사후 제품에 대한 품질관리 노력이 중요하다.

맞춤형화장품조제관리사

제5회

핵심 모의고사

1. 현재 우리나라의 화장품에 대한 업무를 담당하는 소관 부처는?

① 보건복지부　　　　　② 국민안전처　　　　　③ 질병관리본부
④ 산업통상자원부　　　⑤ 식품의약품안전처

2. 화장품법 제2조에서 명시하는 화장품의 정의가 잘못된 것은?

① 화장품이란 인체를 청결·미화하여 매력을 더하고 용모를 밝게 변화시키거나 피부·모발의 건강을 유지 또는 증진하기 위하여 인체에 바르고 문지르거나 뿌리는 등 이와 유사한 방법으로 사용되는 물품으로써 인체에 대한 작용이 효과적인 것을 말한다.

② 천연화장품이란 동식물 및 그 유래 원료 등을 함유한 화장품으로써 식품의약품안전처장이 정하는 기준에 맞는 화장품을 말한다.

③ 유기농화장품이란 유기농 원료, 동식물 및 그 유래 원료 등을 함유한 화장품으로써 식품의약품안전처장이 정하는 기준에 맞는 화장품을 말한다.

④ 제조 또는 수입된 화장품의 내용물에 다른 화장품의 내용물이나 식품의약품안전처장이 정하는 원료를 추가하여 혼합한 화장품을 맞춤형화장품이라 한다.

⑤ 제조 또는 수입된 화장품의 내용물을 소분(小分)한 화장품을 맞춤형화장품이라 한다.

3. 다음 중 화장품법에 따른 화장품의 유형이 <u>아닌</u> 것은?

① 목욕용 제품류　　　② 눈 화장용 제품류　　　③ 손발톱용 제품류
④ 입술 화장용 제품류　⑤ 방향용 제품류

4. 다음 중 화장품책임판매업의 등록 결격 사유에 해당하지 <u>않는</u> 것은?

① 피성년후견인 또는 파산선고를 받고 복권되지 않은 자
② 화장품법 또는 보건 범죄 단속에 관한 특별조치법을 위반해 금고 이상의 형을 선고받고 그 집행이 끝나지 않았거나 그 집행을 받지 않기로 확정되지 않은 자
③ 정신질환자, 마약류의 중독자
④ 등록이 취소된 날부터 1년이 지나지 않은 자
⑤ 영업소가 폐쇄된 날부터 1년이 지나지 않은 자

5. 화장품법 제10조에 의거하여 화장품의 1차 포장 또는 2차 포장에 기재할 사항 중 시각장애인을 위하여 점자 표시를 병행할 수 있는 항목은 무엇인가?

> |보 기|
>
> ㄱ. 화장품의 명칭   ㄴ. 영업자의 상호
> ㄷ. 제조번호   ㄹ. 사용기한 또는 개봉 후 사용 기간

① ㄱ, ㄴ   ② ㄴ, ㄷ   ③ ㄱ, ㄷ   ④ ㄱ, ㄹ   ⑤ ㄴ, ㄹ

6. 다음 중 화장품책임판매업자가 변경등록을 해야 하는 경우에 해당하지 <u>않는</u> 것은?

① 화장품책임판매업자의 변경(법인인 경우에는 대표자의 변경)
② 화장품책임판매업자의 상호 변경(법인인 경우에는 법인의 명칭 변경)
③ 화장품책임판매업소의 소재지 변경
④ 화장품제조업자의 변경
⑤ 책임판매 유형 변경

7. 화장품법 제10조에 따른 화장품의 기재사항 중 1차 포장에 반드시 표시해야 하는 항목에 해당하지 <u>않는</u> 것은?

① 화장품의 명칭   ② 영업자의 상호
③ 제조번호   ④ 내용물의 용량 또는 중량
⑤ 사용기한 또는 개봉 후 사용 기간

8. 다음의 ( ) 안에 들어갈 화장품 영업의 종류는?

┤보 기├

화장품( )이란 취급하는 화장품의 품질 및 안전 등을 관리하면서 이를 유통·판매(직접 제조한 화장품을 유통·판매하거나 위탁하여 제조한 화장품을 유통·판매 또는 수입된 화장품을 유통·판매)하거나 수입 대행형 거래를 목적으로 알선·수여(授與)하는 영업을 말한다.

9. 다음은 화장품법 제15조 폐업 등의 신고에 관한 내용이다. 다음의 ( ) 안에 들어갈 용어는 무엇인가?

┤보 기├

화장품제조업자 또는 화장품책임판매업자가 폐업 또는 휴업하거나 휴업 후 그 업을 재개하려는 경우에는 폐업, 휴업 또는 재개 신고서(전자문서로 된 신고서를 포함한다)에 화장품제조업 ( ) 또는 화장품책임판매업 ( )을 첨부하여 지방식품의약품안전청장에게 제출해야 한다.

10. 다음의 ( ) 안에 들어갈 숫자는?

┤보 기├

화장품제조업자 또는 화장품책임판매업자가 변경등록을 하는 경우에는 변경 사유가 발생한 날부터 ( )일 이내에 해당 서류를 첨부하여 지방식품의약품안전청장에게 제출하여야 한다. (단, 행정구역 변경에 따른 소재지 변동은 없다.)

11. 화장품 원료 중 수성 원료에 해당하지 <u>않는</u> 것은?

① 글리세린   ② 정제수   ③ 에탄올

④ 세틸알코올   ⑤ 소르비톨(Sorbitol)

12. 화장품 원료 선택 시의 필요 조건에 해당하지 <u>않는</u> 것은?

① 독성이나 알레르기 유발 등에 대한 안전성이 높을 것

② 사용 목적에 맞는 기능성을 지닐 것

③ 경시 안정성이 우수하여 유용성이 발현되지 않을 것

④ 성분이 시간이 흐르면서 냄새가 나거나 착색되지 않을 것

⑤ 배합 금지 성분에 해당 등 법적 규제에 문제가 없을 것

13. 다음의 화장품 원료 중 종류가 <u>다른</u> 것은?

① 카르나우바(Carnauba)   ② 비즈왁스   ③ 호호바오일

④ 밍크오일   ⑤ 칸데릴라(Candelilla)

14. 네일 폴리시 등의 플라스틱 용기나 도구를 사용하는 제품에서 비의도적으로 검출되는 성분은?

① 프탈레이트류   ② 비소   ③ 수은   ④ 안티몬   ⑤ 납

15. 화장품의 용량이 10~50g인 경우의 포장에 반드시 표기해야 하는 성분에 해당하지 <u>않는</u> 것은?

① 타르색소   ② 과일산(AHA)   ③ 기능성화장품의 유효성분

④ 보존제   ⑤ 식약처장이 고시한 배합한도 원료

16. 다음 중 화장품 품질의 특성으로만 바르게 연결된 것은?

① 안전성-안정성-공정성   ② 안정성-공정성-사용성

③ 공정성-사용성-유용성   ④ 사용성-기능성-유효성

⑤ 유용성-안정성-안전성

17. 화장품책임판매업자의 준수사항에서는, 제품에 함유된 성분이 0.5% 이상인 경우 해당 품목의 안정성 시험 자료를 최종 제조된 제품의 사용기한이 만료되는 날부터 1년간 보존하도록 규정하고 있다. 이에 해당하지 <u>않는</u> 성분은?

① 레티놀(비타민A) 및 그 유도체
② 아스코빅애씨드(비타민C) 및 그 유도체
③ 과일산(AHA)
④ 토코페롤(비타민 E)
⑤ 과산화 화합물

18. 화장품의 원료로 사용되는 유지 중 동물성 오일이 <u>아닌</u> 것은?

① 밍크오일
② 터틀오일
③ 난황오일
④ 에뮤오일
⑤ 미네랄오일

19. 화장품을 판매(수입 대행형 거래를 목적으로 하는 알선·수여를 포함)하거나 판매할 목적으로 제조·수입·보관 또는 진열하여서는 안 되는 경우가 <u>아닌</u> 것은?

① 심사를 받지 아니하거나 보고서를 제출하지 아니한 기능성화장품
② 화장품에 사용할 수 있는 원료를 사용한 제품
③ 전부 또는 일부가 변패(變敗)된 화장품
④ 병원성 미생물이 500개/g(mL) 이하로 검출된 화장품
⑤ 식약처장이 고시한 기능성화장품의 효능·효과를 나타내는 원료를 혼합한 화장품

20. 다음 중 안정성 평가 항목에 해당하지 <u>않는</u> 것은?

① 특수·가혹 보존 시험
② 산패에 대한 안정성 시험
③ 개봉 후 안정성 시험
④ 유효성 시험
⑤ 장기 보존 시험

21. 피부 미백에 도움을 주는 제품에 사용되는 성분과 함량이 <u>잘못된</u> 것은?

① 닥나무 추출물 2%
② 알부틴 2~5%
③ 아스코빌글루코사이드 1%
④ 나이아신아마이드 2~5%
⑤ 유용성 감초 추출물 0.05%

22. 기능성화장품 기준 및 시험 방법의 통칙에 따른 온도에 대한 기준이 바르지 <u>못한</u> 것은?

① 표준 온도 20℃
② 상온 15~25℃
③ 미온 30~40℃
④ 냉소의 온도 1~15℃
⑤ 실온 0~20℃

23. 다음 중 기능성화장품에 해당하지 <u>않는</u> 것은?

① 피부에 멜라닌색소가 침착하는 것을 방지하여 기미·주근깨 등의 생성을 억제함으로써 피부의
　 미백에 도움을 주는 기능을 가진 화장품

② 코팅 등 물리적으로 모발을 굵게 보이게 하는 제품

③ 여드름 피부를 완화하는 데 도움을 주는 화장품

④ 튼 살로 인한 붉은 선을 엷게 하는 데 도움을 주는 화장품

⑤ 탈모 증상에 도움을 주는 화장품

24. 다음 중 화장품 위해 평가의 대상이 <u>아닌</u> 것은?

① 현재 사용한도 성분의 기준이 적정한지 평가

② 비의도적 오염 물질에 대한 기준 설정이 적정한지 평가

③ 화장품 안전과 관련한 이슈 성분의 위해성을 평가

④ 위험에 대한 충분한 정보가 부족한 경우의 평가

⑤ 인체 위해의 유의한 증거가 없음을 검증하기 위한 평가

25. 화장품의 품질관리 시 원자재 용기 및 시험기록서의 필수 기재사항에 해당하지 <u>않는</u> 것은?

① 원자재 공급자가 정한 제품명　　　② 원자재 공급자명

③ 발주 일자　　　　　　　　　　　　④ 공급자가 부여한 제조번호

⑤ 수령 일자

26. 화장품 안전기준 등에 관한 규정에서 허용하는 영양크림 제품의 미생물 한도는?

① 총 호기성 생균수 100개/g(ml) 이하

② 총 호기성 생균수 200개/g(ml) 이하

③ 총 호기성 생균수 500개/g(ml) 이하

④ 총 호기성 생균수 1,000개/g(ml) 이하

⑤ 불검출되어야 한다.

27. 기능성화장품의 심사 시에 제출하는 안전성에 관한 자료에 해당하지 <u>않는</u> 것은?

① 인체 적용 시험 자료

② 단회 투여 독성시험 자료

③ 피부 감작성 시험(感作性試驗) 자료

④ 광독성(光毒性) 및 광 감작성 시험 자료

⑤ 인체 첩포 시험(貼布試驗) 자료

28. 위해화장품 회수 대상 화장품이라는 사실을 인지하여 회수 계획서를 제출할 때 필요한 서류 및 절차가 <u>아닌</u> 것은?

① 판매처별 판매량, 판매일 등의 기록

② 회수 계획을 식품의약품안전처장에게 미리 보고

③ 해당 물품의 제조 수입 기록서 사본

④ 해당 제품의 품질검사 성적서

⑤ 회수 대상을 안 날로부터 5일 이내에 회수 계획서를 제출

29. 천연화장품 및 유기농화장품에 대한 인증 사항으로 <u>잘못된</u> 설명은?

① 거짓이나 그 밖의 부정한 방법으로 인증을 받은 경우 취소될 수 있다.

② 인증기준에 적합하지 아니하게 된 경우 취소될 수 있다.

③ 인증의 유효기간은 인증을 받은 날부터 3년으로 한다.

④ 인증의 유효기간을 연장받으려면 유효기간 만료 30일 전에 연장 신청을 해야 한다.

⑤ 식약처장은 전문 인력과 시설을 갖춘 기관 또는 단체를 인증기관으로 정해 인증 업무를 위탁할 수 있다.

30. 계면활성제는 물에서 해리되었을 때 친수성 부분의 전하에 따라 음이온성, 양이온성, 양쪽성, 비이온성으로 분류할 수 있다. 자극이 강한 순서대로 바르게 배열된 것은?

① 양이온성 계면활성제 〉 음이온성 계면활성제 〉 비이온성 계면활성제 〉 양쪽성 계면활성제

② 양이온성 계면활성제 〉 음이온성 계면활성제 〉 양쪽성 계면활성제 〉 비이온성 계면활성제

③ 음이온성 계면활성제 〉 양이온성 계면활성제 〉 양쪽성 계면활성제 〉 비이온성 계면활성제

④ 양쪽성 계면활성제 〉 음이온성 계면활성제 〉 양이온성 계면활성제 〉 비이온성 계면활성제

⑤ 비이온성 계면활성제 〉 양쪽성 계면활성제 〉 양이온성 계면활성제 〉 음이온성 계면활성제

31. 다음 내용 ㉠과 ㉡에 들어갈 적합한 용어를 쓰시오.

|보기|

화장품의 안정성 시험(Stability Test)은 화장품이 제조된 날로부터 성상·품질의 변화 없이 최적의 품질로 이를 사용할 수 있는 화장품의 (㉠) 및 (㉡)을 설정하기 위하여 경시 변화에 따른 제품 품질의 안정성을 평가하는 시험이다.

32. 다음 내용에서 (   ) 안에 들어갈 적합한 용어를 쓰시오.

|보 기|

물과 오일처럼 섞이지 않는 두 가지의 액체에 계면활성제를 사용하여 화장품의 제조를 용이하게 하고 제형의 안정화를 시키는데 이것을 (   )(이)라고 한다. 즉 오일이 물에 입자 형태로 분산되어 있거나, 물이 오일에 분산되어 있는 상태를 말하며 화장품 제형에 있어 (   )는(은) 중요한 기술 중 하나이다. 대표적인 제품으로는 각종 크림, 로션, 메이크업베이스 등이 있다.

---

33. 다음에서 설명하는 용어는 무엇인가?

|보 기|

진피의 기질에 존재하는 무정형의 젤 상태인 물질이다. 자신 무게의 몇백 배의 수분을 흡수할 수 있어 보습 인자로 불리며 수분 유지, 노화 방지 등에 중요한 역할을 한다.

---

34. 다음은 안전 용기·포장 대상 품목 및 기준에 대한 설명이다. ㉠과 ㉡에 들어갈 숫자를 쓰시오.

|보 기|

※ 안전 용기·포장을 사용하여야 하는 품목은 다음 각호와 같다.
1. 아세톤을 함유하는 네일 에나멜 리무버 및 네일 폴리시리무버
2. 어린이용 오일 등 개별 포장당 탄화수소류를 (㉠)% 이상 함유하고 운동 점도가 21센티스톡스(섭씨 40도 기준) 이하인 비에멀전 타입의 액체 상태의 제품
3. 개별 포장당 메틸 살리실레이트를 (㉡)% 이상 함유하는 액체 상태의 제품

---

35. 다음 내용에서 (   ) 안에 들어갈 적합한 용어를 쓰시오.

|보 기|

인체가 화장품에 존재하는 위해요소에 노출되었을 때 발생할 수 있는 유해 영향과 발생 확률을 과학적으로 예측하는 일련의 과정으로 위험성 확인, 위험성 결정, 노출 평가, 위해도 결정 등 일련의 단계를 (   ) 과정이라고 한다.

---

36. 다음 중 화장품 제조시설에 대한 설명으로 바르지 <u>못한</u> 것은?

① 제조하는 화장품의 종류와 제형에 따라 적절히 구분·구획되어야 한다.

② 환기가 잘되도록 외부와 연결된 창문은 외부에서 개폐가 용이하여야 한다.

③ 작업장 내의 외관 표면은 가능한 한 매끄럽게 설계하는 것이 좋다.

④ 제조시설이나 설비는 소독제의 부식성에 대한 저항력이 높아야 한다.

⑤ 적절한 조명을 설치하고 조명 파손에 대비한 제품 보호 처리 절차가 있어야 한다.

37. 다음 중 작업장 위생관리에 대한 설명으로 <u>잘못된</u> 것은?

① 인동선과 물동선의 잦은 교차 지역은 작업시간 최소화로 오염을 줄이도록 관리한다.

② 청정등급 설정 구역은 기준에 제시된 청정도 등급 이상을 유지하도록 관리한다.

③ 화장품 제조에 적합한 물이 공급되어야 한다.

④ 생산 구역 내에 세척실과 화장실을 설치하는 것은 바람직하지 않다.

⑤ 공기 조화 장치는 제품 또는 사람에게 해로운 오염 물질의 이동을 최소화하도록 설계되어야 한다.

38. 작업장의 방충·방서를 위한 관리 방안으로 <u>잘못된</u> 설명은?

① 곤충, 설치류 및 조류의 침입이 가능한 곳을 모두 파악하고 외부와 통하는 구멍이 나 있는 곳에는 방충망을 설치한다.

② 실내에서의 해충 제거를 위하여 내부의 적절한 장소에 포충등을 설치한다.

③ 작업장에 유인등을 설치하고 조명을 환하게 하여 해충·곤충이 잘 잡히도록 유인한다.

④ 공기 조화 장치를 이용하여 실내압을 실외보다 높게 관리한다.

⑤ 방충망의 설치는 외부에서 창문틀 전체를 설치하는 것이 바람직하다.

39. 다음 중 소독제의 효과에 영향을 미치는 요인이 <u>아닌</u> 것은?

① 사용 약제의 종류나 사용 농도   ② 소독 대상 설비 또는 시설의 재질

③ 균에 대한 접촉 시간(작용 시간)   ④ 미생물의 종류와 균 수

⑤ 작업자의 숙련도

40. 다음 작업자의 위생관리에 대한 설명으로 <u>잘못된</u> 것은?

① 적절한 위생관리 기준 및 절차를 마련하고 모든 직원은 이를 준수한다.

② 작업장에는 의약품 이외에는 개인 물품을 반입하지 않도록 한다.

③ 음료나 음식물 등의 반입은 절대 허용되지 않는다.

④ 피부에 외상이 있거나 질병에 걸린 직원은 건강이 양호해지거나 화장품의 품질에 영향을 주지 않는다는 의사의 소견이 있기 전까지는 화장품과 직접 접촉되지 않도록 관리한다.

⑤ 방문객 및 교육 훈련을 받지 않은 작업자의 위생관리 및 감독이 필요하다.

41. 원료 및 자재의 입·출고 관련 업무를 하는 직원이 반드시 갖추어야 하는 작업장 내 직원의 복장을 모두 고른다면?

방진복, 작업복, 실험복(백색 가운), 모자, 고무줄, 긴소매, 긴 바지

① 방진복, 모자, 고무줄, 긴소매, 긴 바지

② 작업복, 모자, 고무줄, 긴소매, 긴 바지

③ 방진복, 모자

④ 작업복, 모자

⑤ 실험복(백색 가운), 모자

42. 설비 세척 후에 실시하는 판정 방법과 순서가 바르게 설명된 것은?

① 육안 확인 → 천으로 문질러 부착물로 확인 → 린스액의 화학 분석 실시

② 육안 확인 → 천으로 문질러 부착물로 확인 → 린스액의 물리적 분석 실시

③ 육안 확인 → 린스액의 화학 분석 실시 → 천으로 문질러 부착물로 확인

④ 천으로 문질러 부착물로 확인 → 린스액의 화학 분석 실시 → 육안 확인

⑤ 천으로 문질러 부착물로 확인 → 린스액의 물리적 분석 실시 → 육안 확인

43. 설비나 기구의 세척에 대한 원칙에 대한 설명으로 <u>잘못된</u> 것은?

① 해당 설비에 적정한 세제를 사용하여 깨끗이 세척한다.

② 브러시 등으로 문질러 세척하는 것도 고려한다.

③ 설비 세척에 있어 증기 세척은 좋은 방법이다.

④ 분해할 수 있는 설비는 분해해서 세척한다.

⑤ 세척 후에는 반드시 판정을 한다.

44. 설비 세척 및 청소 시에 작성하는 절차서의 작성 원칙에 해당하지 <u>않는</u> 것은?

① 책임을 명확히 한다.

② 사용할 세제와 기구를 정해 놓는다.

③ 구체적인 절차를 정한다.

④ 불만사항을 자세히 기록한다.

⑤ 심한 오염에 대한 대처 방법을 기재해 둔다.

45. 설비·기구의 유지관리 시 주의사항으로 적절하지 <u>않은</u> 것은?

① 설비마다 절차서를 작성한다.

② 계획을 세우고 실행한다.

③ 책임 내용을 명확하게 한다.

④ 설비·기구의 유지기준을 절차서에 포함한다.

⑤ 문제가 발생하면 관리하는 것이 원칙이다.

46. 설비·기구의 유지관리 시 점검해야 할 항목에 대한 연결이 올바른 것은?

① 외관 검사– 더러움, 녹　　　　② 작동 점검– 회전수, 투과율

③ 기능 측정– 이상 소음, 감도　　④ 청소– 오염, 이취

⑤ 작동 점검– 스위치, 연동성 등

47. 다음 탱크의 구성 재질에 대한 내용으로 <u>잘못된</u> 것은?

① 탱크(tanks)의 구성 재질은 기계로 만들고 광을 낸 표면이 바람직하다.

② 탱크의 제품에 접촉하는 표면 물질로 스테인리스스틸이 선호된다.

③ 가장 광범위하게 사용되는 것은 부식에 강한 번호 316 스테인리스스틸이다.

④ 미생물학적으로 민감하지 않은 물질 또는 제품의 탱크에는 주형 물질(Cast material)이 적합하다.

⑤ 탱크의 용접, 결합은 가능한 한 매끄럽고 평면이어야 하며 외부 표면의 코팅은 제품에 대해 저항력(Product-resistant)이 있어야 한다.

48. 다음 보기는 우수화장품 품질관리기준에서 명시하고 있는 원료의 선정 절차에 필요한 사항들이다. 이 중 가장 먼저 처리해야 할 사항은?

> **┤보 기├**
>
> ㄱ. 품질 결정 및 품질계약서 공급계약 체결   ㄴ. 중요도 분류
> ㄷ. 요구할 품질 결정   ㄹ. 공급자 선정 및 승인
> ㅁ. 시험 방법 선정 및 확립   ㅂ. 제조 개시 후 정기적 모니터링

① ㄱ   ② ㄴ   ③ ㄷ   ④ ㄹ   ⑤ ㅁ

49. 화장품 생산 작업에 있어 호스는 훌륭한 유연성을 가지고 한 위치에서 또 다른 위치로 제품의 전달을 하는데 광범위하게 사용된다. 호스의 구성 재질로 적합하지 <u>않은</u> 것은?

① 강화된 공업용 등급의 고무
② 네오프렌
③ 나일론
④ 타이곤(TYGON) 호스 또는 강화된 타이곤 호스
⑤ 폴리에틸렌 또는 폴리프로필렌

50. 입고된 원자재는 상태를 표시하여야 한다. 동일 수준의 보증 가능한 다른 시스템이 없는 경우 적절한 상태 표시로 구성된 것은?

① 적합–부적합–보관 중   ② 적합–부적합–검사 중
③ 적당–부적당–보관 중   ④ 적당–부적당–검사 중
⑤ 적합–부적합–입고 중

51. 화장품 안전기준 등에 관한 규정에서 허용하는 미생물 한도로 올바른 것은?

① 총 호기성 생균수는 영·유아용 제품류의 경우 100개/g(mL) 이하이다.
② 총 호기성 생균수는 눈 화장용 제품류의 경우 100개/g(mL) 이하이다.
③ 물휴지의 경우 세균 및 진균 수는 각각 500개/g(mL) 이하이다.
④ 기타 화장품의 경우 1,000개/g(mL) 이하이다.
⑤ 황색포도상구균(Staphylococcus aureus)은 100개/g(mL) 이하이다.

52. 우수화장품 품질관리기준에서 입고된 원료의 검체 채취 및 시험을 하기 위해 '시험 중' 또는 '검사 중'이라는 표시를 할 때 사용하는 라벨의 색깔은?

① 청색 라벨   ② 적색 라벨   ③ 백색 라벨   ④ 황색 라벨   ⑤ 흑색 라벨

53. 원료와 내용물의 입고관리에 필요한 사항으로 잘못된 것은?

① 공급자 결정

② 발주, 입고, 식별 · 표시,

③ 합격 · 불합격, 판정, 보관, 불출

④ 보관 환경 설정

⑤ 유통기한 설정

54. 원료 및 포장재의 입고 검사 후 불합격 상황이 발생한 경우 가장 적절한 조치는 어느 것인가?

① 즉시 반품 조치한다.

② 전화 통보 후 반품 조치한다.

③ 합격품 보관소에 옮겨 불합격품이라는 표시를 확실히 하여 보관 후 반품 조치한다.

④ 불합격품 보관소로 옮긴 후 반품 조치한다.

⑤ 합격품 보관소에 옮겨 보관하면서 서면으로 통보 후 반품 조치한다.

55. 다음은 원료 및 포장재의 보관관리에 대한 설명이다. ㉠과 ㉡에 들어갈 적절한 용어는?

┤보 기├

· 모든 보관소에서는 (㉠)의 절차가 사용되어야 한다.

· 원료 및 포장재는 정기적으로 재고조사를 실시한다. 장기 재고품의 처분 및 (㉠) 규칙의 확인이 목적이다.

· 재고의 신뢰성을 보증하고, 모든 중대한 모순을 조사하기 위해 주기적인 재고조사가 시행되어야 한다. 재고조사 시 중대한 위반품이 발견되었을 때에는 (㉡)를(을) 한다.

① ㉠ 선입선출 – ㉡ 반품처리   ② ㉠ 후입선출 – ㉡ 반품처리

③ ㉠ 선입선출 – ㉡ 일탈처리   ④ ㉠ 후입선출 – ㉡ 일탈처리

⑤ ㉠ 선입선출 – ㉡ 반송처리

56. 화장품 포장 공정은 새로운 종류의 작업이 추가된 것이 아니라 원칙은 제조와 동일하다. 제조와 포장 공정과의 연결이 잘못 짝지어진 것은?

① 제조 지시서 발행 → 포장 지시서 발행

② 제조 기록서 발행 → 포장 기록서 발행

③ 원료 갖추기 → 완제품, 포장재 준비

④ 벌크제품 보관 → 완제품 보관

⑤ 원료 재보관 → 포장재 재보관

57. 다음 검체와 관련된 설명으로 <u>잘못된</u> 것은?

① 제품의 검체 채취란 제품 시험용 및 보관용 검체를 채취하는 일이다.

② 검체의 보관 목적은 제품의 사용 중에 발생할지도 모르는 재검토 작업에 대비하기 위해서다.

③ 각 제조 단위를 대표하는 검체를 보관한다.

④ 제품 검체 채취는 원자재 입고를 담당한 구매부에서 실시하는 것이 일반적이다.

⑤ 일반적으로는 각 제조 단위별로 제품 시험을 2번 실시할 수 있는 양을 보관한다.

58. 다음은 완제품 보관 검체의 주요 사항에 관한 내용이다. 괄호 안에 들어갈 내용이 순서대로 나열된 것은?

---|보 기|---

· 검체는 각 제조 단위를 대표하는 검체를 시판용 제품의 포장 형태와 동일하게 하여 그대로 안정한 조건에서 보관한다.

· 각 제조 단위별로 제품 시험을 (㉠)번 실시할 수 있는 양을 보관한다.

· 사용기한 경과 후 (㉡)년간 또는 개봉 후 사용 기간을 기재하는 경우에는 제조일로부터 (㉢)년 간 보관한다.

① ㉠ 2-㉡ 1-㉢ 3 　　　　② ㉠ 1-㉡ 1-㉢ 3

③ ㉠ 1-㉡ 2-㉢ 3 　　　　④ ㉠ 2-㉡ 1-㉢ 2

⑤ ㉠ 3-㉡ 1-㉢ 2

59. 기준 일탈 제품의 결정 및 처리는 누가 하는가?

① 대표자 　　　　　　　　② 품질관리 업무자

③ 화장품제조업자 　　　　④ 화장품책임판매업자

⑤ 맞춤형화장품조제관리사

60. 보관 중인 원료와 포장재의 출고에 대한 기준으로 <u>잘못</u> 설명된 것은?

① 원료 및 포장재의 불출 절차는 승인받은 자만이 수행할 수 있다.

② 시험 결과 적합 판정된 것만을 출고해야 한다.

③ 적합한 출고가 수행되었는지 이를 확인할 수 있는 체계가 확립되어 있어야 한다.

④ 배치(제조단위)에서 취한 검체의 일부가 합격 기준에 부합하면 불출될 수 있다.

⑤ 모든 보관소에서는 선입선출의 절차가 사용되어야 한다.

61. 맞춤형화장품의 정의에 대한 설명으로 <u>잘못된</u> 것은?

① 제조된 화장품의 내용물에 다른 화장품의 내용물을 혼합한 화장품

② 수입된 화장품의 내용물에 식품의약품안전처장이 정하는 원료를 추가하여 혼합한 화장품

③ 수입된 화장품의 내용물에 기능성화장품의 원료를 추가하여 혼합한 화장품

④ 제조된 화장품의 내용물을 소분한 화장품

⑤ 수입된 화장품의 내용물에 다른 화장품의 내용물을 혼합하거나 수입된 화장품의 내용물을 소분한 화장품

62. 다음 보기 중 맞춤형화장품판매업 신고 시에 필요한 서류를 모두 고른다면?

| 보 기 |

ㄱ. 맞춤형화장품판매업 신고서   ㄴ. 맞춤형화장품조제관리사 자격증
ㄷ. 맞춤형화장품 시설 및 설비 내역서   ㄹ. 맞춤형화장품판매업자 건강진단서
ㅁ. 책임판매업자와 체결한 계약서 사본   ㅂ. 소비자 피해 보상을 위한 보험계약서 사본

① ㄱ, ㄴ, ㄷ, ㄹ   ② ㄱ, ㄴ, ㄷ, ㅁ   ③ ㄱ, ㄴ, ㄷ, ㅂ
④ ㄱ, ㄴ, ㅁ, ㅂ   ⑤ ㄱ, ㄴ, ㄹ, ㅁ

63. 다음 중 화장품의 유형과 제품이 바르게 연결된 것은?

① 인체 세정용 제품류-버블 바스(bubble baths)

② 목욕용 제품류-바디 클렌져(body cleanser)

③ 색조화장용 제품류-아이 메이크업 리무버(eye make-up remover)

④ 기초화장용 제품류-클렌징 로션, 클렌징크림

⑤ 체취 방지용 제품류-제모제(제모 왁스 포함)

64. 맞춤형화장품조제관리사가 정기교육을 이수하지 않은 경우의 처벌 규정은?

① 업무 정지 3개월   ② 업무 정지 6개월   ③ 벌금 50만 원
④ 과태료 50만 원   ⑤ 자격 정지 3개월

65. 맞춤형화장품판매업자의 준수사항이 <u>아닌</u> 것은?

① 맞춤형화장품 판매 업소가 두 군데인 경우 맞춤형화장품조제관리사도 2명 이상이 필요하다.

② 보건위생상 위해가 없도록 혼합·소분에 필요한 장소, 시설 및 기구에 대한 정기 점검을 실시한다.

③ 혼합·소분 시에는 화장품제조업자와의 계약사항을 준수하여야 한다.

④ 혼합·소분에 사용되는 기기나 장비는 사용 전·후 세척해야 한다.

⑤ 맞춤형화장품 관련 안전성 정보에 대해 문제 발생 시 신속히 책임판매업자에게 보고한다.

67. 다음 중 맞춤형화장품에 혼합할 수 있는 내용물이나 원료가 <u>아닌</u> 것은?

① 라벤더오일을 첨가하여 혼합한 제품

② 나이아신아마이드를 첨가하여 혼합한 제품

③ 히알루로닉애씨드(Hyaluronic acid)를 직접 첨가하여 혼합한 제품

④ 계약 체결한 책임판매업자가 식품의약품안전처장이 고시하는 기능성화장품의 효능·효과를 나타내는 원료를 포함하여 식약처로부터 심사를 받은 제품

⑤ 계약 체결한 책임판매업자가 식품의약품안전처장이 고시하는 기능성화장품의 효능·효과를 나타내는 원료를 포함하여 식약처에 보고서를 제출한 제품

68. 다음은 맞춤형화장품판매업자가 준수하여야 할 위해화장품의 회수 계획 및 회수 절차에 대한 설명으로 <u>잘못된</u> 것은?

① 국민 보건에 위해(危害)를 끼치거나 끼칠 우려가 있는 화장품이 유통 중인 사실을 알게 된 경우에는 즉시 판매 중지 등의 필요한 조치를 하여야 한다.

② 해당 화장품을 회수하거나 회수하는 데에 필요한 조치를 하려는 영업자는 회수 계획을 식품의약품안전처장에게 미리 보고하여야 한다.

③ 위해성 등급이 가등급인 화장품의 회수 기간은 회수를 시작한 날부터 15일 이내이다.

④ 위해성 등급이 나등급 또는 다등급인 화장품의 회수 기간은 회수를 시작한 날부터 30일 이내이다.

⑤ 폐기를 완료한 회수 의무자는 폐기 확인서를 작성하여 1년간 보관하여야 한다.

69. 다음 중 화장품법 시행규칙에서 규정한 화장품의 유형이 <u>아닌</u> 것은?

① 면도용 제품류   ② 눈 화장용 제품류   ③ 손·발톱용 제품류

④ 어린이용 화장품류   ⑤ 두발용 제품류

70. 화장품의 안정성 시험에 관한 설명으로 적절하지 <u>못한</u> 것은?

① 안정성 시험에는 장기 보존 시험, 가혹 보존 시험, 가속 시험 등이 있다.

② 기능성화장품은 기준 및 시험 항목에 설정된 모든 시험 항목을 반드시 실시해야 한다.

③ 제품의 유통 조건을 고려하여 적절한 온도, 습도, 시험 기간 및 측정 시기를 설정하여 시험한다.

④ 화학적 열화 및 물리적 열화 등에 대한 외적 관찰을 통한 평가도 이용된다.

⑤ 용기와 내용물의 상용성에 따라 용기 내면으로 제품의 품질 변화, 용기 변형 등이 발생할 수 있으므로 반드시 확인하여 둘 필요가 있다.

71. 위반사항에 대한 벌칙으로서 1년 이하의 징역 또는 1천만 원 이하의 벌금에 해당하는 사항이 <u>아닌</u> 것은?

① 어린이 안전 용기 포장 규정을 위반한 경우

② 맞춤형화장품판매업으로 신고하지 않거나 변경신고를 하지 않은 경우

③ 기재사항 및 기재 표시 주의사항 위반 화장품의 판매, 판매 목적으로 보관 또는 진열한 경우

④ 의약품 오인 우려 기재 표시 화장품의 판매, 판매 목적으로 보관 또는 진열한 경우

⑤ 부당한 표시 광고 행위 등의 금지 규정을 위반한 경우

72. 다음 화장품 영업에 대한 등록을 취소하거나 영업소를 폐쇄 처분할 수 있는 사유가 <u>아닌</u> 것은?

① 화장품제조업 또는 화장품책임판매업의 변경사항 등록을 하지 않은 경우

② 국민 보건에 위해를 끼쳤거나 끼칠 우려가 있는 화장품을 제조·수입한 경우

③ 맞춤형화장품판매업자가 마약중독자인 경우

④ 맞춤형화장품판매업의 변경신고를 하지 않은 경우

⑤ 기능성화장품 심사를 받거나 보고서를 제출하지 않고 기능성화장품을 판매한 경우

73. 다음 표피에 대한 설명 중 <u>틀린</u> 것은?

① 각질층은 무핵으로 케라틴 단백질이 주성분이다.

② 엘라이딘이라는 반유동성 물질이 존재하는 부분을 투명층이라 부른다.

③ 과립층은 케라토히알린이라는 물질을 분비하여 핵을 죽이고 딱딱해진다.

④ 유극층은 강력한 수분 저지막의 역할로 이물질의 침투를 저지한다.

⑤ 기저층은 세포분열로 새로운 세포를 생성한다.

74. 다음 중 각질층의 라멜라 구조를 이루는 세포 간 지질에 존재하는 성분은?

① 히아루론산 ② 세라마이드 ③ 요소
④ 우로칸산 ⑤ 엘라스틴

75. 화장품 제조 시 착향제로 사용되는 원료 중에서 알레르기(allergy) 유발 물질로 고시되어 구체적인 명칭을 포장재에 표기해야 하는 성분이 <u>아닌</u> 것은?

① 리날롤 ② 신나밀알코올 ③ 에탄올
④ 벤질알코올 ⑤ 참나무 이끼 추출물

76. 화장품 기재사항 중 착향제 구성 성분을 기재해야 하는 경우 기준이 되는 함량이 바르게 기재된 것을 고른다면?

> **|보 기|**
>
> ㄱ. 사용 후 씻어내는 제품 : 0.1% 초과
> ㄴ. 사용 후 씻어내는 제품 : 0.01% 초과
> ㄷ. 사용 후 씻어내지 않는 제품 : 0.01% 초과
> ㄹ. 사용 후 씻어내지 않는 제품 : 0.001% 초과
> ㅁ. 사용 후 씻어내지 않는 제품 : 0.005% 초과

① ㄱ, ㄷ ② ㄱ, ㄹ ③ ㄱ, ㅁ ④ ㄴ, ㄹ ⑤ ㄴ, ㅁ

77. 다음 중 피지선의 특징이 <u>아닌</u> 것은?

① 얼굴, 가슴, 등에 많이 분포한다.
② 모낭과는 관련이 없다.
③ 진피는 망상층에 위치한다.
④ 성인의 피지 분비량은 1~2g/일 정도이다.
⑤ 피지 분비량은 안드로겐의 영향을 받는다.

78. 모발에 영향을 미치는 요인 중 탈모 현상과 가장 관련 <u>없는</u> 것은?

① 테스토스테론의 과잉 분비 ② 에스트로겐의 과잉 분비
③ 티록신의 분비 이상 ④ 스트레스 노출
⑤ DHT(Dihydrotestosterone)

79. 맞춤형화장품으로 일어날 수 있는 부작용에 대한 설명으로 옳지 <u>않은</u> 것은?

① 과도한 향의 혼합으로 인한 알레르기 반응이 나타날 수 있다.

② 제품의 내용물과 내용물 또는 내용물과 원료를 혼합하는 과정에서 오염이 발생할 수 있다.

③ 제품이나 원료의 혼합으로 인한 보존제의 초과 문제, 또는 방부력 저하 문제가 발생할 수 있다.

④ 여러 화장품과 성분이 혼합됐을 때 유해 물질이 생성되어 안전성을 위협할 수 있다.

⑤ 크림에 추출물을 넣었을 때 로션이나 물처럼 점도가 하락하는 제형의 변화가 올 수 있다.

80. 다음 관능 평가(sensory evaluation)에 대한 설명으로 옳지 <u>않은</u> 것은?

① 관능검사란 물질의 특성을 인간의 오감(五感)에 의하여 감지되는 반응을 측정, 평가하는 검사이다.

② 이화학적 평가가 불가능한 품질의 특성에 대하여 분석 또는 해석하는 과학의 한 분야라고 할 수 있다.

③ 관능 평가 방법으로 차이 식별 검사, 묘사 분석, 순위 매김법 등이 있다.

④ 화장품 관능검사란 시각, 후각, 미각, 촉각 및 청각을 통해 색상, 향취, 투명도, 윤기, 촉촉함의 정도 등을 측정하여 화장품의 관능 품질을 확보하기 위해 시행된다.

⑤ 인간의 감각을 통하여 계획된 조건하에서 질을 판단하므로 정확하고 과학적인 결과가 도출된다.

81. 다음 관능검사에 대한 평가 항목으로 <u>잘못된</u> 것은?

① 색상, 향취, 투명도　② 미끄러짐, 두께감, 수분감

③ 점경도, 윤기　④ 미생물, 불순물

⑤ 촉촉함, 잔여감, 끈적임

82. 탈모 증상 완화에 도움이 되는 기능성화장품의 고시 성분이 <u>아닌</u> 것은?

① 엘-멘톨　② 징크피리치온　③ 비오틴

④ 덱스판테놀　⑤ 징크피리치온 80%

83. 인체의 피부 장벽 기능을 하는 것과 거리가 <u>먼</u> 것은?

① 각질세포의 천연 보습인자　② 콜라겐과 엘라스틴

③ 교소체(desmosome)　④ 세포 간 지질

⑤ 라멜라 구조

84. 다음 과태료의 부과기준에 대한 설명으로 <u>잘못된</u> 것은?

① 하나의 위반 행위가 둘 이상의 과태료 부과기준에 해당하는 경우에는 그중 금액이 큰 과태료 부과기준을 적용한다.

② 해당 위반 행위의 정도, 위반 횟수, 위반 행위의 동기와 그 결과 등을 고려하여 과태료 금액의 2분의 1의 범위에서 그 금액을 가감할 수 있다.

③ 기능성화장품의 안전성 및 유효성에 관하여 제출한 보고서나 심사받은 사항을 변경할 때에도 변경 심사를 받아야 하며 이를 위반한 경우 과태료 부과 대상이다.

④ 책임판매관리자 및 맞춤형화장품조제관리사가 매년 받아야 하는 교육을 받지 아니한 경우 과태료는 50만 원이다.

⑤ 휴업 기간이 1개월 미만이거나 그 기간 동안 휴업하였다가 그 업을 재개하는 경우 신고하지 않으면 과태료 부과 대상이다.

85. 피부의 주름 개선에 도움이 되는 기능성화장품 성분으로 옳은 것은?

|보 기|

| ㄱ. 알부틴 | ㄴ. 레티놀 | ㄷ. 유용성 감초 추출물 |
| ㄹ. 징크옥사이드 | ㅁ. 아데노신 | ㅂ. 폴리에톡실레이티드레틴아마이드 |

① ㄱ, ㄷ, ㄹ   ② ㄱ, ㄷ, ㅁ   ③ ㄴ, ㄷ, ㅁ
④ ㄴ, ㅁ, ㅂ   ⑤ ㄷ, ㄹ, ㅂ

86. 다음은 화장품법 제9조에 명시된 안전 용기·포장 등에 관한 내용이다. (   ) 안에 들어갈 내용으로 알맞은 것은?

|보 기|

화장품책임판매업자 및 맞춤형화장품판매업자는 화장품을 판매할 때에는 어린이가 화장품을 잘못 사용하여 인체에 위해를 끼치는 사고가 발생하지 아니하도록 안전 용기·포장을 사용하여야 한다. 이에 따른 안전 용기·포장은 성인이 개봉하기는 어렵지 아니하나 만 (   )의 어린이가 개봉하기는 어렵게 된 것이어야 한다.

① 3세 이하   ② 3세 미만   ③ 5세 이하
④ 5세 미만   ⑤ 7세 이하

87. 화장품법 제9조(안전 용기·포장 등)의 규정에 의하여 안전 용기·포장 안전 용기·포장을 사용하여야 하는 품목에 해당하는 것은?

① 아세톤을 함유하지 않은 네일 에나멜 리무버 및 네일 폴리시리무버
② 용기 입구 부분이 펌프 또는 방아쇠로 작동되는 분무 용기 제품
③ 압축 분무 용기 제품 또는 에어로졸 제품
④ 개별 포장당 탄화수소류를 10% 미만 함유한 어린이용 오일 제품
⑤ 개별 포장당 메틸 살리실레이트를 5% 이상 함유하는 액체 상태의 제품

88. 맞춤형화장품조제관리사의 제품 상담에 관한 내용으로 적절하지 <u>않은</u> 것은?

① 맞춤형화장품 판매제품에 대하여 고객과 상담을 하고 상담 내용을 기재한 제품 상담 일지를 작성한다.
② 상담 시에는 맞춤형화장품에 사용된 성분, 사용 용도, 사용 방법 등을 설명해야 한다.
③ 고객이 화장품의 사용 방법에 따라 안전기준을 지킬 수 있도록 상세히 설명한다.
④ 고객의 개인정보 보호를 위하여 상담 내용은 최대한 간략하게 작성하도록 한다.
⑤ 판매된 맞춤형화장품과 관련한 사실에 대하여 거짓 없이 작성하여야 한다.

89. 다음의 (   )안에 들어갈 적당한 용어는?

┌─|보 기|────────────────────────────────
│
│ 화장품법 제3조의2에서는 '맞춤형화장품판매업을 하려는 자는 총리령으로 정하는 바에 따라 식품의
│ 약품안전처장에게 (   )하여야 한다. (   )한 사항 중 총리령으로 정하는 사항을 변경할 때에도 또
│ 한 같다.'라고 규정하고 있다. 맞춤형화장품판매업자는 총리령으로 정하는 바에 따라 맞춤형화장품
│ 조제관리사를 두어야 한다.
│
└───

90. 다음의 (   ) 안에 들어갈 적당한 용어는?

┌─|보 기|────────────────────────────────
│
│ 화장품법 제3조의4에서는 다음과 같이 규정하고 있다. ① 맞춤형화장품조제관리사가 되려는 사람은
│ 화장품과 원료 등에 대하여 (   )이(가) 시행하는 자격시험에 합격하여야 한다. ② (   )
│ (은)는 맞춤형화장품조제관리사가 거짓이나 그 밖의 부정한 방법으로 시험에 합격한 경우에는 자격
│ 을 취소하여야 하며, 자격이 취소된 사람은 취소된 날부터 3년간 자격시험에 응시할 수 없다.
│
└───

모의고사 5

91. 다음은 화장품법 제5조의 일부이다. ㉠과 ㉡에 들어갈 적당한 용어는?

---보 기---

화장품법 제5조(영업자의 의무 등)에 의거하여 책임판매관리자 및 맞춤형화장품조제관리사는 화장품의 (㉠) 확보 및 (㉡)관리에 관한 교육을 매년 받아야 한다. 식품의약품안전처장은 국민 건강상 위해를 방지하는 데 필요하다고 인정하면 영업자에게 화장품 관련 법령 및 제도에 관한 교육을 받을 것을 명할 수 있다

92. 다음은 화장품을 제형에 따라 분류하는 설명이다. ( ) 안에 들어갈 화장품 제조기술 용어는?

---보 기---

( )는/은 물에 소량의 오일 성분이 계면활성제에 의해 용해되어 있는 상태를 말한다. 가시광선의 파장보다 미셀의 크기가 작아 빛이 통과하여 투명하게 보인다. ( ) 제품으로는 화장수, 향수, 헤어토닉 등이 있다.

93. 다음은 화장품 원료에 대한 설명이다. ( ) 안에 들어갈 적절한 용어는?

---보 기---

화장품에는 여러 가지 다양한 성분이 함유되어 있어 있으므로 적절치 않은 조건에서 공기에 노출되거나 불순물이 침투하면 미생물의 작용으로 변질 및 부패가 발생하게 되는데 이를 방지하기 위해 사용되는 성분을 ( )(이)라고 한다.

94. 다음에 설명된 내용으로 알 수 있는 화장품 성분의 명칭은?

---보 기---

- 수용성의 안정된 물질로 각질층을 쉽게 통과할 수 있다.
- 멜라닌 색소의 이동을 억제하고 표피에 침착되는 색소의 양을 감소시킨다
- 비타민 B3성분으로 식약처의 승인을 받은 미백 기능성화장품 고시 성분이다.

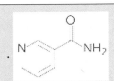

95. 다음은 자외선 차단제의 종류와 원리에 대한 설명이다. ㉠과 ㉡에 들어갈 용어는 무엇인가?

―|보 기|―

· 자외선 차단제는 성분의 작용 방식에 따라 물리적 차단제와 화학적 차단제로 구분할 수 있다.
· 물리적 차단제는 자외선이 피부 속으로 침투되는 것을 (㉠)시켜 자외선을 차단하는 방식이고, 화학적 차단제는 피부에 침투하는 자외선을 (㉡)하여 진동이나 열 등으로 변화시키는 방식이다.

96. 다음 ( ) 안에 들어갈 적합한 용어는?

―|보 기|―

맞춤형화장품의 혼합 또는 소분에 사용되는 내용물 및 원료의 제조번호와 혼합·소분 기록을 포함하여 맞춤형화장품 판매업자가 부여한 번호를 ( )(이)라고 한다.

97. 맞춤형화장품의 판매 후 제품이 위해화장품에 해당함을 발견하였다. 다음의 회수 계획 및 회수 절차에 관한 설명이다. ㉠과 ㉡에 들어갈 용어는 무엇인가?

―|보 기|―

화장품을 회수하거나 회수하는 데에 필요한 조치를 하려는 화장품제조업자 또는 화장품책임판매업자(이하 "회수 의무자"라 한다)는 해당 화장품에 대하여 즉시 판매 중지 등의 필요한 조치를 하여야 하고, 회수 대상 화장품이라는 사실을 안 날부터 (㉠)일 이내에 (㉡)(을)를 지방식품의약품안전청장에게 제출하여야 한다.

98. 다음은 표피 구조 중 각질층의 구성 성분에 대한 설명이다. ( ) 안에 들어갈 알맞은 용어는?

―|보 기|―

( )는/은 아미노산(amino acid), 피롤리돈 카르복실산(pyrrolidone carboxylic acid: PCA), 젖산(lactic acid) 등으로 구성되어 있다. 필라그린(filaggrin)이 분해될 때 생성되는 부산물로 피부 활성에 관여하는 중요한 요소이며, 각질층의 유연성을 높이고 수분 유지 및 보유 역할 등을 한다.

99. 다음은 모발의 구조 중 모근부에 대한 설명이다. ( ) 안에 들어갈 알맞은 용어는?

| 보 기 |

모근부의 가장 아래쪽에 위치하면서 모모세포와 접하고 있다. 주변에는 모세혈관과 자율신경 계통이 존재하고 있으며 모구에 산소와 영양을 공급하고 모발의 형성을 주관하는 세포층을 ( )(이)라고 한다.

100. 다음은 맞춤형화장품조제관리사와 고객이 나눈 대화이다. 고객에게 추천할 제품으로 옳은 것을 보기에서 2가지 고른다면?

| 대 화 |

고객: 안녕하세요? 제가 요즘 여행을 다녀와서 얼굴이 건조해졌어요, 피부도 약해졌는지 전에는 없었 던 화장품 알레르기(allergy)도 약간 생겼어요.

조제관리사: 정확한 진단을 하기 위해 고객님 피부 상태를 측정하겠습니다.

피부 측정 후,

조제관리사: 고객님은 40대 평균적인 피부와 비교하면 피부 탄력도가 20%가량 낮은 상태이고, 얼굴 에 군데군데 홍반이 관찰되는 것으로 보아 일시적으로 예민해진 상태입니다.

고객: 걱정이네요. 그럼 어떤 제품을 쓰면 좋을까요?

조제관리사: 네, 보습과 진정에 도움을 줄 수 있는 제품을 추천합니다.

| 보 기 |

· 아데노신(Adenosine) 함유 제품   · 히알루론산(Hyaluronic acid) 함유 제품
· 살리실릭산(Salicylic acid) 함유 제품   · 레티노이드(Retinoids) 함유 제품
· 아줄렌(Azulene) 함유 제품   · 세틸알코올(Cetylalcohol) 함유 제품

맞춤형화장품조제관리사

정답 및 해설

3

1회, 2회, 3회, 4회, 5회

정답 및 해설

1과목	화장품법의 이해	선다형 7문항, 단답형 3문항

1	2	3	4	5	6	7	8	9	10
①	⑤	③	④	③	②	⑤	50만 원	보건복지부 장관	14세

해설

1. 화장품법의 목적(화장품법 제 1조)
   이 법은 화장품의 제조, 수입, 판매 및 수출 등에 관한 사항을 규정함으로써 국민 보건 향상과 화장품산업의 발전에 기여함을 목적으로 한다.

2. 식품의약품안전처장은 영업자 또는 판매자가 행한 표시·광고가 제13조 제1항 제4 호에 해당하는지를 판단하기 위하여 실증이 필요하다고 인정하는 경우에는 그 내용을 구체적으로 명시하여 해당 영업자 또는 판매자에게 관련 자료의 제출을 요청할 수 있다. 〈개정 2013. 3. 23., 2018. 3. 13.〉

4. 부당한 표시 · 광고 행위 금지사항
   - 의약품으로 잘못 인식할 우려가 있는 표시 또는 광고
   - 기능성화장품이 아닌 화장품을 기능성화장품으로 잘못 인식할 우려가 있거나 기능성화장품의 안전성·유효성에 관한 심사 결과와 다른 내용의 표시·또는 광고
   - 천연화장품 또는 유기농화장품이 아닌 화장품을 천연화장품 또는 유기농화장품으로 잘못 인식할 우려가 있는 표시 또는 광고
   - 그 밖에 사실과 다르게 소비자를 속이거나 소비자가 잘못 인식하도록 할 우려가 있는 표시 또는 광고

5. 식품의약품안전처장은 위반 사실에 대한 행정처분이 확정된 자에 대한 처분 사유, 처분 내용, 처분 대상자의 명칭·주소 및 대표자 성명, 해당 품목의 명칭 등 처분과 관련한 사항으로서 대통령령으로 정하는 사항을 공표할 수 있다(화장품법 제28조의2 제1항).

6. ①, ③, ④, ⑤는 책임판매업자의 문서·기록 관련 업무에 해당한다.

7. 동의 및 정보 제공 사항(고객에게 동의를 구하거나 알려야 하는 내용)
   - 개인정보의 수집·이용 목적
   - 수집하려는 개인정보의 항목
   - 개인정보의 보유 및 이용 기간
   - 동의를 거부할 권리가 있다는 사실 및 동의 거부에 따른 불이익이 있는 경우에는 그 불이익의 내용

8. 맞춤형화장품조제관리사 의무교육 미이수 시 과태료는 50만 원이다.

9. 화장품법 제33조

10. 과징금의 부과기준(개인정보보호법 시행령 제40조의2 제3항)

11	12	13	14	15	16	17	18	19	20
③	③	②	①	④	②	③	⑤	⑤	②

21	22	23	24	25	26	27	28	29	30
①	①	④	③	④	②	④	⑤	④	③

31	32	33	34	35					
정제수	안전성	ㄱ, ㄷ, ㄹ	위해평가	15일, 30일					

해설

11. 글리세린 혹은 글리세롤(glycerol)은 폴리올(polyol)류로 화장품에서 가장 널리 사용되고 있는 보습제이다.

12. 화장수는 모공이 열리거나 이완된 피부를 정상적인 상태로 수축시키기 위하여 세안 뒤에 사용하는 맑은 액체 화장품.

13. 보습제는 글리세린, 부틸렌글라이콜, 프로필렌글라이콜, 폴리에틸렌글라이콜 원료로 한 용액이며 식물세포벽에 존재하는 펙틴은 세포벽의 주요 성분이다.

14. 바니싱크림은 진주 광택을 가진 기름 성분이 적은 O/W형 크림으로, 유성분이 적게 들어가 있는 크림화장품이며, 주성분은 고급지방산인 스테아르산이 16~30% 들어간다.

15. 페녹시에탄올(Phenoxyethanol)은 녹농균에 효과적이다.
    - 트리클로산(Triclosan)은 저농도에서 그람양성 음성균, 곰팡이에 대해 효과적이며, pH 4~8일 때 효과적이다
    - 이미다졸리디닐우레아(Imidazolidinyl urea)은 무미, 무취의 백색 분말로 물과 글리세린에 용해되며, 넓은 pH 영역에서 효과적이다(0.2% 농도– 그람음성균)
    - 산화철(Iron oxide)은 무기안료이다.

16. 자외선 차단제는 자외선 산란제와 자외선 흡수제로 나뉜다.
    - 자외선 흡수제: 파라아미노안식향산, 옥틸디메틸파바
    - 자외선 산란제 티타늄디옥사이드(Titanium Dioxide), 징크옥사이드(Zinc Oxide)

17. 파우더는 피지를 억제하고 화장을 지속시켜 주는 기능이 있다.

18. 폴리비닐알코올, 잔탄검은 화장품의 점도를 높이고 제품의 안전성을 유지하기 위해 사용하는 고분자 성분이다.

20. SPF는 자외선 B 차단을 의미하고, PA는 자외선 A 차단을 의미한다.

22. 레티놀은 레티노익애씨드의 전구물질로 피부에 침투된 후 서서히 레티산으로 변화되어 작용하기 때문에 효과는 떨어지지만 피부 자극이 상대적으로 적은 것이 장점이다. 그러나 레티놀은 분자 내에 불포화 결합이 있어 공기 중에서 쉽게 산화되는 단점이 있다. 레티놀의 안정화를 위해서 특수한 튜브 용기를 사용하거나 팔미틴산과 같은 지방산을 결합한 레티닐팔미테이트가 사용되고 있다.

23. 제품에 펄감을 주기 위해 사용되는 안료를 진주 광택 안료라 한다. 과거에는 일부 제품에 갈치 비늘을 이용하였으나 최근에는 대부분 합성 펄을 이용한다.

24. 카민 성분에 과민하거나 알레르기가 있는 사람은 신중히 사용해야 하지만, 기재·표시하여야 할 알레르기 유발 성분은 아니다.

27. 테스트 부위의 관찰은 테스트 액을 바른 후 30분 그리고 48시간 후 총 2회를 반드시 실시한다.

30. 식품의약품안전처장은 다음 각호에 따라 화장품 안전성 정보를 검토 및 평가하여 필요한 경우 정책자문위원회 등 전문가의 자문을 받을 수 있다.

ㄱ. 정보의 신뢰성 및 인과관계의 평가 등

ㄴ. 국내·외 사용 현황 등 조사·비교 (화장품에 사용할 수 없는 원료 사용 여부 등)

ㄷ. 외국의 조치 및 근거 확인 (필요한 경우에 한함)

ㄹ. 관련 유사 사례 등 안전성 정보 자료의 수집·조사

ㅁ. 종합 검토

33. 시험 결과 적합으로 판정되고 품질보증부서 책임자가 출고 승인한 제품만을 출고한다.

3과목 ── 유통화장품의 안전관리 ── 선다형 25문항

					36	37	38	39	40
					④	②	⑤	②	③
41	42	43	44	45	46	47	48	49	50
④	③	③	②	③	⑤	③	④	③	⑤
51	52	53	54	55	56	57	58	59	60
③	①	⑤	⑤	②	④	③	④	①	②

해설

36. 방문객 또는 안전 위생의 교육훈련을 받지 않은 직원이 화장품 제조, 관리, 보관을 실시하고 있는 구역으로 출입하는 일은 피해야 한다. 또한, 복장은 제품에 오염이 생기지 않도록 위생관리기준에 준하는 복장을 착용한다. 그러나 영업상의 이유, 신입 사원 교육 등을 위하여 안전 위생의 교육훈련을 받지 않은 사람들이 제조, 관리, 보관 구역으로 출입하는 경우에는 안전 위생의 교육훈련 자료를 미리 작성해 두고 출입 전에 "교육훈련"을 실시한다.

37. ②는 교육훈련에 관한 내용이다.

38. 직원의 위생관리 기준 및 절차에는 작업 시 복장, 직원 건강 상태 확인, 직원에 의한 제품의 오염 방지에 관한 사항, 직원의 손 씻는 방법, 직원의 작업 중 주의사항, 방문객 및 교육훈련을 받지 않은 직원의 위생관리 등이 포함되어야 한다.

39. 손 소독은 70% 에탄올을 이용한다.

41. ①, ②는 품질관리 기준서에 포함되는 사항이다.
③, ⑤은 제조관리 기준서에 포함되는 사항이다.

43. 자외선의 분류 및 파장 범위

- 자외선 A: 320~400nm

- 자외선 B: 290~320nm

- 자외선 C: 200~290nm

45. 원료의 사용기준 지정 및 변경 신청 등(화장품법 시행규칙 제17조의3 제1항)

화장품제조업자, 화장품책임판매업자 또는 연구기관 등은 법령에 따라 지정·고시되지 않은 원료의 사용기준을 지정·고시하거나 지정·고시된 원료의 사용기준을 변경해 줄 것을 신청하려는 경우에는 원료 사용기준 지정(변경지정) 신청서에 다음의 서류(전자문서를 포함)를 첨부하여 식품의약품안전처장에게 제출해야 한다.

- 제출 자료 전체의 요약본
- 원료의 기원, 개발 경위, 국내·외 사용기준 및 사용 현황 등에 관한 자료
- 원료의 특성에 관한 자료
- 안전성 및 유효성에 관한 자료(유효성에 관한 자료는 해당하는 경우에만 제출한다).
- 원료의 기준 및 시험 방법에 관한 시험 성적서

46. 최소 홍반량(MED, Minimum Erythema Dose)

피부에 홍반을 발생하게 하는 데 필요한 자외선량을 말하는 것으로, 중파장 자외선(UVB)을 일정 시간 사람의 피부에 조사하고 24시간 후에 관찰하여 홍반이 발생하는 최저 선량을 파악한다.

47. 제품의 종류별 포장 방법에 관한 기준에 따라 인체 및 두발 세정용 제품류의 경우 15% 이하 포장 공간 비율과 2차 이내 포장 횟수를 규정하고 있다.

48. 품질에 문제가 있거나 회수·반품된 제품의 폐기 또는 재작업 여부는 품질보증 책임자에 의해 승인되어야 한다(우수화장품 제조 및 품질관리기준 제22조 제1항).

50. 포장재의 보관 장소는 출입을 제한하여야 한다.

51. 인산은 투명한 무색의 액체 또는 투명한 결정성 고체이며 금속과 조직에 부식성이 있다. 또한, 비료와 세제 제조 및 식품 가공에 사용된다.

53. 제조시설의 세척 및 평가 사항에는 책임자 지정, 세척 및 소독 계획, 이전 작업 표시 제거방법, 청소상태 유지방법, 제조시설의 분해 및 조립 방법, 세척방법과 세척에 사용되는 약품 및 기구, 작업 전 청소상태 확인 방법이 있다.

54. 플라스틱 용기에 관한 설명이다.

57. 판정방법에는 육안 판정, 닦아내기 판정, 린스 정량이 있다. 각각의 판정방법의 절차를 정해 놓고 제1선택지를 육안 판정으로 한다. 육안 판정을 할 수 없을 부분의 판정에는 닦아내기 판정을 실시하고, 닦아내기 판정을 실시할 수 없으면 린스 정량을 실시하면 된다.

60. 작업장의 위생 유지를 위한 세제로 락틱애씨드, 석회장석유, 과초산, 붕산액 등이 있다.

4과목	맞춤형화장품의 이해	선다형 28문항, 단답형 12문항

61	62	63	64	65	66	67	68	69	70
⑤	⑤	①	⑤	①	③	②	③	③	⑤

71	72	73	74	75	76	77	78	79	80
②	①	②	④	⑤	④	③	③	⑤	④

81	82	83	84	85	86	87	88	89	90
②	④	④	②	⑤	④	②	⑤	ㄱ. 0.01 ㄴ. 0.001	미셀 (Micelle)

91	92	93	94	95	96	97	98	99	100
오버라벨링 (over-labeling)	호모믹서	맞춤형화장품 식별번호	㉠ 15, ㉡ 2	ㄱ, ㄷ, ㅁ	SPF50+	10% 이하	엘라스틴 (탄력섬유)	90	관능검사

해설

61. 맞춤형화장품이란 개인의 피부 타입, 선호도 등을 반영하여 즉석으로 판매장에서 제품을 혼합·소분한 제품을 말한다.

62. 맞춤형화장품의 혼합 또는 소분에 사용되는 내용물 및 원료를 제공하는 책임판매업자와 체결한 계약서 사본의 경우, 책임판매업자와 맞춤형화장품판매업자가 동일한 경우에는 계약서 제출을 생략할 수 있다.

63. 맞춤형화장품판매업자가 맞춤형화장품조제관리사를 변경하는 경우에 제출해야 되는 서류에는 맞춤형화장품판매업 변경신고서에 맞춤형화장품판매업 신고필증과 맞춤형화장품조제관리사의 자격증(2명 이상의 맞춤형화장품조제관리사를 두는 경우 대표하는 1명의 자격증만 제출할 수 있다)을 첨부하여 지방식의약품안전청장에게 제출하여야 한다.

64. ① 중성 피부는 가장 이상적인 피부로 피지량이 적당하며 윤기가 있다.
   ② 지성 피부는 유분이 과다하게 분비되어 모공이 크고 피부가 두껍다.
   ③ 복합성 피부는 피지 분비량이 불균형하여 얼굴에 2가지 이상의 피부 타입이 나타난다.
   ④ 민감성 피부는 온도, 열, 기온 등에 쉽게 얼굴이 예민해지고 달아오르며 가려움을 느끼는 피부를 의미한다.

65. ① 맞춤형화장품판매업소마다 맞춤형화장품조제관리사를 두고 관리해야 한다.

67. 화장품의 1차 포장 또는 2차 포장에는 총리령으로 정하는 바에 따라 해당 사항을 기재·표시하여야 한다.

69. ① 기초화장용 제품류에는 수렴·유연·영양 화장수, 마사지 크림, 에센스, 오일 등이 있다.
   ② 체모 제거용 제품류에는 제모제, 제모 왁스 등이 있다.
   ④ 체취 방지용 제품류에는 데오도란트 등이 있다.
   ⑤ 목욕용 제품류에는 목욕용 오일·정제·캡슐, 목욕용 염류, 버블 배스 등이 있다.

70. 맞춤형화장품판매업 신고대장에 포함되어야 할 내용에는 맞춤형화장품판매업자의 허가번호가 아니라 맞춤형화장품조제관리사의 자격증 번호가 포함되어야 한다.

71. 징크피리치온 - 사용 후 씻어내는 제품에 0.5%, 기타 제품에는 사용금지

72. 피지선은 손바닥과 발바닥을 제외한 신체 대부분에 분포되어 있다.

73. 맞춤형화장품 식별번호(식별번호는 맞춤형화장품의 혼합 또는 소분에 사용되는 내용물 및 원료의 제조번호와 혼합·소분 기록을 포함하여 맞춤형화장품판매업자가 부여한 번호를 말한다), 판매일자·판매량, 사용기한 또는 개봉 후 사용기간 등의 판매 내역을 작성하여 보관해야 한다.

74. 식품의약품안전처장은 화장품의 제조 등에 사용할 수 없는 원료를 지정하여 고시하여야 하며, 지정·고시된 원료의 사용기준의 안전성을 정기적으로 검토하여야 하고, 그 결과에 따라 지정·고시된 원료의 사용기준을 변경할 수 있다(화장품법 제8조).

76. ① 시험 운영기관의 장은 자격시험을 실시하려는 경우 미리 식품의약품안전처장의 승인을 받아 시험 일시, 시험 장소, 응시원서 제출기간, 응시 수수료의 금액 및 납부 방법, 그밖에 자격시험의 실시에 필요한 사항을 시험 실시 90일 전까지 공고하여야 한다.
   ② 자격시험은 필기시험으로 실시한다.
   ③ 시험 과목은 화장품법의 이해, 화장품 제조 및 품질관리, 유통화장품의 안전관리, 맞춤형화장품의 이해로 구성되어 있다.
   ⑤ 자격시험 합격자는 전 과목 총점의 60% 이상, 매 과목 만점의 40% 이상을 득점하여야 한다.

77. 맞춤형화장품판매업 신고를 하려는 자는 소재지별로 맞춤형화장품판매업 신고서(전자문서로 된 신고서를 포함한다)에 규정된 일정한 서류(전자문서를 포함한다)를 첨부한다.

78. 동식물 및 그 유래 원료 등을 함유한 화장품은 식품의약품안전처장이 정하는 기준에 천연화장품을 의미한다.

79. 맞춤형화장품조제관리사의 주소 변경이 아니라 소재지 변경의 경우가 해당된다.

80. ① 자격시험의 시기, 절차, 방법, 시험과목, 자격증의 발급, 시험 운영기관의 지정 등 자격시험에 필요한 사항은 총리령으로 정한다(화장품법 제3조의4 제4항).

② 식품의약품안전처장은 맞춤형화장품조제관리사가 거짓이나 그 밖의 부정한 방법으로 시험에 합격한 경우에는 자격을 취소하여야 한다(화장품법 제3조의4 제2항).

③ 자격이 취소된 사람은 취소된 날부터 3년간 자격시험에 응시할 수 없다(화장품법 제3조의4 제2항).

④ 맞춤형화장품조제관리사가 되려는 사람은 화장품과 원료 등에 대하여 식품의약품안전처장이 실시하는 자격시험에 합격하여야 한다.

⑤ 식품의약품안전처장은 제1항에 따른 자격시험 업무를 효과적으로 수행하기 위하여 필요한 전문 인력과 시설을 갖춘 기관 또는 단체를 시험 운영기관으로 지정하여 시험 업무를 위탁할 수 있다(화장품법 제3조의4 제3항).

81. ① 세포성 면역에는 T림프구가 있으며 면역 글로불린이 생성되지 않는다. 세포성 면역의 T림프구는 항원(세균이나 바이러스)이 침투하면 무력화시킨다.

③ 유극층에서 랑게르한스세포가 면역을 담당한다.

④ T림프구는 항체 생산을 조절한다.

⑤ 표피의 다층 구조는 이물질과 세균이 쉽게 침투하지 못하도록 한다.

82. ・자외선의 장점: 혈액순환을 촉진하고 면역을 강화하며 비타민 D를 생성한다. 살균과 소독 효과가 있다(UV-C)

・자외선의 단점: 홍반과 일광화상을 일으키며(UV-B), 기미・주근깨 등 색소침착과 주름을 유발하고 광노화 현상을 일으킨다.

83. 혼합・소분된 제품을 담기 전 용기의 오염여부를 확인한다.

86. ・맞춤형화장품판매업소마다 맞춤형화장품조제관리사를 두어야 한다.

・판매 중인 맞춤형화장품이 회수 대상 화장품의 기준에 해당함을 알게 된 경우 신속히 책임판매업자에게 보고하고, 해당 화장품을 구입한 소비자에게 적극적으로 회수 조치를 취해야 한다.

・맞춤형화장품의 내용물 및 원료의 입고 시 품질관리 여부를 확인하고 책임판매업자가 제공하는 품질 성적서를 구비한다(다만, 책임판매업자와 맞춤형화장품판매업자가 동일한 경우에는 제외한다).

87. 모발의 모간 부분에서 가장 바깥 부분을 둘러싸고 있어 우리가 손으로 만질 수 있는 부분은 모표피이다.

88. 수소 결합은 수분에 의해 일시적으로 변형되며 드라이어의 열을 가하면 다시 재결합되어 형태가 만들어지는 결합이다.

89. 착향제의 구성 성분 중 알레르기 유발 성분은 25가지가 있으며, 사용 후 씻어내는 제품에는 0.01% 초과, 사용 후 씻어내지 않는 제품에는 0.001% 초과 함유하는 경우에 한한다.

92. 크림이나 로션 타입의 제조에 주로 사용되며, 터빈형의 회전 날개를 원통으로 둘러싼 구조의 유화 기기는 호모믹서이다.

93. 맞춤형화장품 식별번호에 대한 설명이다.

94. 인체 및 두발 세정용 화장품의 포장 공간 비율은 15% 이하이고, 포장 횟수는 2차 이내이다(제품의 포장 재질・포장 방법에 관한 기준 등에 관한 규칙 별표 1).

95. ㄱ. 화장품 성분은 화장품 제조에 사용된 함량이 많은 것부터 표시한다(화장품법 시행규칙 별표 4).

ㄴ. 화장품 제조에 사용된 성분을 표시할 때 글자의 크기는 5포인트 이상으로 한다.

ㄹ. 내용물의 용량 또는 중량은 화장품의 1차 포장 또는 2차 포장의 무게가 포함되지 않은 용량 또는 중량을 표시해야 한다.

96. 자외선 차단지수(SPF)는 측정 결과에 근거하여 평균값으로부터 -20% 이하 범위 내 정수로 표시하되, SPF가 50 이상인 경우 'SPF50+'로 표시한다.

97. 화장품류(인체 및 두발 세정용 화장품 제외)의 포장 공간 비율은 10% 이하이다(제품의 포장 재질・포장 방법에 관한 기준 등에 관한 규칙 별표 1).

98. 엘라스틴섬유(Elastic Fiber; 탄력섬유)

・섬유아세포에서 만들어지며 약 80%의 탄력소로 구성

・신축성, 탄력성이 우수함

99. 맞춤형화장품조제관리사 자격시험에서 시험 운영기관의 장은 자격시험을 실시하려는 경우 미리 식품의약품안전처장의 승인을 받아 시험 일시, 시험 장소, 응시원서 제출기간, 응시 수수료의 금액 및 납부 방법, 그밖에 자격시험의 실시에 필요한 사항을 시험 실시 90일 전까지 공고하여야 한다.

제2회

정답 및 해설

| 1과목 | 화장품법의 이해 | | | | | 선다형 7문항, 단답형 3문항 | | | |

1	2	3	4	5	6	7	8	9	10
④	③	⑤	③	②	⑤	③	책임판매업자	200만 원 이하의 벌금	관할 세무서장

해설

1. 맞춤형화장품판매업
   ① 제조 또는 수입된 화장품의 내용물에 다른 화장품의 내용물이나 식품의약품안전처장이 정하는 원료를 추가하여 혼합한 화장품을 판매하는 영업
   ② 제조 또는 수입된 화장품의 내용물을 소분(小分)한 화장품을 판매하는 영업

2. 영업 등록 시 필요사항(화장품법 제3조)
   - 등록 신청서
   - 시설 명세서
   - 건강진단서(마약류 중독자 및 정신질환자가 아님을 증명하거나 제조업자 적합 입증 진단)
   - 등기 사항 증명서(법인인 경우)

3. 화장품의 1차 포장 표시사항(법 제10조 제2항)
   화장품의 명칭, 영업자의 상호, 제조번호, 사용기한 또는 개봉 후 사용기한

4. 제23조 – 개인정보 처리자는 사상·신념, 노동조합·정당의 가입·탈퇴, 정치적 견해, 건강, 성생활 등에 관한 정보, 그 밖에 정보 주체의 사생활을 현저히 침해할 우려가 있는 개인정보로서 대통령령으로 정하는 정보를 처리하여서는 아니 된다.

5. 0.5% 이상 함유 시 안정성 시험자료 사용기한 만료 이후 1년 보존 사항
   - 레티놀(비타민 A) 및 그 유도체
   - 아스코빅애시드(비타민 C) 및 그 유도체
   - 토코페롤(비타민 E)
   - 과산화 화합물
   - 효소

6. ① 영업자가 신규로 품목을 제조 또는 수입하여 1년간의 총생산 금액 및 총수입 금액을 기준으로 과징금을 산정하는 것이 불합리하다고 인정되는 경우에는 분기별 또는 월별 생산 금액 및 수입 금액을 기준으로 산정한다.
   ② 광고업무의 정지 처분을 갈음하여 과징금 처분을 하는 경우에는 처분일이 속한 연도의 전년도 해당 품목의 1년간 총생산 금액 및 총수입 금액을 기준으로 하고, 업무정지 1일에 해당하는 과징금의 2분의 1의 금액에 처분 기간을 곱하여 산정한다
   ③ 영업자가 휴업 등으로 1년간의 총생산 금액 및 총수입 금액을 기준으로 과징금을 산정하는 것이 불합리하다고 인정되는 경우에는 분기별 또는 월별 생산 금액 및 수입 금액을 기준으로 산정한다.

④ 제조업무의 정지 처분을 갈음하여 과징금 처분을 하는 경우에는 처분일이 속한 연도의 전년도 모든 품목의 1년간 총생산금액 및 총수입금액을 기준으로 한다.(화장품법 시행령 별표1).

7. 업무를 목적으로 개인정보 파일을 운용하기 위하여 스스로 또는 다른 사람을 통하여 개인정보를 처리하는 공공기관, 법인, 단체 및 개인 등을 '개인정보 처리자'라고 말한다.

8. 화장품책임판매업자는 제조번호별로 품질검사를 철저히 한 후 제품을 유통시켜야 한다. 다만, 화장품제조업자와 화장품책임판매업자가 같은 경우 또는 다음의 해당하는 기관 등에 품질검사를 위탁하여 제조번호별 품질검사가 있는 경우에는 품질검사를 하지 않을 수 있다.(화장품법 시행규칙 제6조 제2항)

▶ 책임판매업자의 품질검사 예외사항
  - 보건환경연구원(보건환경연구원법 제2조)
  - 원료·자재 및 제품의 품질검사를 위하여 필요한 시험실을 갖춘 제조업자
  - 화장품 시험·검사기관
  - 조직된 사단법인인 한국의약품수출입협회(약사법 제67조)

10. 식품의약품안전처장은 화장품제조업자 또는 화장품책임판매업자가 「부가가치세법」 제8조에 따라 관할 세무서장에게 폐업신고를 하거나 관할 세무서장이 사업자 등록을 말소한 경우, 등록을 취소할 수 있다. 〈신설 2018. 3. 13.〉

| 2과목 | 화장품 제조 및 품질관리 | 선다형 20문항, 단답형 5문항 |

11	12	13	14	15	16	17	18	19	20
③	④	②	③	①	③	①	②	③	②

21	22	23	24	25	26	27	28	29	30
⑤	④	③	②	④	②	③	③	③	④

31	32	33	34	35
ㄱ-ㄹ-ㄷ-ㄴ	1,000개/g(ml) 이하	고급알코올	95	15

해설

11. 자외선의 파장은 X-ray보다 길고 가시광선보다는 짧다.

16. 여드름 완화에 도움을 주는 제품의 경우 씻어내는 제품만 기능성화장품에 속한다.

18. 실마리 정보- 임상 시험 과정에서 인과관계가 알려지지 아니하거나 입증 자료가 불충분하지만 그 인과관계를 배제할 수 없어서 계속적인 관찰이 요구되는 정보

19. 눈 주위 또는 점막 등에 분사하지 말 것. 다만, 자외선 차단제의 경우 얼굴에 직접 분사하지 말고 손에 덜어 얼굴에 바를 것

20. 제4장 6.5.2 화장품의 배합 [표 4-17] 사용 재료에 따른 공정 참고

21. - 의약품: 환자의 진단, 치료 및 예방을 목적으로 허가를 받아 일정 기간 사용하고 부작용이 있을 수 있다.
    - 의약외품: 인체에 대한 작용이 약하거나 직접 작용하지 않아야 한다.
    - 화장품: 인체에 미치는 영향이 경미하며 청결 및 미화하여 매력을 더하고 인체에 바르고 문지르거나 뿌리는 등 이와 유사한 방법으로 사용하는 물품이다. 지속적으로 장기간 사용 가능하고 부작용이 없어야 한다.

22. ①, ②, ⑤는 자외선 차단, ③는 주름 개선 식약처 고시 원료이다.

23. 에센셜 오일은 휘발성 유기화합물로 모노테르펜, 세스퀴테르펜, 알데하이드, 알코올, 에스테르, 페놀 등 여러 화학 성분들로 구성되어 있기 때문에 독성이 있을 수 있어 에센셜 오일 대부분 원액 그대로 복용하거나 피부에 사용하는 것은 피하는 것이 좋다.

24. 화장품의 '품질관리'는 화장품책임판매 시 제품의 품질을 확보하기 위해 실시하는 것으로 화장품제조업자 및 제조에 관계된 업무(시험, 검사)에 대한 관리 감독 및 화장품의 시장 출하에 대한 관리, 그 밖의 제품 풀질에 관리에 필요한 업무를 말한다.
    우수제조관리기준(GMP: Good Manufacturing Practices)에 따른 의약품, 화장품, 식품 등의 제조 및 품질관리 기준이다. 원료 취득에서 생산 공정, 제품 출하에 이르기까지 전 과정에 걸친 시설 및 인력관리기준을 망라한다.

25. 맞춤형화장품판매업자는 맞춤형화장품의 내용물 및 원료의 입고에 대한 품질관리 여부를 확인하고 책임판매업자가 제공하는 품질 성적서를 구비해야 한다. 책임 판매업자와 맞춤형화장품판매업자가 동일한 경우에는 제외한다.

26. 눈 주위 제품은 기초화장품제품류이다.

27. 만일 눈에 들어갔을 때는 절대로 손으로 비비지 말고 바로 물이나 미지근한 물로 15분 이상 씻어 흘려 내리고 곧바로 안과 전문의의 진찰을 받아야 한다.

28. 헤어 토닉(hair tonics)은 두발용 제품류에 해당한다.

29. 화장품 사용 시 사용 부위에 붉은 반점, 부어오름, 가려움 등의 이상이 있는 경우에는 전문의와 상담해야 한다.

30. 중대한 유해 사례(Serious AE)'에 해당하는 경우
    • 사망을 초래하거나 생명을 위협하는 경우
    • 입원 또는 입원기간 연장이 필요한 경우
    • 지속적 또는 중대한 불구나 기능 저하를 초래하는 경우
    • 선천적 기형 또는 이상을 초래하는 경우
    • 기타 의학적으로 중요한 상황

32. 영·유아용 제품류 및 눈 화장용 제품류의 경우 500개/g(mL) 이하, 물휴지의 경우 세균 및 진균 수는 각각 100개/g(mL) 이하, 기타 화장품의 경우 1,000개/g(mL) 이하

3과목 유통화장품의 안전관리 선다형 25문항

						36	37	38	39	40
						②	①	⑤	⑤	③
41	42	43	44	45	46	47	48	49	50
③	③	②	④	①	④	⑤	①	③	①
51	52	53	54	55	56	57	58	59	60
②	⑤	④	④	④	④	③	③	⑤	⑤

36. 제품의 품질에 영향을 주거나 화학반응을 일으키지 않아야 한다.

37. 내구연한이 종료된 상태라도 정기 점검 결과 장비의 신뢰성이 지속된다면 폐기 검토를 보류할 수 있다.

38. 원자재 용기에 제조번호가 없는 경우는 관리번호를 부여하여 보관하여야 한다.

39. 플라스틱 용기에 관한 설명이다.

40. 조명이 파손될 경우를 대비한 제품을 보호할 수 있는 처리 절차를 마련해야 한다.

41. 장신구(반지, 목걸이, 넥타이핀, 귀걸이, 팔찌, 시계, 헤어핀 등)의 착용을 금한다.

43. HEPA Filter(High Efficiency Particulate)는 사용온도 최고 250℃에서 0.3㎛d의 필터로 분진 99.97% 제거한다. 반도체 공장, 의약품, 병원, 식품 공장 등 사용하며 압력 손실 24mmAq 이하이다.

44. 세제는 설비 내벽에 남기 쉽고, 잔존한 세척제는 제품에 악영향을 미치므로, 가능한 한 세제를 사용하지 않는 것이 원칙이다.

45. 첫째로 육안 판정을 하고 육안 판정을 할 수 없을 때에는 닦아내기 판정을 실시한다. 닦아내기 판정 또한 할 수 없으면 린스 정량을 실시한다.

46. 예방적 활동은 주요 설비(제조탱크, 충전 설비, 타정기 등) 및 시험 장비에 대하여 실시하며, 정기적으로 교체하여야 하는 부속품들에 대하여 연간 계획을 세워서 시정 실시(망가지고 나서 수리하는 일)를 하지 않는 것이 원칙이다.

47. 어떤 경우에, 미생물학적으로 민감하지 않은 물질 또는 제품에는 유리로 안을 댄 강화유리섬유 폴리에스터의 플라스틱을 사용한 탱크를 사용할 수 있다.

48. 펌프에 사용되는 두 가지 형태는 원심력을 이용하는 것과 Positive displacement(양극적인 이동)

    - 원심력을 이용하는 것: 열린 날개차, 닫힌 날개차(낮은 점도의 액체에 사용)

    - 양극적인 이동: Duo Lobe(2중 돌출부), 기어, 피스톤(점성이 있는 액체에 사용)

49. 제품이 닿는 포장설비는 직·간접적으로 접촉하는 설비의 기본적인 부분을 고려하는 가이드라인이다. 이들은 제품 충전기, 뚜껑을 덮는 장치, 봉인 장치 용기공급 장치, 용기세척기 등이 있다. 라벨기기는 코드화기기, 케이스 포장기와 함께 제품이 닿지 않는 포장설비이다.

51. 유통화장품의 납 검출 허용한도기준(화장품 안전기준 등에 관한 규정 제6조 제1항 제1호)

    - 점토를 원료로 사용한 분말제품: 50㎍/g 이하

    - 그 밖의 제품: 20㎍/g 이하

52. 제조단위 또는 배치(Batch)

    제품의 경우 어떠한 그룹을 같은 제조단위 또는 배치로 하기 위해서는 그 그룹이 균질성을 갖는다는 것을 나타내는 과학적 근거가 있어야 한다. 과학적 근거란 몇 개의 소(小) 제조단위를 합하여 같은 제조단위로 할 경우에는 동일한 원료와 자재를 사용하고 제조 조건이 동일하다는 것을 나타내는 근거를 말하며, 또 동일한 제조 공정에 사용되는 기계가 복수일 때에는 그 기계의 성능과 조건이 동일하다는 것을 나타내는 것을 말한다.

53. 포름알데하이드(Formaldehyde) 및 p-포름알데하이드는 유통화장품의 유해 물질로써 화장품에 사용할 수 없는 원료이나 화장품에 사용되는 일부 보존제(디아졸리디닐우레아, 디엠디엠하이단토인, 2-브로모-2-나이트로프로판-1,3-디올, 벨질헤미포름알, 소듐하이드록시메칠아미노아세테이트, 이미다졸리디닐우레아, 쿼터늄-15 등)가 수용성 상태에서 분해되어 일부 생성될 수 있다.

54. 액상 제품의 pH 기준(화장품 안전기준 등에 관한 규정 제6조 제6항)

    영·유아용 제품류(영·유아용 샴푸, 영·유아용 린스, 영·유아 인체 세정용 제품, 영·유아 목욕용 제품 제외), 눈 화장용 제품류, 색조화장용 제품류, 두발용 제품류(샴푸, 린스 제외), 면도용 제품류(셰이빙 크림, 셰이빙 폼 제외), 기초화장용 제품류(클렌징 워터, 클렌징 오일, 클렌징 로션, 클렌징 크림 등 메이크업 리무버 제품 제외) 중 액, 로션, 크림 및 이와 유사한 제형의 액상 제품은 pH 기준이 3.0~9.0이어야 한다. 다만, 물을 포함하지 않는 제품과 사용한 후 곧바로 물로 씻어 내는 제품은 제외한다.

55. 미생물 한도

    - 총 호기성 생균수는 영·유아용 제품류 및 눈 화장용 제품류의 경우 500개/g(mL) 이하

    - 물휴지의 경우 세균 및 진균수는 각각 100개/g(mL) 이하

    - 기타 화장품의 경우 1,000개/g(mL) 이하

56. 화장품 위해평가에서 최종 제품에 대한 평가

    - 최종 제품은 적절한 조건에서 보관할 때 사용기한 또는 유통기한 동안 안전하여야 한다.

    - 제품의 안전성은 각 성분의 독성학적 특징과 유사한 조성의 제품을 사용한 경험, 신물질의 함유 여부 등을 참고하여 전반

적으로 검토한다.

- 최종 제품의 안전성 평가는 성분 평가가 원칙이지만, 제품의 제조, 유통 및 사용 시 발생할 수 있는 미생불의 오염에 대해 고려할 필요가 있다.

57. ① 원자재, 반제품 및 완제품은 적합 판정이 된 것만을 사용하거나 출고하여야 한다(동 기준 제20조 제4항).

② 모든 시험이 적절하게 이루어졌는지 시험 기록은 검토한 후 '적합', '부적합', '보류'를 판정하여야 한다)동 기준 제20조 제6항).

③ 우수화장품 제조 및 품질관리기준 제20조 제3항

④ 정해진 보관 기간이 경과된 원자재 및 반제품은 재평가하여 품질기준에 적합한 경우 제조에 사용할 수 있다(동 기준 제20조 제5항).

⑤ 직접 제조한 경우에 한하여 표준품과 주요 시약의 용기에 제조자의 성명 또는 서명을 기재하여야 한다(동 기준 제20조 제8항 참조).

58. 사후관리(우수화장품 제조 및 품질관리기준 제32조 제1항)

식품의약품안전처장은 우수화장품 제조 및 품질관리기준 적합 판정을 받은 업소에 대해 우수화장품 제조 및 품질관리기준 실시 상황 평가표에 따라 3년에 1회 이상 실태조사를 실시하여야 한다.

60. 포장작업(제18조 우수화장품 제조 및 품질관리기준)

포장작업은 제품명, 포장 설비명, 포장재 리스트, 상세한 포장 공정, 포장 생산 수량이 포함된 포장 지시서에 의해 수행되어야 한다.

4과목	맞춤형화장품의 이해					선다형 28문항, 단답형 12문항			

61	62	63	64	65	66	67	68	69	70
③	①	②	②	①	③	①	⑤	④	③
71	72	73	74	75	76	77	78	79	80
②	②	②	⑤	①	③	④	②	④	②
81	82	83	84	85	86	87	88	89	90
①	①	④	③	①	①	④	⑤	케라틴 (keratin)	5
91	92	93	94	95	96	97	98	99	100
염색	50만 원	모모세포	알부틴	기저층	금속(용기)	광독성 시험	분산	사용 한도	총리령

해설

61. 1차 위반 - 경고, 2차 위반 - 판매업무정지 15일, 3차 위반 - 판매업무정지 1개월, 4차 위반 - 판매업무정지 3개월

62. 섬유아세포와 콜라겐 생성작용은 진피(dermis)의 구성세포와 특징이다.

65. 원료·포장재의 일반 정보를 제공해야 한다.

66. 검체 채취한 용기에는 "시험 중" 라벨을 부착한다.

67. 화장품을 회수하거나 회수하는 데에 필요한 조치를 하려는 화장품제조업자 또는 화장품책임판매업자(이하 "회수 의무자"라 한다)는 해당 화장품에 대하여 즉시 판매중지 등의 필요한 조치를 하여야 하고, 회수 대상 화장품이라는 사실을 안 날부터 5일 이내에 회수 계획서를 지방식품의약품안전청장에게 제출하여야 한다.

68. 제4장 3.2.3 유효성의 객관적 평가법 [표 4-5] 관능 용어를 검증하는 대표적인 물리화학적 평가법 참고

69. 품질보증의 단계

　　① 기획 단계의 품질보증

　　② 설계개발 단계의 품질보증

　　③ 구매 단계·제조 단계의 품질보증

　　④ 검사 단계의 품질보증

　　⑤ 판매, 서비스 단계의 품질보증

73. 분체 상태의 내용물은 종이상자나 자루 충진기를 이용하는 것이 적당하다.

74. 원료와 원료를 혼합하는 것은 맞춤형화장품의 혼합이 아닌 화장품 제조 행위로 판단된다.

75. 맞춤형화장품은 소비자 요구에 따라 베이스 화장품에 특정 성분 혼합이 이루어져야 한다.

　　- 베이스 화장품: 맞춤형화장품의 기본 골격이 되는 맞춤형 전용 화장품이다.

　　- 베이스 화장품 제조는 공급자의 결정에 따라 일방적으로 생산된다.

76. 변경신고 30일 이내(행정구역 개편에 따른 소재지 변경의 경우에는 90일 이내)

77. 맞춤형화장품 판매 시설기준(권장사항)

　　- 판매 장소와 구분, 구획된 조제실 및 원료, 내용물 보관소

　　- 적절한 환기시설

　　- 작업자의 손 조제 설비, 기구 세척시설

　　- 맞춤형화장품 간 혼입이나 미생물 오염을 방지할 수 있는 시설

78. 작업장 및 시설 기구의 위생관리

　　- 작업장과 시설, 기구를 정기적으로 점검하여 위생적으로 관리 및 유지

　　- 혼합·소분에 사용되는 시설, 기구 등은 사용 전, 후 세척

　　-세제, 세척제는 잔류하거나 표면에 이상을 초래하지 않는 것을 사용

　　- 세척한 시설, 기구는 잘 건조하여 다음 사용 시까지 오염 방지

79. 작업원 위생관리

　　- 혼합·소분 전에는 손을 소독 또는 세정하거나 일회용 장갑 착용

　　- 혼합·소분 시에는 위생복 및 마스크 착용

　　- 피부 외상이나 질병이 있는 경우 회복 전까지 혼합·소분행위 금지

81. 유극층은 4~6층 이상의 유핵세포로 구성되어 있다.

84. 모발의 성장 사이클은 성장기→퇴행기→휴지기이다.

85. 기구 세척 시설은 맞춤형화장품 판매 시설이 갖추어야 할 권장사항이다.

88. ⑤은 세라마이드에 대한 설명이다.

→ 맞춤형화장품조제관리사

정답 및 해설

1과목 **화장품법의 이해** 선다형 7문항, 단답형 3문항

1	2	3	4	5	6	7	8	9	10
②	③	②	③	③	①	②	식품의약품안전처	지방식품의약품안전청장	영업자의 상호

해설

1. 맞춤형화장품조제관리사가 되려는 사람은 화장품과 원료 등에 대하여 식품의약품안전처장이 실시하는 자격시험에 합격하여야 한다.

2. 개인정보를 파기하지 아니하고 보존하여야 하는 경우에는 해당 개인정보 또는 개인정보 파일을 다른 개인정보와 분리하여서 저장·관리하여야 한다.

3. 정보 주체가 자신의 개인정보에 대한 열람을 공공기관에 요구하고자 할 때에는 공공기관에 직접 열람을 요구하거나 대통령령으로 정하는 바에 따라 행정안전부 장관을 통하여 열람을 요구할 수 있다.

7. 화장품 전성분 표시제 시행을 위해 현재 사용되고 있는 원료의 명칭을 표준화하여 통일된 명칭을 기재하도록 '화장품 성분 사전'이 만들어졌다. 이 성분 사전에 수록된 성분명은 대부분 INCI 명칭을 기준으로 한글명으로 번역, 소리 나는 대로 음역하거나 동·식물의 경우 관용명을 중심으로 한글명을 부여한 것이다.

8. 화장품법은 약사법에서 분리되어 2000년 7월부터 시행, 보건복지부에서 담당하다가 2013년 3월부터 식품의약품안전처로 소관 부처가 변경되었다.

2과목 **화장품 제조 및 품질관리** 선다형 20문항, 단답형 5문항

11	12	13	14	15	16	17	18	19	20
④	④	⑤	③	②	③	④	⑤	①	⑤

21	22	23	24	25	26	27	28	29	30
③	④	②	③	⑤	②	②	③	④	④

31	32	33	34	35					
품질성적서	1.0%	알부틴	유해사례 (AE: Adverse Event)	음이온					

해설

11. 위해평가 불필요한 경우 - 불법으로 유해 물질을 화장품에 혼입한 경우, 안전성과 유효성이 입증되어 기존에 허가된 기능성 화장품, 위험에 대한 충분한 정보가 부족한 경우

12. 상처가 있는 부위 등에는 사용을 자제하는 것이 좋다.

13. 체취 방지용 제품은 털을 제거한 직후에는 사용하지 않도록 한다.

14. 나머지는 모두 탈모 증상 완화제의 식약처 고시 원료이다.

15. 작업원의 위생에 관한 사항은 제조위생관리기준서 작성 시 필요한 내용이다.

16. 기초화장용 제품류(클렌징 워터, 클렌징 로션 등 제외) 중 액, 로션, 크림, 및 유사한 제형의 액상 제품은 pH 기준이 3.0~9.0 이어야 한다. 다만, 물을 포함하지 않는 제품과 사용한 후 곧바로 씻어나는 제품은 제외한다.

17. 제6조(시설기준 등) ① 법 제3조 제2항 본문에 따라 화장품제조업을 등록하려는 자가 갖추어야 하는 시설은 다음 각호와 같다. 〈개정 2019. 3. 14.〉

    1. 제조 작업을 하는 다음 각 목의 시설을 갖춘 작업소

        가. 쥐ㆍ해충 및 먼지 등을 막을 수 있는 시설

        나. 작업대 등 제조에 필요한 시설 및 기구

        다. 가루가 날리는 작업실은 가루를 제거하는 시설

    2. 원료ㆍ자재 및 제품을 보관하는 보관소

    3. 원료ㆍ자재 및 제품의 품질검사를 위하여 필요한 시험실

    4. 품질검사에 필요한 시설 및 기구

19. 시행규칙 제17조 제1항: 위해평가는 확인, 결정, 평가 등의 과정을 거쳐 실시한다.

    위해요소의 인체내 독성을 확인하는 위험성 확인 과정, 위해요소의 인체 노출 허용량을 산출하는 위험성 결정 과정, 위해요소가 인체에 노출된 양을 산출하는 노출 평가 과정, 모두의 결과를 종합하여 인체에 미치는 위해를 판단하는 위해도 결정

20. 호호바 오일은 미국의 남부나 멕시코 북부의 건조 지대에 자생하고 있는 호호바의 열매에서 얻은 액상의 왁스인데, 일반적으로 오일로 불린다. 인체의 피지와 유사한 화학 구조 물질을 함유하고 있어서 퍼짐성과 친화성이 우수하고 피부 침투성이 좋다.

21. 알칼리제 - 암모니아수, 모노에탄올아민, 트리에탄올아민, 아르기닌 등

    환원제 - 치오글라이콜릭애씨드, 시스테인 등

    산화제 - 브롬산나트륨, 과산화수소 등

23. ②은 계면활성제의 특징이다.

24. – 통과(penetration)는 각질층으로 성분 물질이 들어가는 것처럼 물질이 특정 층이나 구조로 들어가는 것을 말한다.

    – 침투(permeation)는 한 층에서 다른 층으로 통과하는 것을 말하며, 이때 두 개의 층은 기능 및 구조적으로 다르다.

    – 흡수(resorption)는 물질이 전신(lymph and/or blood vessel)으로 흡수되는 것을 말한다.

25. 섭씨 15도 이하의 어두운 장소에 보존해야 한다.

26. 제2장 1.3.8 기능성화장품 원료 참고

27. 염모제는 화학적 작용으로 모발의 색상을 변화시키는 화장품만 기능성화장품에 해당한다.

28. 체질 안료는 착색이 목적이 아니라 제품의 적절한 제형을 갖추게 하기 위해 이용되는 안료이다. 제품의 양을 늘리거나 농도를 묽게 하기 위하여 다른 안료에 배합하고, 제품의 사용성, 퍼짐성, 부착성, 흡수력, 광택 등을 조성하는 데 사용되는 무채색의 안료이다. 마이카, 세리사이트, 탤크, 카올린 등의 점토 광물과 무수규산 등의 합성 무기 분체 등이 대표적인 체질 안료이다.

3과목 / 유통화장품의 안전관리 선다형 25문항

					36	37	38	39	40
					②	⑤	③	③	④
41	42	43	44	45	46	47	48	49	50
①	①	②	④	①	⑤	②	①	④	⑤
51	52	53	54	55	56	57	58	59	60
②	①	⑤	③	③	④	③	④	④	②

해설

36. 수세실과 화장실은 접근이 쉬워야 하나 생산 구역과 분리되어야 한다.

37. 제조시설이나 설비는 작업 전후, 적절한 방법으로 청소하여야 한다.

38. 가능한 한 세제를 사용하지 않는다.

39. 원료와 포장재가 재포장될 경우, 원래의 용기와 동일하게 표시되어야 한다.

41. 물이 가장 좋은 세척제이며, 지우기 어려운 잔류물의 경우에는 에탄올 등의 유기용제를 사용하고 ②~⑤은 소독제이다.

44. 세척제는 강한 세정력으로 표피 지질을 씻어 낸 후, 표피의 중요한 피부 장벽 기능을 떨어뜨려 각종 성분이나 약제를 피부에 침투시키기 용이하게 만든다.

45. 제3장 1.2.1 작업장 위생을 위한 기본 관리의 [표 3-1] 청정도 등급 및 관리 기준 참고

46. 직원의 위생관리 기준 및 절차에는 작업 시 복장, 직원 건강 상태 확인, 직원에 의한 제품의 오염 방지에 관한 사항, 직원의 손 씻는 방법, 직원의 작업 중 주의사항, 방문객 및 교육훈련을 받지 않은 직원의 위생관리 등이 포함되어야 한다.

47. 제3장 5.2.5 포장재 소재별 종류 및 특성의 [표 3-11] 플라스틱 소재의 종류 참고

49. 폐기물 보관 장소는 지붕이 있는 별도의 구획된 공간으로 만들어야 한다.

50. 보기의 요건을 모두 만족해야 재작업을 할 수 있다.

51. 손 소독은 70% 에탄올을 이용한다.

52. 공기 조절의 요소와 대응 설비는 청정도(공기정화기), 실내온도(열 교환기), 습도(가습기), 기류(송풍기)이다.

53. 제4장 3.1 화장품에 요구되는 품질 참고

55. ① 대수포(bulla), ② 농포(pustule), ④ 종양(tumor), ⑤ 낭종(cyst)에 대한 설명이다.

56. 포장재는 시험 결과 판정된 것만 선입선출 방식으로 출고하고 이를 확인할 수 있는 체계를 확립한다.

57. 판정 방법에는 육안 판정, 닦아내기 판정, 린스 정량이 있다. 각각의 판정 방법의 절차를 정해 놓고 제1선택지를 육안 판정으로 한다. 육안 판정을 할 수 없을 부분의 판정에는 닦아내기 판정을 실시하고, 닦아내기 판정을 실시할 수 없으면 린스 정량을 실시하면 된다.

58. 방진복은 전면 지퍼로 긴 소매, 긴 바지의 주머니가 없는 옷에 손목, 허리, 발목은 고무줄로 되어 있으며 모자는 챙이 있고 머리를 완전히 감싸는 형태의 옷이다. 특수화장품의 제조 및 충전자가 특수화장품 제조실에서 입는 작업복이다.

59. 디옥산(Dioxane)은 화장품에 사용할 수 없는 원료이나, 화장품 원료 중 성분명이 'PEG', '폴리에칠렌', '폴리에틸렌글라이콜', '폴리옥시칠렌', '-eh-' 또는 '-옥시놀-'을 포함하거나, 제조 과정 중 지방산에 ethylene oxide 첨가 과정(ethoxylation) 중에 부산물로 생성되어 화장품에 잔류할 수 있으므로 기술적으로 제거가 불가능한 검출 수준, 국내·외 모니터링 결과, 인체에 유해하지 않은 안전역 수준 등을 고려하여 일정 수준 이하로 관리하는 것이 바람직하다.

60. 미생물 한도(화장품 안전기준 등에 관한 규정 제6조 제4항)
- 기타 화장품의 경우 1,000개/g(mL) 이하이다.
- 대장균(Escherichia Coli), 녹농균(Pseudomonas Aeruginosa), 황색포도상구균(Staphylococcus Aureus)은 불검출이다.

4과목 맞춤형화장품의 이해 선다형 28문항, 단답형 12문항

61	62	63	64	65	66	67	68	69	70
③	①	④	④	②	③	②	⑤	④	④

71	72	73	74	75	76	77	78	79	80
②	⑤	①	①	④	②	①	⑤	③	①

81	82	83	84	85	86	87	88	89	90
③	⑤	②	②	②	②	⑤	②	경고	성분분석서 (COA:Certificate of Analysis)

91	92	93	94	95	96	97	98	99	100
㉠ 지체 없이 ㉡ 책임판매업자	ㄱ, ㄷ, ㄹ	체모를 제거하는 기능	에어로졸	에칠헥실메톡시신나메이트, 징크옥사이드	㉠ 1차 오염, ㉡ 2차 오염	천연보습인자 (NMF)	ㄱ, ㄴ, ㄷ	반제품	식약처장 (식품의약품안전처장)

해설

61. 티로시나제(tyrosinase)는 멜라닌의 생성을 촉진한다.
62. 백색 안료에는 티타늄다이옥사이드와 징크옥사이드가 있으며, 나머지 보기들은 체질 안료이다.
63. 사용하고 남은 제품은 개봉 후 사용기한을 정하고 밀폐를 위한 마개 사용 등 비의도적인 오염 방지를 한다.
64. 사용후 씻어내는 제품은 0.01% 초과, 사용후 씻어내지 않는 제품은 0.001% 초과
65. 식약처장이 고시한 기능성화장품의 효능·효과를 나타내는 원료 리스트에 포함된 경우 맞춤형화장품 혼합에 사용할 수 없다.
66. 수렴 효과가 있는 에탄올은 화장품에 물 다음으로 많이 사용되는 물질로 화장수, 향수, 토너에 사용된다. 에탄올 중 아니스에

탄올은 알레르기(allergy) 유발 물질로 고시되어 있다.

67. 3년 이하의 징역 또는 3천만 원 이하의 벌금 - 맞춤형화장품판매업으로 신고하지 않거나 변경신고를 하지 않은 경우, 맞춤형화장품조제관리사를 선임하지 않은 경우, 기능성화장품 심사규정을 위반한 경우

70. 발주서는 원료를 선입 선출하는 자료로 활용하는 것이 바람직하다.

71. 화장품 원료 관리 시에는 입고 시 품명, 규격, 수량 및 포장의 훼손 여부에 대한 확인 방법과 훼손되었을 때 그 처리 방법을 숙지하고 있어야 한다. 또 원료의 보관 장소 및 보관 방법을 알고 있어야 하며, 원료 시험 결과 부적합품에 대한 처리 방법도 알아야 한다. 취급 시의 혼동 및 오염 방지 대책을 알고, 출고 시 선입 선출 및 칭량된 용기의 표시 사항, 재고 관리 방법에 대해서도 숙지한다.

72. 나머지는 세포 간 지질의 성분이다.

73. 망상층은 유두층 아래에 위치한다.

74. 대상포진은 수두바이러스가 몸 속에 잠복 상태로 존재하고 있다가 면역력 약화 시 다시 활성화되면서 발생하는 질병이다. 보통은 수일 사이에 피부에 발진과 특징적인 물집 형태의 병변이 나타나고 해당 부위에 통증이 동반된다. 대상포진은 젊은 사람에서는 드물게 나타나고 대개는 면역력이 떨어지는 60세 이상의 성인에게서 발병한다.

79. 지성 피부는 모공이 넓다.

80. 4장 3.2.3 유효성의 객관적 평가 방법 [표 4-5] 관능 용어를 검증하는 대표적인 물리화학적 평가법 참고

82. 나머지 성분은 피부의 미백에 도움을 주는 제품의 식약처 고시 성분이다.

83. 사용하고 남은 원료 및 반제품은 원래의 보관 조건으로 보관한다.

85. 화장품의 1, 2차 포장에 표시해야하는 기재사항(10가지)

 1) 다른 제품과의 구분을 위한 화장품의 명칭

 2) 화장품 사용할 때의 주의사항

 3) 완제품의 배치 또는 제조번호

 4) 가격

 5) 화장품 전성분 표시(인체에 무해한 소량 함유 성분등과 총리령으로 정하는 성분은 제외한다)

 6) 기능성화장품의 경우 "기능성화장품"이라는 글자

 7) 제조업자 및 제조판매업자의 상호 및 주소

 8) 포장 작업 완료 후, 사용기한 또는 개봉 후 사용기한 (제조연월일 병행 표기)

 9) 내용물의 용량 또는 중량

 10) 그 밖의 총리령으로 정하는 사항

 - 식품안전처장이 정하는 바코드

 - 기능성화장품의 경우 심사받거나 보고한 효과, 용법, 용량

 - 성분명을 제품 명칭의 일부로 사용한 경우 그 성분명과 함량(방향용은 제외한다)

 - 인체 세포, 조직 배양액이 들어 있는 경우 그 함량

 - 화장품에 유기농으로 표시, 광고 하려는 경우에는 그 원료와 함량

 - 수입화장품인 경우에는 제조국의 명칭('대외무역법'에 따른 원산지를 표시한 경우에는 제조국 명칭을 생략할 수 있다), 제조회사명 및 그 소재지

 - 제2조 제8호부터 제11호까지에 해당하는 내용, 기능성화장품의 경우에는 "질병의 예방 및 치료를 위한 의약품이 아님"이라는 문구 기재

86. 알칼리 처리액과 단백질 분해 및 용출로 모발의 강도와 윤기 저하가 되는 것은 염색으로 인한 손상이다.

87. - 탈모의 주요 원인은 주로 남성호르몬과 큰 연관이 있다.

 - 여성보다는 남성에게서 탈모가 더 많이 나타난다.

 - 펌, 염색 같은 잦은 시술의 화학적, 물리적 자극에 의한 원인도 있다.

 - 탈모는 유전의 영향을 받는다.

88. - 모발은 크게 눈에 보이는 모간과 두피 안쪽에 위치한 모근으로 이루어져 있다.

 - 모간은 가장 바깥쪽부터 모표피, 모피질, 모수질의 세층의 구조로 형성되어 있다.

 - 모구에서 모유두로부터 영양 공급을 받아 세포분열이 일어나며 모가 성장한다.

 - 모피질은 모간의 대부분을 차지하며 섬유 모양으로 모발의 탄력과 강도를 결정한다.

89. 1차 위반 - 경고, 2차 위반 - 판매업무정지 15일, 3차 위반 - 판매업무정지 1개월, 4차 위반 - 판매업무정지 3개월

1	2	3	4	5	6	7	8	9	10
②	④	①	③	⑤	④	③	개인정보	제조연월일	제조번호별

해설

1. 제23조 민감 정보 ① 사상 · 신념, ② 노동조합 · 정당의 가입 · 탈퇴, ③ 정치적 견해, ④ 건강, 성생활 등에 관한 정보, ⑤ 그 밖의 정보 주체의 사생활을 현저히 침해할 우려가 있는 개인정보로서 대통령령이 정하는 정보이다.

5. 제품 표준 및 제조관리에 대한 기록 절차는 화장품제조업자의 준수사항이다.

7. 영 · 유아용 제품류의 경우에도 눈 화장품과 마찬가지로 총 호기성 생균수 500개/g(ml) 이하

8. 화장품법은 약사법에서 분리되어 2000년 7월부터 시행, 보건복지부에서 담당하다가 2013년 3월부터 식품의약품안전처로 소관 부처가 변경되었다.

11	12	13	14	15	16	17	18	19	20
③	②	①	④	③	①	③	①	④	⑤

21	22	23	24	25	26	27	28	29	30
①	⑤	②	①	③	①	②	④	②	④

31	32	33	34	35					
점증제	에센스 (미용액)	베이스 메이크업	데오드란트 화장품 (방취 화장품)	㉠ 0.01% ㉡ 0.001%					

11. 글리세린은 물이나 알코올에 잘 녹는다.

12. ①, ⑤는 비타민 A, ③은 비타민 C, ④는 비타민 E

13. 눈 주위는 안점막으로 되어 있어 안전성이 우수하여야 한다.

14. ②, ⑤는 용제형 세안용 화장품, ③은 계면활성제형 세안용 화장품에 대한 설명이다.

15. 미백제, 자외선 차단제, 주름 개선제, 모발의 색상 변화제, 여드름 피부 완화제, 체모 제거제, 탈모 증상 완화제

16. 건조, 침전은 모발에 부여되는 효과라 볼 수 없다.

17. 음이온, 양쪽성이온 계면활성제가 주로 기포 세정제이다.

　　양이온 계면활성제는 유연화, 살균 · 소독작용이 있어 헤어린스나 섬유 유연제에 사용된다.

18. 반영구 염모제는 2~3주 지속, 법정색소인 산성 염료를 사용하며 이온결합으로 염모된다. ③, ⑤는 일시 염모제 설명

19. 화장품은 치료 제품이 아니다.

20. ㄱ은 화학적 제모제에 관한 설명이며, ㄷ은 물리적 제모제이다.

21. 총 호기성 생균수는 영·유아용 제품류 및 눈 화장용 제품류의 경우 500개/g(mL) 이하

22. 향기는 아래에서 위로 올라오기 때문에 지속력이 강한 향수는 하반신 위주로 뿌려주고, 체온이 높고 맥박이 뛰는 부위(손목, 목덜미, 귀 아래)에 뿌리면 향이 은은하게 퍼지면서 지속 시간도 더 길어진다. 향수는 옷을 입기 전 맨살에 뿌려야 다른 향기나 체취와 섞이지 않고 옷이나 보석류의 뿌리면 변색 원인이 될 수 있다.

　　향수는 향료를 알코올에 용해시킨 것으로 향을 테스트할 때는 알코올 향이 날아간 후에 향을 맡는 것이 바람직하다.

23. 사용상 제한이 필요한 원료인 경우 사용할 수 없다.

24. 그 외, 제조 공정관리에 관한 사항이 있다.

25. ③의 경우, 맞춤형화장품의 혼합이 아닌 화장품 제조 행위로 판단된다.

26. 히알루론산(보습제), 아데노신(주름 개선), 나이아신아마이드(미백) 알레르기 유발 성분 25가지 참고

28. 제조 지시서 발행-제조 기록서 발행-제조-제조 기록서 완결-배치 기록서 완결-문서 보관

29. 개별 포장당 메틸 살리실레이트를 5% 이상 함유하는 액체 상태의 제품

30. 변질된 화장품은 모낭염 등을 일으켜 피부에 해를 줄 수 있으므로 세균 침투와 변질을 막아야 한다. 직사광선이 닿지 않는 곳, 적절한 실내습도, 온도 유지도 중요하다.

3과목　유통화장품의 안전관리　선다형 25문항

						36	37	38	39	40
						④	⑤	①	③	⑤

41	42	43	44	45	46	47	48	49	50
③	②	③	①	④	②	②	④	①	⑤

51	52	53	54	55	56	57	58	59	60
④	②	②	①	③	①	④	③	⑤	②

36. 혼합 · 소분 · 포장 작업 환경은 깨끗하고 정돈된 상태를 유지해야 하며, 필요시 청소를 해야 한다.

37. ㄷ. 바닥의 폐기물은 바로 폐기한다.

38. 제조실, 충진실, 반제품 보관실 및 미생물 시험실은 중성세제 및 70% 에탄올을 세제로 사용

41. ③ 피부에 외상이 있거나 질병에 걸린 직원은 작업을 할 수 없으며, 건강이 양호해지거나 화장품의 품질에 영향을 주지 않는다는 의사의 소견이 있기 전까지는 화장품과 직접 접촉되지 않도록 격리시켜야 한다.

42. 항균 성분이 없는 일반 비누의 경우에는 일시적 집락균을 제거할 수 있다.

    클로로헥시딘은 소독약으로 수술방 등에서 많이 사용되는 약물로 피부 표면에 소독 효과가 있지만, 모낭염의 원인인 균까지 소독되지는 않는다.

    아이오딘은 강력한 산화력이 있어서 광범위한 세균이나 바이러스를 살균할 수 있다.

43. 위생복과 마스크 모두 착용한다, 작업하기 전 손을 소독, 세정하거나 일회용 장갑 착용

44. 작업장에 들어가기 전 손 소독

46. 가능하면 세제를 사용하지 않는다. 브러시 등으로 문질러 지우는 것을 고려한다. 판정 후의 설비는 건조·밀폐해서 보존한다.

47. 설비 미사용 72시간 경과 후 밀폐되지 않은 상태로 방치 시 세척 및 소독

50. 그 외 요구사항을 만족하는 품목과 서비스를 지속적으로 공급할 수 있는 능력 평가를 근거로 한 공급자의 체계적 선정과 승인, 운송 조건에 대한 문서화된 기술 조항의 수립

53. 판정 대기 장소와 부적합품 보관 장소는 별도로 구획하여 종류별로 보관한다. 알코올, 폴리올, 휘발성 물질 등은 위험물 보관 방법에 따라 보관해야 한다.

55. 원료가 사용기간(유효기간)을 넘겼을 경우 품질관리부와 협의하여 원료에 문제가 없다고 할 경우 유효기간을 재설정하고 원료에 문제가 있다고 할 경우에는 폐기한다.

57. 포장재에는 운송을 위해 사용되는 외부 포장재는 제외한다.

59. 개봉 후 사용 기간을 기재하는 경우에는 제조일로부터 3년간 보관하여야 한다. 검체를 보관할 때는 적절한 보관 조건하에 제조 단위별로 따로 보관해야 한다.

60. 입고된 포장재의 보관에 있어 처리 기준에 대한 계획을 수립하여 잘 관리되어야 한다.

| 4과목 | 맞춤형화장품의 이해 | 선다형 28문항, 단답형 12문항 |

61	62	63	64	65	66	67	68	69	70
⑤	②	②	①	③	③	①	⑤	②	④

71	72	73	74	75	76	77	78	79	80
③	④	⑤	④	④	③	①	②	⑤	④

81	82	83	84	85	86	87	88	89	90
②	⑤	①	④	④	③	①	⑤	각화주기, 턴오버(Turn-Over), 피부주기	지성피부

91	92	93	94	95	96	97	98	99	100
비듬	CGMP(Cosmetic Manufacturing Practice, 우수화장품품질관리기준)	㉠ 안정성, ㉡ 안전성	ㄱ, ㄴ, ㄷ	㉠ 50 ㉡ 20	안전성 정보	㉠ 품질관리, ㉡ 품질성적서	ㄴ, ㄹ, ㅁ	㉠ 살리실릭애씨드 ㉡ 레티닐팔미테이트	제조물 책임법(PL법)

65. 피부는 바깥에서부터 표피, 진피, 피하조직으로 구성되며, 표피는 기저층(멜라닌형성세포, 각질형성세포), 유극층, 과립층, (투명층-손, 발), 각질층으로 진피는 아래부터 망상층과 유두층으로 이루어져 있다.

68. 모피질은 모간의 대부분을 차지하며 섬유 모양으로 모발의 탄력과 강도를 결정한다.

69. 비타민 D를 합성하는 기능은 피부에 있다.

71. 각질 박리제 혹은 피지 분비 억제제 함유 제품은 지성의 트러블이 있거나 칙칙한 피부에 도움을 줄 수 있다.

72. 폴리에톡실레이티드레틴아마이드 0.05~0.2%(주름 개선에 도움을 주는 제품의 성분)

75. 특정 성분의 혼합으로 기본 제형(유형)의 변화가 없는 범위 안에서 가능하다.

80. 심사를 받지 않았거나 보고서를 제출하지 않은 기능성화장품

82. 사용기간 및 가격 표시는 기재해야 하는 사항이다.

84. 맞춤형화장품판매업자는 국민 보건에 위해를 끼친 화장품이 유통 중인 사실을 알게 된 경우 바로 해당 책임판매업자에게 보고한다.

85. 알칼리 처리액과 단백질 분해 및 용출로 모발의 강도와 윤기 저하(염색으로 인한 손상), 드라이어의 고온에 의한 열이나 헤어 커팅, 볼륨을 주기 위한 백콤 등으로 큐티클이 벗겨져 모발의 결이 무너진다(물리적 손상), 빛에 의하여 멜라닌 색소가 분해되어 모발이 밝고 붉게 적색화 현상(자외선으로 인한 손상), 산화 및 중합 반응으로 인한 단백질 변형, 모발이 약하고 힘이 없다(펌으로 인한 손상)

98. ㄱ, ㄷ은 화장품제조업 해당

99. 알부틴(미백), p-페닐렌디아민(염모제 성분), 덱스판테놀(탈모 완화)

제 5 회

정답 및 해설

1	2	3	4	5	6	7	8	9	10
⑤	①	④	③	①	④	④	책임판매업	등록필증	30

해설

1. 화장품법은 약사법에서 분리되어 2000년 7월부터 시행, 보건복지부에서 담당하다가 2013년 3월부터 식품의약품안전처로 소관 부처가 변경되었다.

2. 화장품은 인체에 대한 작용이 경미해야 한다.

3. 화장품의 유형은 13종류이다. 영·유아용(만 3세 이하의 어린이용) 제품류, 목욕용 제품류, 인체 세정용 제품류, 눈 화장용 제품류, 방향용 제품류, 두발염색용 제품류, 색조화장용 제품류, 두발용 제품류, 손발톱용 제품류, 면도용 제품류, 기초화장용 제품류, 체취 방지용 제품류, 체모 제거용 제품류

4. 정신질환자 및 마약류의 중독자는 화장품제조업에서만 결격 사유에 해당한다.

5. 화장품의 용기 또는 포장에 표시할 때 제품의 명칭, 영업자의 상호는 시각장애인을 위한 점자 표시를 병행할 수 있다.

6. 위의 보기 ①②③⑤ 및 책임판매관리자의 변경 시에 화장품책임판매업자는 변경등록을 해야 한다.

7. 화장품법 제10조 2항- 화장품의 명칭, 영업자의 상호, 제조번호, 사용기한 또는 개봉 후 사용 기간은 1차 포장에 표시하여야 한다.

8. 화장품법 제2조의 2(영업의 종류)에 따른 영업의 종류에는 화장품제조업, 화장품책임판매업, 맞춤형화장품판매업이 있다.

9. 폐업 또는 휴업 시에는 폐업·휴업신고서와 함께 등록필증을 제출해야 한다.

10. 변경 사유가 발생한 날부터 30일 이내, 행정구역 개편에 따른 소재지 변경의 경우에는 90일 이내에 제출

11	12	13	14	15	16	17	18	19	20
④	③	④	①	④	⑤	③	⑤	②	④

21	22	23	24	25	26	27	28	29	30
③	⑤	②	④	③	④	①	④	④	②

31	32	33	34	35					
㉠ 사용기한, ㉡ 저장방법	유화	히알루론산	㉠ 10, ㉡ 5	위해평가					

2과목 **화장품 제조 및 품질관리** 선다형 20문항, 단답형 5문항

해설

11. 소르비톨(Sorbitol)은 식물에서 존재하는 6가 알코올로서 무취이며 단맛이 있다. 세틸알코올은 코코넛이나 팜유에서 추출한 왁스 형태의 지방알코올이다.

12. 그 성분을 사용함으로써 최종 제품에 기능성, 유용성이 발현되어야 한다.

13. 보기 ①②③⑤는 Wax

14. 플라스틱을 부드럽게 하기 위해 사용하는 화학 첨가제인데, 특히 폴리염화비닐(PVC)을 부드럽게 하기 위해 사용하는 가소제로 사용

15. 내용량이 10㎖ 초과 50㎖ 이하 또는 중량이 10g 초과 50g 이하 화장품의 포장인 경우에도 타르색소, 금박, 샴푸와 린스에 들어 있는 인산염의 종류, 과일산(AHA), 기능성화장품의 경우 그 효능·효과가 나타나게 하는 원료, 식품의약품안전처장이 배합 한도를 고시한 화장품의 원료는 기재되어야 한다.

16. 안전성, 안정성, 유용성(기능성, 유효성), 사용성

17. 레티놀(비타민 A) 및 그 유도체, 아스코빅애씨드(비타민 C) 및 그 유도체, 토코페롤(비타민 E), 과산화 화합물, 효소의 경우 0.5% 이상 함유된 품목은 안정성 시험 자료를 최종 제조된 제품의 사용기한이 만료되는 날부터 1년간 보존하도록 규정

18. 미네랄 오일은 광물성 원료에 해당한다.

21. 아스코빌글루코사이드 2%

22. 실온은 1~30℃를 말한다.

24. 위해 평가 불필요한 경우
   - 불법으로 유해 물질을 화장품에 혼입한 경우
   - 안전성과 유효성이 입증되어 기존에 허가된 기능성화장품
   - 위험에 대한 충분한 정보가 부족한 경우

26. 영·유아용 제품류 및 눈 화장용 제품류의 경우 500개/g(mL) 이하, 물휴지의 경우 세균 및 진균 수는 각각 100개/g(mL) 이하, 기타 화장품의 경우 1,000개/g(mL) 이하

27. 인체 적용 시험 자료와 효력 시험 자료는 유효성 또는 기능에 관한 자료

29. 인증의 유효기간을 연장받으려면 유효기간 만료 90일 전에 연장 신청

30. 자극이 가장 강한 것은 양이온성 계면활성제이고, 다음으로 음이온성, 양쪽성, 비이온성의 순이다. 비이온성 계면활성제가 화장품에 많이 사용된다.

					36	37	38	39	40
					②	①	③	②	②

41	42	43	44	45	46	47	48	49	50
④	①	①	④	⑤	①	④	②	①	②

51	52	53	54	55	56	57	58	59	60
④	④	⑤	④	③	③	④	①	②	④

해설

36. 외부와 연결된 창문은 가능한 한 열리지 않도록 한다.

37. 혼동 방지와 오염 방지를 위해 사람과 물건의 흐름 경로를 시간차를 두고 설정하여 교차 오염의 우려가 없도록 관리한다.

38. 창문은 차광하고 야간에 빛이 밖으로 새어나가지 않게 한다.

39. 소독제의 효과에 영향을 미치는 요인은 사용 약제의 종류나 사용 농도, 균에 대한 접촉 시간(작용 시간), 실내의 온도 및 습도, 다른 사용 약제와의 병용 효과, 단백질 등의 유기물이나 금속이온의 존재, 미생물의 종류와 균 수, 미생물의 성상, 약제에 대한 저항성, 미생물의 분포 상태 및 부착·부유 상태, 작업자의 숙련도 등

40. 작업장에는 의약품을 포함하여 모든 개인 물품을 반입하지 않도록 한다.

41. 제조 작업자, 원료 칭량실 인원, 자재 보관 관리자, 제조시설 관리자의 경우에는 작업복과 머리를 완전히 감싸는 형태의 모자가 필요하다. 이에 비하여 특수 화장품의 제조 또는 충전자의 복장 기준에서는 방진복, 모자, 고무줄, 긴 소매, 긴 바지가 필요하다.

42. 육안으로 확인 → 천으로 문질러 부착물로 확인 → 린스액 화학분석 순서

43. 가능한 세제를 사용하지 않고 물로 세척하는 것이 최적이다.

45. 예방적 실시(Preventive Maintenance)가 원칙이다.

46. 점검 항목
 - 외관 검사: 더러움, 녹, 이상 소음, 이취 등
 - 작동 점검: 스위치, 연동성 등
 - 기능 측정: 회전수, 전압, 투과율, 감도 등
 - 청소: 외부 표면, 내부
 - 부품 교환

47. 주형 물질(Cast material) 또는 거친 표면은 제품이 뭉치게 되어 깨끗하게 청소하기가 어려워 미생물 또는 교차 오염 문제를 일으킬 수 있으므로 화장품에 추천되지 않는다.

48. 중요도 분류 → 요구할 품질 결정 → 공급자 선정 및 승인 → 시험 방법 선정 및 확립 → 품질 결정 및 품질계약서 공급계약 체결 → 제조 개시 후 정기적 모니터링

49. 호스의 구성 재질(Materials of Construction)은 강화된 식품 등급의 고무 또는 네오프렌, TYGON 또는 강화된 TYGON, 폴리에틸렌 또는 폴리프로필렌, 나일론 등이다.

50. 입고된 원자재는 "적합", "부적합", "검사 중" 등으로 상태를 표시하여야 한다.

51. 총 호기성 생균수는 영·유아용 제품류 및 눈 화장용 제품류의 경우 500개/g(mL) 이하, 물휴지의 경우 세균 및 진균 수는 각각 100개/g(mL) 이하, 황색포도상구균은 불검출되어야 한다.

52. - 검체 채취 전: 백색

 - 검체 채취 및 시험 중: 황색

 - 적합 판정 시: 청색

 - 부적합 판정 시: 적색

53. 원료와 내용물의 관리에 필요한 사항은 공급자 결정, 발주, 입고, 식별·표시, 합격·불합격, 판정, 보관, 불출, 보관 환경 설정, 사용기한 설정, 정기적 재고관리, 재평가 및 재보관 등이다.

54. 불출된 완제품, 검사 중인 완제품, 불합격 판정을 받은 완제품은 각각의 상태에 따라 지정된 물리적 장소에 보관하거나 미리 정해진 자동 적재 위치에 저장되어야 한다.

55. 특별한 경우를 제외하고, 가장 오래된 재고가 제일 먼저 불출되도록 선입선출한다.

56. 원료 갖추기 → 벌크제품, 포장재 준비

57. 제품 검체 채취는 품질관리부서가 실시하는 것이 일반적이다.

58. 일반적으로는 각 제조 단위별로 제품 시험을 2번 실시할 수 있는 양을 보관한다. 사용기한 경과 후 1년간 또는 개봉 후 사용 기간을 기재하는 경우에는 제조일로부터 3년간 보관한다.

59. 품질관리의 업무 - 절차서에 따라 검체 채취, 분석, 합격 여부 판정을 한다. 기준 일탈 결과를 조사한다. 변경을 관리하고 일탈을 처리한다.

60. 배치에서 취한 검체가 모든 합격 기준에 부합할 때 배치가 불출될 수 있다.

| 4과목 | 맞춤형화장품의 이해 | | | | | 선다형 28문항, 단답형 12문항 | | | |

61	62	63	64	65	66	67	68	69	70
③	④	④	④	③	③	②	⑤	④	②

71	72	73	74	75	76	77	78	79	80
②	③	④	②	③	④	②	②	④	⑤

81	82	83	84	85	86	87	88	89	90
④	⑤	②	⑤	④	④	⑤	④	신고	식품의약품안전처장

91	92	93	94	95	96	97	98	99	100
㉠ 안전성 ㉡ 품질	가용화	보존제	나이아신 아마이드	㉠ 산란 ㉡ 흡수	식별번호	㉠ 5 ㉡ 회수계획서	천연보습인자 (NMF)	모유두	히알루론산, 아줄렌 함유 제품

해설

61. 맞춤형화장품의 정의: 제조 또는 수입된 화장품의 내용물에 다른 화장품의 내용물이나 식품의약품안전처장이 정하는 원료를 추가하여 혼합한 화장품, 제조 또는 수입된 화장품의 내용물을 소분한 화장품

62. 필요 서류
    - 맞춤형화장품판매업 신고서
    - 맞춤형화장품조제관리사 자격증
    - 책임판매업자와 체결한 계약서 사본
    - 소비자 피해 보상을 위한 보험계약서 사본

63. 화장품의 유형과 제품
    - 버블 바스: 목욕용 제품류
    - 바디 클렌저: 인체 세정용 제품류
    - 아이 메이크업 리무버: 눈 화장품 제품류
    - 제모제(제모 왁스 포함): 체모 제거용 제품류

64. 화장품 유형에 어린이용은 분류되지 않았으며, 영유아용 제품류는 있음.

65. 맞춤형화장품 혼합·소분 시에는 책임판매업자와의 계약사항을 준수하여야 한다.

67. 식약처장이 고시한 기능성화장품의 효능·효과를 나타내는 원료 리스트에 포함된 경우 맞춤형화장품 혼합에 사용할 수 없다.

68. 폐기를 한 회수 의무자는 폐기 확인서를 작성하여 2년간 보관하여야 한다.

70. 기능성화장품은 과학적 근거만 있으면 시험 항목 중 일부를 생략할 수 있다.

71. 3년 이하의 징역 또는 3천만 원 이하의 벌금
    - 맞춤형화장품판매업으로 신고하지 않거나 변경신고를 하지 않은 경우
    - 맞춤형화장품조제관리사를 선임하지 않은 경우
    - 기능성화장품 심사규정을 위반한 경우

72. 화장품제조업자에게만 해당한다.

73. 과립층은 강력한 수분 저지막의 역할로 이물질의 침투를 저지한다.

75. 에탄올 중에서는 아니스에탄올이 알레르기(allergy) 유발 물질로 고시되어 있다.

76. 사용 후 씻어내는 제품은 0.01% 초과, 사용후 씻어내지 않는 제품은 0.001% 초과

77. 피지선은 모낭에 연결되어 있어 모공을 통해 피지가 분비된다.

78. 에스트로겐은 모발의 성장기를 더 길게 유지시킨다.

79. 맞춤형화장품에 사용 가능한 내용물과 원료의 혼합으로 인하여 유해 물질이 생성되지는 않는다.

80. 관능검사는 통계학의 이론을 기초로 하여 미리 충분히 계획된 조건하에서 복수의 인간이 감각을 계기로 해서 물건의 질을 판단하여 보편타당한 신뢰성 있는 결론을 내리려고 하는 하나의 수단이라 할 수 있다.

81. 미생물 확인은 시각, 후각, 미각, 촉각 및 청각의 오감(五感)에 의하여 확인할 수는 없다.

82. 식약처 고시 탈모 증상 완화제- 엘-멘톨, 징크피리치온, 비오틴, 텍스판테놀, 징크피리치온 50%

83. 콜라겐과 엘라스틴은 진피의 구성 성분이다.

84. 화장품법 제6조- 영업자는 폐업 또는 휴업하려는 경우, 휴업 후 그 업을 재개하려는 경우에는 식품의약품안전처장에게 신고하여야 한다. 다만, 휴업 기간이 1개월 미만이거나 그 기간 동안 휴업하였다가 그 업을 재개하는 경우에는 그러하지 아니하다.

85. 주름 개선- 레티놀 2,500IU/g, 레티닐팔미테이트10,000IU/g, 폴리에톡실레이티드레틴아마이드 0.05~0.2%, 아데노신 0.04%

86. 화장품법 시행규칙 제18조 제2항- 안전 용기·포장은 성인이 개봉하기는 어렵지 아니하나 만 5세 미만의 어린이가 개봉하기는 어렵게 된 것이어야 한다.

88. 고객과의 상담 내용과 결과 조치에 대하여 구체적으로 작성할 수 있도록 한다.

89. 화장품법 제3조의2 ①항 맞춤형화장품판매업을 하려는 자는 총리령으로 정하는 바에 따라 식품의약품안전처장에게 신고하여야 한다. 신고한 사항 중 총리령으로 정하는 사항을 변경할 때에도 또한 같다.

90. 화장품법 제3조의4 (맞춤형화장품조제관리사 자격시험) ① 맞춤형화장품조제관리사가 되려는 사람은 화장품과 원료 등에 대하여 식품의약품안전처장이 시행하는 자격시험에 합격하여야 한다.

91. 화장품법 제5조(영업자의 의무 등) ⑤항에 의거하여 책임판매관리자 및 맞춤형화장품조제관리사는 화장품의 안전성 확보 및 품질관리에 관한 교육을 매년 받아야 한다.

맞춤형화장품조제관리사 실전 대비 모의고사 답안지

1회 / 2회 / 3회 / 4회 / 5회

맞춤형화장품조제관리사 모의답안지

맞춤형화장품조제관리사

답안표기란 (앞면)

| 제1과목 화장품법의 이해(10) | 제2과목 화장품 제조 및 품질관리 (25) |

번호	1	2	3	4	5
1	①	②	③	④	⑤
2	①	②	③	④	⑤
3	①	②	③	④	⑤
4	①	②	③	④	⑤
5	①	②	③	④	⑤
6	①	②	③	④	⑤
7					
8					
10					

번호	1	2	3	4	5
11	①	②	③	④	⑤
12	①	②	③	④	⑤
13	①	②	③	④	⑤
14	①	②	③	④	⑤
15	①	②	③	④	⑤
16	①	②	③	④	⑤
17	①	②	③	④	⑤
18	①	②	③	④	⑤
19	①	②	③	④	⑤
20	①	②	③	④	⑤
21	①	②	③	④	⑤
22	①	②	③	④	⑤
23	①	②	③	④	⑤
24	①	②	③	④	⑤
25	①	②	③	④	⑤
26	①	②	③	④	⑤
27	①	②	③	④	⑤
28	①	②	③	④	⑤
29	①	②	③	④	⑤
30	①	②	③	④	⑤
31					
32					
33					
34					
35					

※ 결시자 표기

감독위원이 결시자란에 표기하십시오.
수험자는 표기하지 마십시오.

문제지 형별	A형 Ⓐ Ⓑ
	B형 Ⓐ Ⓑ

※ 응시자 유의사항

◈ OMR 답안카드 작성은 컴퓨터용 흑색 수성사인펜만을 사용하여야 함

◈ 시험시간 중에는 전자계산기, 수정액, 수정테이프 등을 일체 사용할 수없음

◈ 시험종료 후에는 답안카드와 함께 문제지를 제출하여야 함. 만일 문제 지를 제출하지 않은 경우에는 부정 행위로 처리함

◈ 시험 중에는 어떠한 개인휴대장비(휴 대전화기, PDA, 무선호출기 등)도 소 지 또는 사용할 수 없으며, 발견된 경 우에는 부정행위로 처리될 수 있음

◈ 시험실에는 시계가 비치되지 않을 수 있으므로, 시계(계산기능 등 다기 능 시계 사용불가)를 지참하기 바라 며, 시험장에는 차량 출입이 통제되 므로 대중교통을 이용하기 바람

※ 감독위원	(인)

감독위원의 서명이 없으면 무효 처리됩니다.

성 명	ㅡ

응시번호

	기입란	마킹란						
0		⓪	⓪	⓪	⓪	⓪	⓪	⓪
1		①	①	①	①	①	①	①
2		②	②	②	②	②	②	②
3		③	③	③	③	③	③	③
4		④	④	④	④	④	④	④
5		⑤	⑤	⑤	⑤	⑤	⑤	⑤
6		⑥	⑥	⑥	⑥	⑥	⑥	⑥
7		⑦	⑦	⑦	⑦	⑦	⑦	⑦
8		⑧	⑧	⑧	⑧	⑧	⑧	⑧
9		⑨	⑨	⑨	⑨	⑨	⑨	⑨

주민등록 번 호	

[이 답안지는 마킹연습용 모의답안지입니다.]

절취선

맞춤형화장품조제관리사 답안표기란(뒷면)

제3과목 유통화장품의 안전관리(25)

번호	답
36	① ② ③ ④ ⑤
37	① ② ③ ④ ⑤
38	① ② ③ ④ ⑤
39	① ② ③ ④ ⑤
40	① ② ③ ④ ⑤
41	① ② ③ ④ ⑤
42	① ② ③ ④ ⑤
43	① ② ③ ④ ⑤
44	① ② ③ ④ ⑤
45	① ② ③ ④ ⑤
46	① ② ③ ④ ⑤
47	① ② ③ ④ ⑤
48	① ② ③ ④ ⑤
49	① ② ③ ④ ⑤
50	① ② ③ ④ ⑤
51	① ② ③ ④ ⑤
52	① ② ③ ④ ⑤
53	① ② ③ ④ ⑤
54	① ② ③ ④ ⑤
55	① ② ③ ④ ⑤
56	① ② ③ ④ ⑤
57	① ② ③ ④ ⑤
58	① ② ③ ④ ⑤
59	① ② ③ ④ ⑤
60	① ② ③ ④ ⑤

제4과목 유통화장품의 안전관리(40)

번호	답
61	① ② ③ ④ ⑤
62	① ② ③ ④ ⑤
63	① ② ③ ④ ⑤
64	① ② ③ ④ ⑤
65	① ② ③ ④ ⑤
66	① ② ③ ④ ⑤
67	① ② ③ ④ ⑤
68	① ② ③ ④ ⑤
69	① ② ③ ④ ⑤
70	① ② ③ ④ ⑤
71	① ② ③ ④ ⑤
72	① ② ③ ④ ⑤
73	① ② ③ ④ ⑤
74	① ② ③ ④ ⑤
75	① ② ③ ④ ⑤
76	① ② ③ ④ ⑤
77	① ② ③ ④ ⑤
78	① ② ③ ④ ⑤
79	① ② ③ ④ ⑤
80	① ② ③ ④ ⑤
81	① ② ③ ④ ⑤
82	① ② ③ ④ ⑤
83	① ② ③ ④ ⑤
84	① ② ③ ④ ⑤
85	① ② ③ ④ ⑤
86	① ② ③ ④ ⑤
87	① ② ③ ④ ⑤
88	① ② ③ ④ ⑤
89	
90	
91	
92	
93	
94	
95	
96	
97	
98	
99	
100	

맞춤형화장품조제관리사 모의답안지

맞춤형화장품조제관리사

답안 표기란 (앞 면)

제1과목 화장품법의 이해(10)

	① ② ③ ④ ⑤
1	① ② ③ ④ ⑤
2	① ② ③ ④ ⑤
3	① ② ③ ④ ⑤
4	① ② ③ ④ ⑤
5	① ② ③ ④ ⑤
6	① ② ③ ④ ⑤
7	
8	
10	

제2과목 화장품 제조 및 품질관리 (25)

11	① ② ③ ④ ⑤	31	
12	① ② ③ ④ ⑤		
13	① ② ③ ④ ⑤	32	
14	① ② ③ ④ ⑤		
15	① ② ③ ④ ⑤	33	
16	① ② ③ ④ ⑤		
17	① ② ③ ④ ⑤	34	
18	① ② ③ ④ ⑤		
19	① ② ③ ④ ⑤	35	
20	① ② ③ ④ ⑤		
21	① ② ③ ④ ⑤		
22	① ② ③ ④ ⑤		
23	① ② ③ ④ ⑤		
24	① ② ③ ④ ⑤		
25	① ② ③ ④ ⑤		
26	① ② ③ ④ ⑤		
27	① ② ③ ④ ⑤		
28	① ② ③ ④ ⑤		
29	① ② ③ ④ ⑤		
30	① ② ③ ④ ⑤		

※ 감독위원

(인)

* 감독위원의 서명이 없으면 무효 처리됩니다.

성 명

주민등록번호

응시번호

기입란							
마킹란							
0	⓪	⓪	⓪	⓪	⓪	⓪	⓪
1	①	①	①	①	①	①	①
2	②	②	②	②	②	②	②
3	③	③	③	③	③	③	③
4	④	④	④	④	④	④	④
5	⑤	⑤	⑤	⑤	⑤	⑤	⑤
6	⑥	⑥	⑥	⑥	⑥	⑥	⑥
7	⑦	⑦	⑦	⑦	⑦	⑦	⑦
8	⑧	⑧	⑧	⑧	⑧	⑧	⑧
9	⑨	⑨	⑨	⑨	⑨	⑨	⑨

※ 결 시 자

* 감독위원은 결시자란에 표기하십시오.
* 수험자는 표기하지 마십시오.

문제지 형 별	A형	Ⓐ Ⓑ
	B형	Ⓐ Ⓑ

※ 응시자 유의사항

◈ OMR 답안카드 작성은 컴퓨터용 흑색 수성사인펜만을 사용하여야 함

◈ 시험시간 중에는 전자계산기, 수정액, 수정테이프 등을 일체 사용할 수 없음

◈ 시험종료 후에는 답안카드와 함께 문제지를 제출하여야 함. 만일 문제지를 제출하지 않은 경우에는 부정행위로 처리함

◈ 시험 중에는 어떠한 개인휴대장비(휴대전화기, PDA, 무선호출기 등)도 소지 또는 사용할 수 없으며, 발견된 경우에는 부정행위로 처리할 수 있음

◈ 시험실에는 시계가 비치되지 않을 수 있으므로, 시계(개인시계)를 들 다기능 시계 사용불가를 지참하기 바라며, 시험장에는 차량 출입이 통제되므로 대중교통을 이용하기 바람

맞춤형화장품조제관리사

답 안 표 기 란 (뒷 면)

제3과목 유통화장품의 안전관리(25)

번호	①	②	③	④	⑤
36	①	②	③	④	⑤
37	①	②	③	④	⑤
38	①	②	③	④	⑤
39	①	②	③	④	⑤
40	①	②	③	④	⑤
41	①	②	③	④	⑤
42	①	②	③	④	⑤
43	①	②	③	④	⑤
44	①	②	③	④	⑤
45	①	②	③	④	⑤
46	①	②	③	④	⑤
47	①	②	③	④	⑤
48	①	②	③	④	⑤
49	①	②	③	④	⑤
50	①	②	③	④	⑤
51	①	②	③	④	⑤
52	①	②	③	④	⑤
53	①	②	③	④	⑤
54	①	②	③	④	⑤
55	①	②	③	④	⑤
56	①	②	③	④	⑤
57	①	②	③	④	⑤
58	①	②	③	④	⑤
59	①	②	③	④	⑤
60	①	②	③	④	⑤

제4과목 유통화장품의 안전관리(40)

번호	①	②	③	④	⑤
61	①	②	③	④	⑤
62	①	②	③	④	⑤
63	①	②	③	④	⑤
64	①	②	③	④	⑤
65	①	②	③	④	⑤
66	①	②	③	④	⑤
67	①	②	③	④	⑤
68	①	②	③	④	⑤
69	①	②	③	④	⑤
70	①	②	③	④	⑤
71	①	②	③	④	⑤
72	①	②	③	④	⑤
73	①	②	③	④	⑤
74	①	②	③	④	⑤
75	①	②	③	④	⑤
76	①	②	③	④	⑤
77	①	②	③	④	⑤
78	①	②	③	④	⑤
79	①	②	③	④	⑤
80	①	②	③	④	⑤
81	①	②	③	④	⑤
82	①	②	③	④	⑤
83	①	②	③	④	⑤
84	①	②	③	④	⑤
85	①	②	③	④	⑤
86	①	②	③	④	⑤
87	①	②	③	④	⑤
88	①	②	③	④	⑤

번호	주관식 답란
89	
90	
91	
92	
93	
94	
95	
96	
97	
98	
99	
100	

맞춤형화장품조제관리사 모의답안지

맞춤형화장품조제관리사

답안 표기 란 (앞 면)

제1과목 화장품법의 이해(10)

1	①	②	③	④ ⑤
2	①	②	③	④ ⑤
3	①	②	③	④ ⑤
4	①	②	③	④ ⑤
5	①	②	③	④ ⑤
6	①	②	③	④ ⑤
7				
8				
10				

제2과목 화장품 제조 및 품질관리 (25)

					제2과목 화장품 제조 및 품질관리 (25)				
11	① ② ③ ④ ⑤				31	① ② ③ ④ ⑤			
12	① ② ③ ④ ⑤				32	① ② ③ ④ ⑤			
13	① ② ③ ④ ⑤				33	① ② ③ ④ ⑤			
14	① ② ③ ④ ⑤				34	① ② ③ ④ ⑤			
15	① ② ③ ④ ⑤				35	① ② ③ ④ ⑤			
16	① ② ③ ④ ⑤								
17	① ② ③ ④ ⑤								
18	① ② ③ ④ ⑤								
19	① ② ③ ④ ⑤								
20	① ② ③ ④ ⑤								
21	① ② ③ ④ ⑤								
22	① ② ③ ④ ⑤								
23	① ② ③ ④ ⑤								
24	① ② ③ ④ ⑤								
25	① ② ③ ④ ⑤								
26	① ② ③ ④ ⑤								
27	① ② ③ ④ ⑤								
28	① ② ③ ④ ⑤								
29	① ② ③ ④ ⑤								
30	① ② ③ ④ ⑤								

※ 감독위원 확인

인

* 감독위원의 서명이 없으면 무효 처리됩니다.
* 감독위원은 성사자의 표기하십시오.
* 수험자는 표기하지 마십시오.

문제지 형별	A형	Ⓐ Ⓑ
	B형	Ⓐ Ⓑ

※ 결시자 확인

성 명

주민등록 번호

응시번호

마킹연습								
0	⓪	⓪	⓪	⓪	⓪	⓪	⓪	⓪
1	①	①	①	①	①	①	①	①
2	②	②	②	②	②	②	②	②
3	③	③	③	③	③	③	③	③
4	④	④	④	④	④	④	④	④
5	⑤	⑤	⑤	⑤	⑤	⑤	⑤	⑤
6	⑥	⑥	⑥	⑥	⑥	⑥	⑥	⑥
7	⑦	⑦	⑦	⑦	⑦	⑦	⑦	⑦
8	⑧	⑧	⑧	⑧	⑧	⑧	⑧	⑧
9	⑨	⑨	⑨	⑨	⑨	⑨	⑨	⑨

※ 응시자 유의사항

◈ OMR 답안카드 작성은 컴퓨터용 흑색 수성사인펜만을 사용하여야 함

◈ 시험시간 중에는 전자계산기, 수정액, 수정테이프 등을 일체 사용할 수 없음

◈ 시험종료 후에는 답안카드와 함께 문제지를 제출하여야 함. 만일 문제지를 제출하지 않은 경우에는 부정행위로 처리함

◈ 시험 중에는 어떠한 개인휴대정보(휴대전화기, PDA 무선호출기 등)도 소지 또는 사용할 수 없으며, 발견될 경우에는 부정행위로 처리할 수 있음

◈ 시험실에는 시계가 비치되지 않을 수 있으므로, 시계(계산기능 등 다기능 시계 사용불가)를 지참하기 바라며, 시험장에는 차량 혼잡이 통제되므로 대중교통을 이용하기 바람

절취선

맞춤형화장품조제관리사

답 안 표 기 란 (뒷 면)

제3과목 유통화장품의 안전관리(25)

번호	①	②	③	④	⑤
36	①	②	③	④	⑤
37	①	②	③	④	⑤
38	①	②	③	④	⑤
39	①	②	③	④	⑤
40	①	②	③	④	⑤
41	①	②	③	④	⑤
42	①	②	③	④	⑤
43	①	②	③	④	⑤
44	①	②	③	④	⑤
45	①	②	③	④	⑤
46	①	②	③	④	⑤
47	①	②	③	④	⑤
48	①	②	③	④	⑤
49	①	②	③	④	⑤
50	①	②	③	④	⑤
51	①	②	③	④	⑤
52	①	②	③	④	⑤
53	①	②	③	④	⑤
54	①	②	③	④	⑤
55	①	②	③	④	⑤
56	①	②	③	④	⑤
57	①	②	③	④	⑤
58	①	②	③	④	⑤
59	①	②	③	④	⑤
60	①	②	③	④	⑤

제4과목 유통화장품의 안전관리(40)

번호	①	②	③	④	⑤
61	①	②	③	④	⑤
62	①	②	③	④	⑤
63	①	②	③	④	⑤
64	①	②	③	④	⑤
65	①	②	③	④	⑤
66	①	②	③	④	⑤
67	①	②	③	④	⑤
68	①	②	③	④	⑤
69	①	②	③	④	⑤
70	①	②	③	④	⑤
71	①	②	③	④	⑤
72	①	②	③	④	⑤
73	①	②	③	④	⑤
74	①	②	③	④	⑤
75	①	②	③	④	⑤
76	①	②	③	④	⑤
77	①	②	③	④	⑤
78	①	②	③	④	⑤
79	①	②	③	④	⑤
80	①	②	③	④	⑤
81	①	②	③	④	⑤
82	①	②	③	④	⑤
83	①	②	③	④	⑤
84	①	②	③	④	⑤
85	①	②	③	④	⑤
86	①	②	③	④	⑤
87	①	②	③	④	⑤
88	①	②	③	④	⑤

번호	답란
89	
90	
91	
92	
93	
94	
95	
96	
97	
98	
99	
100	

맞춤형화장품조제관리사 모의답안지

맞춤형화장품조제관리사

답 안 표 기 란 (앞 면)

제1과목 화장품법의 이해(10)

문번	1	2	3	4	5
1	①	②	③	④	⑤
2	①	②	③	④	⑤
3	①	②	③	④	⑤
4	①	②	③	④	⑤
5	①	②	③	④	⑤
6	①	②	③	④	⑤
7					
8					
10					

제2과목 화장품 제조 및 품질관리 (25)

문번	1	2	3	4	5
11	①	②	③	④	⑤
12	①	②	③	④	⑤
13	①	②	③	④	⑤
14	①	②	③	④	⑤
15	①	②	③	④	⑤
16	①	②	③	④	⑤
17	①	②	③	④	⑤
18	①	②	③	④	⑤
19	①	②	③	④	⑤
20	①	②	③	④	⑤
21	①	②	③	④	⑤
22	①	②	③	④	⑤
23	①	②	③	④	⑤
24	①	②	③	④	⑤
25	①	②	③	④	⑤
26	①	②	③	④	⑤
27	①	②	③	④	⑤
28	①	②	③	④	⑤
29	①	②	③	④	⑤
30	①	②	③	④	⑤
31					
32					
33					
34					
35					

[이 답안지는 마킹연습용 모의답안지입니다.]

※ 감독위원
* 감독위원의 서명이 없으면 무효 처리됩니다.

성명

주민등록번호 —

※ 결 표 시 자 기
* 감독위원은 걸 시에만 표기하시오.
* 수험자는 표기하여 마십시오.

| 문제지 형별 | A형 | Ⓐ Ⓑ |
| | B형 | Ⓐ Ⓑ |

※ 응시자 유의사항

◈ OMR 답안카드 작성은 컴퓨터용 흑색 수성사인펜만을 사용하여야 함

◈ 시험시간 중에는 전자계산기, 수정액, 수정테이프 등을 일제 사용할 수 없음

◈ 시험종료 후에는 답안카드와 함께 문제지를 제출하여야 함. 만일 문제지를 제출하지 않은 경우에는 부정행위로 처리됨

◈ 시험 중에는 어떠한 개인휴대장비(휴대전화기, PDA 무선출기 등)도 소지 또는 사용할 수 없으며, 발견된 경우에는 부정행위로 처리할 수 있음

◈ 시험실에는 시계가 비치되지 않을 수 있으므로, 시계(계산기능 등) 다기능 시계 사용불가를 지참하기 바라며, 시험장에는 차량 줄입이 통제되므로 대중교통을 이용하기 바람

응시번호

	기입란							
마킹란								
0	⓪	⓪	⓪	⓪	⓪	⓪	⓪	⓪
1	①	①	①	①	①	①	①	①
2	②	②	②	②	②	②	②	②
3	③	③	③	③	③	③	③	③
4	④	④	④	④	④	④	④	④
5	⑤	⑤	⑤	⑤	⑤	⑤	⑤	⑤
6	⑥	⑥	⑥	⑥	⑥	⑥	⑥	⑥
7	⑦	⑦	⑦	⑦	⑦	⑦	⑦	⑦
8	⑧	⑧	⑧	⑧	⑧	⑧	⑧	⑧
9	⑨	⑨	⑨	⑨	⑨	⑨	⑨	⑨

맞춤화장품조제관리사

답 안 표 기 란 (뒷 면)

제3과목 유통화장품의 안전관리(25)

번호	답란				
36	①	②	③	④	⑤
37	①	②	③	④	⑤
38	①	②	③	④	⑤
39	①	②	③	④	⑤
40	①	②	③	④	⑤
41	①	②	③	④	⑤
42	①	②	③	④	⑤
43	①	②	③	④	⑤
44	①	②	③	④	⑤
45	①	②	③	④	⑤
46	①	②	③	④	⑤
47	①	②	③	④	⑤
48	①	②	③	④	⑤
49	①	②	③	④	⑤
50	①	②	③	④	⑤
51	①	②	③	④	⑤
52	①	②	③	④	⑤
53	①	②	③	④	⑤
54	①	②	③	④	⑤
55	①	②	③	④	⑤

번호	답란				
56	①	②	③	④	⑤
57	①	②	③	④	⑤
58	①	②	③	④	⑤
59	①	②	③	④	⑤
60	①	②	③	④	⑤

제4과목 유통화장품의 안전관리(40)

번호	답란				
61	①	②	③	④	⑤
62	①	②	③	④	⑤
63	①	②	③	④	⑤
64	①	②	③	④	⑤
65	①	②	③	④	⑤
66	①	②	③	④	⑤
67	①	②	③	④	⑤
68	①	②	③	④	⑤
69	①	②	③	④	⑤
70	①	②	③	④	⑤
71	①	②	③	④	⑤
72	①	②	③	④	⑤
73	①	②	③	④	⑤
74	①	②	③	④	⑤
75	①	②	③	④	⑤
76	①	②	③	④	⑤
77	①	②	③	④	⑤
78	①	②	③	④	⑤
79	①	②	③	④	⑤
80	①	②	③	④	⑤

번호	답란				
81	①	②	③	④	⑤
82	①	②	③	④	⑤
83	①	②	③	④	⑤
84	①	②	③	④	⑤
85	①	②	③	④	⑤
86	①	②	③	④	⑤
87	①	②	③	④	⑤
88	①	②	③	④	⑤

번호	답란
89	
90	
91	
92	
93	
94	
95	
96	
97	
98	
99	
100	

맞춤형화장품조제관리사 모의답안지

맞춤형화장품조제관리사

답안표기란 (앞면)

제1과목 화장품법의 이해(10)

1	① ② ③ ④ ⑤			
2	① ② ③ ④ ⑤			
3	① ② ③ ④ ⑤			
4	① ② ③ ④ ⑤			
5	① ② ③ ④ ⑤			
6	① ② ③ ④ ⑤			
7				
8				
10				

제2과목 화장품 제조 및 품질관리 (25)

11	① ② ③ ④ ⑤	31	
12	① ② ③ ④ ⑤		
13	① ② ③ ④ ⑤	32	
14	① ② ③ ④ ⑤		
15	① ② ③ ④ ⑤	33	
16	① ② ③ ④ ⑤		
17	① ② ③ ④ ⑤	34	
18	① ② ③ ④ ⑤		
19	① ② ③ ④ ⑤	35	
20	① ② ③ ④ ⑤		
21	① ② ③ ④ ⑤		
22	① ② ③ ④ ⑤		
23	① ② ③ ④ ⑤		
24	① ② ③ ④ ⑤		
25	① ② ③ ④ ⑤		
26	① ② ③ ④ ⑤		
27	① ② ③ ④ ⑤		
28	① ② ③ ④ ⑤		
29	① ② ③ ④ ⑤		
30	① ② ③ ④ ⑤		

※ 감독위원
* 감독위원의 서명이 없는 경우 무효 처리됩니다.

성 명

주민등록번호

응시번호

기입란 / 마킹란							
0	⓪	⓪	⓪	⓪	⓪	⓪	⓪
1	①	①	①	①	①	①	①
2	②	②	②	②	②	②	②
3	③	③	③	③	③	③	③
4	④	④	④	④	④	④	④
5	⑤	⑤	⑤	⑤	⑤	⑤	⑤
6	⑥	⑥	⑥	⑥	⑥	⑥	⑥
7	⑦	⑦	⑦	⑦	⑦	⑦	⑦
8	⑧	⑧	⑧	⑧	⑧	⑧	⑧
9	⑨	⑨	⑨	⑨	⑨	⑨	⑨

※ 결시자 표기
* 감독위원은 결시자의 란에 표기하십시오.
수험자는 표기하지 마십시오.

문제지 유형별
A형 Ⓐ Ⓑ
B형 Ⓐ Ⓑ

※ 응시자 유의사항

◈ OMR 답안카드 작성은 컴퓨터용 흑색 수성사인펜(연필) 사용하여야 함

◈ 시험시간 중에는 전자계산기, 수정액, 수정테이프 등을 일제 사용할 수 없음

◈ 시험종료 후에는 답안카드와 함께 문제지를 제출하여야 함. 만일 문제지를 제출하지 않은 경우에는 부정행위로 처리함

◈ 시험 중에는 어떠한 개인휴대장비(휴대전화기, PDA, 무선호출기 등)도 소지 또는 사용할 수 없으며, 발견된 경우에는 부정행위로 처리할 수 있음

◈ 시험실에는 시계가 비치되지 않을 수 있으므로, 시계(시계기능 등) 다기 등 시계 사용품가를 지참하기 바라며, 시험장에는 차량 출입이 통제되므로 대중교통을 이용하기 바람

[이 답안지는 마킹연습용 모의답안지입니다.]

맞춤형화장품조제관리사
답 안 표 기 란 (뒷 면)

제2과목 유통화장품의 안전관리(25)

번호	답
36	① ② ③ ④ ⑤
37	① ② ③ ④ ⑤
38	① ② ③ ④ ⑤
39	① ② ③ ④ ⑤
40	① ② ③ ④ ⑤
41	① ② ③ ④ ⑤
42	① ② ③ ④ ⑤
43	① ② ③ ④ ⑤
44	① ② ③ ④ ⑤
45	① ② ③ ④ ⑤
46	① ② ③ ④ ⑤
47	① ② ③ ④ ⑤
48	① ② ③ ④ ⑤
49	① ② ③ ④ ⑤
50	① ② ③ ④ ⑤
51	① ② ③ ④ ⑤
52	① ② ③ ④ ⑤
53	① ② ③ ④ ⑤
54	① ② ③ ④ ⑤
55	① ② ③ ④ ⑤
56	① ② ③ ④ ⑤
57	① ② ③ ④ ⑤
58	① ② ③ ④ ⑤
59	① ② ③ ④ ⑤
60	① ② ③ ④ ⑤

제3과목 유통화장품의 안전관리(40)

번호	답
61	① ② ③ ④ ⑤
62	① ② ③ ④ ⑤
63	① ② ③ ④ ⑤
64	① ② ③ ④ ⑤
65	① ② ③ ④ ⑤
66	① ② ③ ④ ⑤
67	① ② ③ ④ ⑤
68	① ② ③ ④ ⑤
69	① ② ③ ④ ⑤
70	① ② ③ ④ ⑤
71	① ② ③ ④ ⑤
72	① ② ③ ④ ⑤
73	① ② ③ ④ ⑤
74	① ② ③ ④ ⑤
75	① ② ③ ④ ⑤
76	① ② ③ ④ ⑤
77	① ② ③ ④ ⑤
78	① ② ③ ④ ⑤
79	① ② ③ ④ ⑤
80	① ② ③ ④ ⑤

제4과목 유통화장품의 안전관리(40)

번호	답
81	① ② ③ ④ ⑤
82	① ② ③ ④ ⑤
83	① ② ③ ④ ⑤
84	① ② ③ ④ ⑤
85	① ② ③ ④ ⑤
86	① ② ③ ④ ⑤
87	① ② ③ ④ ⑤
88	① ② ③ ④ ⑤
89	
90	
91	
92	
93	
94	
95	
96	
97	
98	
99	
100	

맞춤형화장품조제관리사 모의답안지

맞춤형화장품조제관리사

맞춤형화장품 조제관리사

답안 표기란 (앞 면)

제1과목 화장품법의 이해(10)

	① ② ③ ④ ⑤
1	① ② ③ ④ ⑤
2	① ② ③ ④ ⑤
3	① ② ③ ④ ⑤
4	① ② ③ ④ ⑤
5	① ② ③ ④ ⑤
6	① ② ③ ④ ⑤
7	
8	
10	

제2과목 화장품 제조 및 품질관리 (25)

11	① ② ③ ④ ⑤	
12	① ② ③ ④ ⑤	
13	① ② ③ ④ ⑤	
14	① ② ③ ④ ⑤	
15	① ② ③ ④ ⑤	
16	① ② ③ ④ ⑤	
17	① ② ③ ④ ⑤	
18	① ② ③ ④ ⑤	
19	① ② ③ ④ ⑤	
20	① ② ③ ④ ⑤	
21	① ② ③ ④ ⑤	
22	① ② ③ ④ ⑤	
23	① ② ③ ④ ⑤	
24	① ② ③ ④ ⑤	
25	① ② ③ ④ ⑤	
26	① ② ③ ④ ⑤	
27	① ② ③ ④ ⑤	
28	① ② ③ ④ ⑤	
29	① ② ③ ④ ⑤	
30	① ② ③ ④ ⑤	
31	
32	
33	
34	
35	

※ 감독위원
확인

인

* 감독위원의 서명이 없으면 무효 처리됩니다.

성 명

주민등록
번 호

응시번호

가린마킹란	0						
0	⓪	⓪	⓪	⓪	⓪	⓪	⓪
1	①	①	①	①	①	①	①
2	②	②	②	②	②	②	②
3	③	③	③	③	③	③	③
4	④	④	④	④	④	④	④
5	⑤	⑤	⑤	⑤	⑤	⑤	⑤
6	⑥	⑥	⑥	⑥	⑥	⑥	⑥
7	⑦	⑦	⑦	⑦	⑦	⑦	⑦
8	⑧	⑧	⑧	⑧	⑧	⑧	⑧
9	⑨	⑨	⑨	⑨	⑨	⑨	⑨

※ 결
시
자

* 감독위원이 검지사만 표기하십시오.
* 수험자는 표기하지 마십시오.

문
제
지
형
별

A형 Ⓐ Ⓑ

B형 Ⓐ Ⓑ

※ 응시자 유의사항

◆ OMR 답안카드 작성은 컴퓨터용 흑색 수성사인펜만을 사용하여야 함

◆ 시험시간 중에는 전자계산기, 수정액, 수정테이프 등을 일체 사용할 수 없음

◆ 시험종료 후에는 답안카드와 함께 문제지를 제출하여야 함. 만일 문제지를 제출하지 않은 경우에는 부정행위로 처리함

◆ 시험 중에는 어떠한 개인통신장비(휴대전화기, PDA, 무선호출기 등)도 소지 또는 사용할 수 없으며, 발견된 경우에는 부정행위로 처리할 수 있음

◆ 시험실에는 시계가 비치되지 않을 수 있으므로 시계(시계산기능 등 다기능 시계 사용불가를 지참하기 바라며, 시험장에는 차량 출입이 통제되므로 대중교통을 이용하기 바람

절취선

[이 답안지는 마킹연습용 모의답안지입니다.]

맞춤형화장품조제관리사

답 안 표 기 란 (뒷 면)

제3과목 유통화장품의 안전관리(25)

36	① ② ③ ④ ⑤
37	① ② ③ ④ ⑤
38	① ② ③ ④ ⑤
39	① ② ③ ④ ⑤
40	① ② ③ ④ ⑤
41	① ② ③ ④ ⑤
42	① ② ③ ④ ⑤
43	① ② ③ ④ ⑤
44	① ② ③ ④ ⑤
45	① ② ③ ④ ⑤
46	① ② ③ ④ ⑤
47	① ② ③ ④ ⑤
48	① ② ③ ④ ⑤
49	① ② ③ ④ ⑤
50	① ② ③ ④ ⑤
51	① ② ③ ④ ⑤
52	① ② ③ ④ ⑤
53	① ② ③ ④ ⑤
54	① ② ③ ④ ⑤
55	① ② ③ ④ ⑤

56	① ② ③ ④ ⑤
57	① ② ③ ④ ⑤
58	① ② ③ ④ ⑤
59	① ② ③ ④ ⑤
60	① ② ③ ④ ⑤

제4과목 유통화장품의 안전관리(40)

61	① ② ③ ④ ⑤
62	① ② ③ ④ ⑤
63	① ② ③ ④ ⑤
64	① ② ③ ④ ⑤
65	① ② ③ ④ ⑤
66	① ② ③ ④ ⑤
67	① ② ③ ④ ⑤
68	① ② ③ ④ ⑤
69	① ② ③ ④ ⑤
70	① ② ③ ④ ⑤
71	① ② ③ ④ ⑤
72	① ② ③ ④ ⑤
73	① ② ③ ④ ⑤
74	① ② ③ ④ ⑤
75	① ② ③ ④ ⑤
76	① ② ③ ④ ⑤
77	① ② ③ ④ ⑤
78	① ② ③ ④ ⑤
79	① ② ③ ④ ⑤
80	① ② ③ ④ ⑤

81	① ② ③ ④ ⑤
82	① ② ③ ④ ⑤
83	① ② ③ ④ ⑤
84	① ② ③ ④ ⑤
85	① ② ③ ④ ⑤
86	① ② ③ ④ ⑤
87	① ② ③ ④ ⑤
88	① ② ③ ④ ⑤
89	
90	
91	
92	
93	
94	

95	
96	
97	
98	
99	
100	

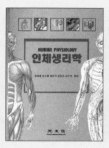

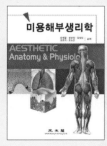

NCS기반 두피모발관리

전희영, 김모진, 김해영 외 공저
152쪽 / 정가 20,000원 / 컬러

남성을 위한
생활 기초커트

한국우리머리연구소 채선숙,
윤아람, 전혜민 공저
B5 변형 / 152쪽 / 정가 19,000원

블로우드라이 & 아이론

정찬이, 김동분, 반세나, 임순녀 공저
A4 /176쪽 / 정가 27,000원

헤어컷 디자인

오지영, 반효정, 이부형 외 공저
B5 / 208쪽 / 정가 25,000원

두피 모발 관리학

강갑연, 석유나, 이명화 외 공저
B5 / 256쪽 / 정가 20,000원

최신
업&스타일링

신부섭, 심인섭, 고성현 외 공저
A4 / 158쪽 / 정가 30,000원

NCS 기반
베이직 헤어커트

최은정, 김동분 공저
A4 /176쪽 / 정가 24,000원

응용 디자인 헤어 커트

최은정, 문금옥, 임선희 외 공저
224쪽 / 정가 25,000원

헤어디자인 창작론

최은정 · 노인선 · 진영모 지음
A4 /256쪽 / 정가 27,000원

기초 헤어커트 실습서

최은정, 강갑연 공저
A4/104쪽 / 정가 14,000원

NCS기반 헤어트렌드
분석 및 개발
헤어 캡스톤 디자인

최은정, 맹유진 공저
A4 /272쪽 / 정가 28,000원

업스타일링

김지연 , 류은주 , 유명자 공저
A4 / 134쪽 / 정가 24,000원

실전 남성커트 &
이용사 실기 실습서

최은정, 진영모 공저
A4 / 128쪽 / 정가 19,000원

블로드라이&업스타일

김혜경, 김신정, 김정현 외 공저
B5 / 224쪽 / 정가 23,000원

Hair mode

임경근 저
A4 / 143쪽 / 정가 35,000원

헤어컬러즈&컬러즈

김홍희, 유의경, 현지원 공저
B5 변형 / 144쪽 / 정가 20,000원

업스타일 정석

김환, 장선엽, 이현진 공저
A4 / 200쪽 / 정가 32,000원

헤어펌 웨이브 디자인

권미윤, 최영희, 이부형 외 공저
B5 / 200쪽 / 정가 22,000원

2주완성

식품의약품안전처 출제기준에
따른 최신판!

국가
공인

맞춤형화장품
조제관리사

요점정리+핵심 모의고사 총정리

| 2020년 | 2월 | 10일 | 1판 | 1쇄 | 인 쇄 |
| 2020년 | 2월 | 14일 | 1판 | 1쇄 | 발 행 |

편   저 : 맞춤형화장품연구위원회
펴 낸 이 : 박 정 태

펴 낸 곳 : **광 문 각**

10881
경기도 파주시 파주출판문화도시 광인사길 161
광문각 B/D 4층
등   록 : 1991. 5. 31 제12-484호
전 화(代) : 031) 955-8787
팩   스 : 031) 955-3730
E - mail : kwangmk7@hanmail.net
홈페이지 : www.kwangmoonkag.co.kr

ISBN : 978-89-7093-978-0   93590

값 : 25,000 원

한국과학기술출판협회회원
KSPA